上集・懷孕篇

安心懷孕育兒百科

孕前調養到養胎安產
哺育健康寶寶的

幸福養成書

Contents

Contents

Contents

這是一個擁有 99%快樂的工作

產科醫師的工作，絕大部分時間都是快樂的，因為我們面對的，經常性是新生命誕生的喜悅。但是，一旦生命離開了他該有的軌跡，伴隨而來的悲傷與失落，卻常常令人難以承受。

快樂與悲傷，經常性的就在一瞬間。醫師絕不是神，無法改變所有事情。但如何透過科技的力量，將傷害降到最低，這，就是我們存在的使命。

我承認，在專業上，我一直有許多想法，平常也很喜歡在網路上發發牢騷。但赫然間發現，要系統性的完成一本書，這是一件非常艱鉅的工作。尤其對我而言，平時工作量就非常巨大，只能趁著空閒我睡前的時間慢慢爬文。感謝編輯團隊夥伴們的耐心與寬容，鞭策著，並忍受我的延遲。

醫療是一個團隊作戰。

醫療工作就好比音樂會，大家或許只看到台上的主角，但事實上，背後卻必須有整個龐大團隊的努力才得以完美演出。在禾馨，醫師、護理師、諮詢師、營養師、藥師、醫檢師及相關基因檢測技術師們，超過四百人的協同作戰，才得以成就一個專業的醫療服務。

很可惜，在台灣現今的環境，很多環節的努力是無法被看得到的。很多想在門診傳達給病人的訊息，經常性的，因為時間分配的因素無法確實達成。所以，我們才會嘗試用寫書的方式，把我們想傳達的訊息，透過文字來執行。

我喜歡說，我們並不完美，但會持續前進。

禾馨醫療暨慧智基因**執行長** 蘇怡寧

終結所有網路流言的懷孕知識大全

會想加入這本書的寫作，是因為回台工作後，發現國外媽媽們在計劃懷孕，或是懷孕初期就有營養師提供一對一諮詢，學習懷孕相關的疑難雜症和營養知識，所以對於孕期飲食有許多準備和心裡建設，而台灣的孕婦只能花大把的時間認真「爬文」，然後被網路資訊搞得一頭霧水，增添許多不必要的焦慮。看著眾多媽媽們懷孕的艱辛之路，一方面心疼不捨、另一方面也常常思考，要如何才能解除媽咪們被網路迷思和習俗禁忌給禁錮的煎熬。

這本書以「相信專業、輕鬆懷孕」的角度出發，結合目前中西方最新的檢測和照護模式，給在網路世界浮沉、沒有頭緒的你一個最好的解決之道。如果你有時間、也願意花時間在未來寶寶和你自己的健康上，與其費時爬文，身為營養師的我，建議你不如認真的看完這本書，依照書中的建議，把時間花在閱讀標示、了解食物的營養和學習選擇符合時宜、於己有益的食物上面。有了這些知識，再善用各醫療院所提供的營養師諮詢，了解屬於你個人的營養計劃。這些努力，絕對大大改變你和整個家庭的健康和生活型態，為健康幸福奠定良好的基礎。而產前和孕期檢查等等，我們無法控制的因素，有了初步了解後，則放心交由專業醫師幫我們處理吧。

這本書的完成，首先要謝謝禾馨醫療執行長蘇醫師的大力相助，不藏私的分享經驗與所學，給後輩無數指導。再來要謝謝婉萍營養師的引薦，讓我有機會結合過去在美的執業經驗，向台灣的媽媽介紹營養均衡的概念。另外要謝謝張建玫與賴靜怡醫師的鼎力協助，百忙之中仍然犧牲睡眠時間，義務幫忙勘驗謬誤。也感謝張錦姝主任、杜李威中醫師及瑜珈老師Claire提供的專業知識，讓本書內容視角更廣泛多元。最後要謝謝我的家人和禾馨新生婦幼診所的營養師家困，在我沒日沒夜趕稿的同時給予無限支持。

希望從閱讀這本書開始，你的人生從此不再一樣。

禾馨新生婦幼診所**營養師** 吳芃彧

Pengyuh Wu, MS, RD, CNSC

懷孕是一件辛苦又甜蜜的事，當胎兒在肚子中跳動，又驚喜又感動又神秘，那種與孩子牽連的開始是只有當過媽媽的才能深刻感受。

愛寶寶就從「健康吃」開始，因此我寫了一本“吃對營養順序孕媽咪好孕又快瘦”，但常常演講時，發現這仍不夠滿足父母對於整個孕期的困惑，因此邀請禾馨醫療的蘇怡寧醫生與吳芃彧營養師著手，再寫一本更完整、全面性讓父母們在整個孕期都可做為參考的孕期百科全書。

希望我們的專業能讓您們更放心，讓我們為愛而行，有正確的醫療資訊一路陪您安心順產!

榮新診所**營養師** 李婉萍

引言

關於孕產的事，知與不知差很多！

不論您是等待第一個寶寶，或是迎接第二、三個寶寶的到來，每一次的懷孕過程都是獨一無二且令人悸動的！

為了擁有更美好的懷孕經歷，對於孕產的事提前知之所以，才能穩固打造您與寶寶的幸福健康人生。

希望透過本書，讓婦產科醫師、營養師、護理人員、中醫師、瑜珈老師的專業陣容，共同告訴爸比媽咪如何安心渡過孕期、無憂待產！

Part 1
孕前的漸進調養

準爸媽在迎接新生命來到以前，有好多需要了解的事，因為孕育寶寶是一件足以撼動原有生活的重要事情。若在孕前先與親密的另一半了解生命的奧妙與美好，並且共同為彼此、寶寶都做好功課，就能更篤定地展開孕後生活。

想好孕，6個月前做準備

雙方生活調整

懷孕的10個月，應該是充滿企盼、等待新生命進入家庭的美好旅程。當準爸媽已達成共識，想為家中增添一個新成員時，將意味著你們的生活即將啟動巨大的變化。舉凡準爸媽、家中周遭環境、經濟條件、心理因素、生涯規劃，甚至親朋好友與同事，都會連動受到影響。新生命的誕生，是幸福人生的扭轉點，為了讓這一連串變動的各個環節都能愉快順利地進行，讓我們做好確實的準備，為寶寶和家人打造舒適且安穩的懷孕時光吧。

在臺灣，為懷孕做事先規劃的比例愈來愈高，目前已有超過60%者為計劃性懷孕。從生理及心理層面來講，過長或過短的準備時間都會有問題。太冗長的籌備時間，會不由自主地思慮過多；太短暫的籌備時間，則會因匆忙而造成心理壓力。想懷孕，**建議6個月前開始計劃安排**，好讓身心有餘裕，準爸媽也能從生活的各個面向慢慢著手做調整。

在這6個月內，夫妻間多點關心提醒，有助於心態和身體都轉換成為人父母的最佳狀態。為了讓準媽咪能更順利孕育寶寶，先把身體調養好，等於為寶寶打造出一個健康的成長環境；當然，**準爸比健康的精子也扮演著不可或缺的角色，健康狀態不能忽視**。建議想為下一代做好最佳保障的夫婦，在準備懷孕前，先一同前往專科醫院做孕前健康檢查，接受專業的懷孕評估。

除此之外，準爸媽對於自身的健康也有重整必要，**不僅得以寶寶健康為出發點，也應從全家人的健康習慣著眼**，包含飲食面的調整、建立良好的生活習慣及作息…等。如果準爸媽自覺飲食習慣不佳，或有長期熬夜、三餐不規律、慣性外食、或是吸菸喝酒等習慣，就更應在計劃懷孕前自我提醒並且漸進改善。唯有夫妻雙方都對懷孕這件事皆有共識，才能在實際迎接孕期後，避免或減少因為懷孕生活調適而帶來的身心壓力。

至於準爸媽們為了好孕和迎接寶寶到來而需要學習的事情有哪些呢？讓我們先從生活面開始，包含「與另一半的營養規劃」、「培養運動習慣有益於受孕」，這些生活裡的小細節，其實都與好孕息息相關呢。

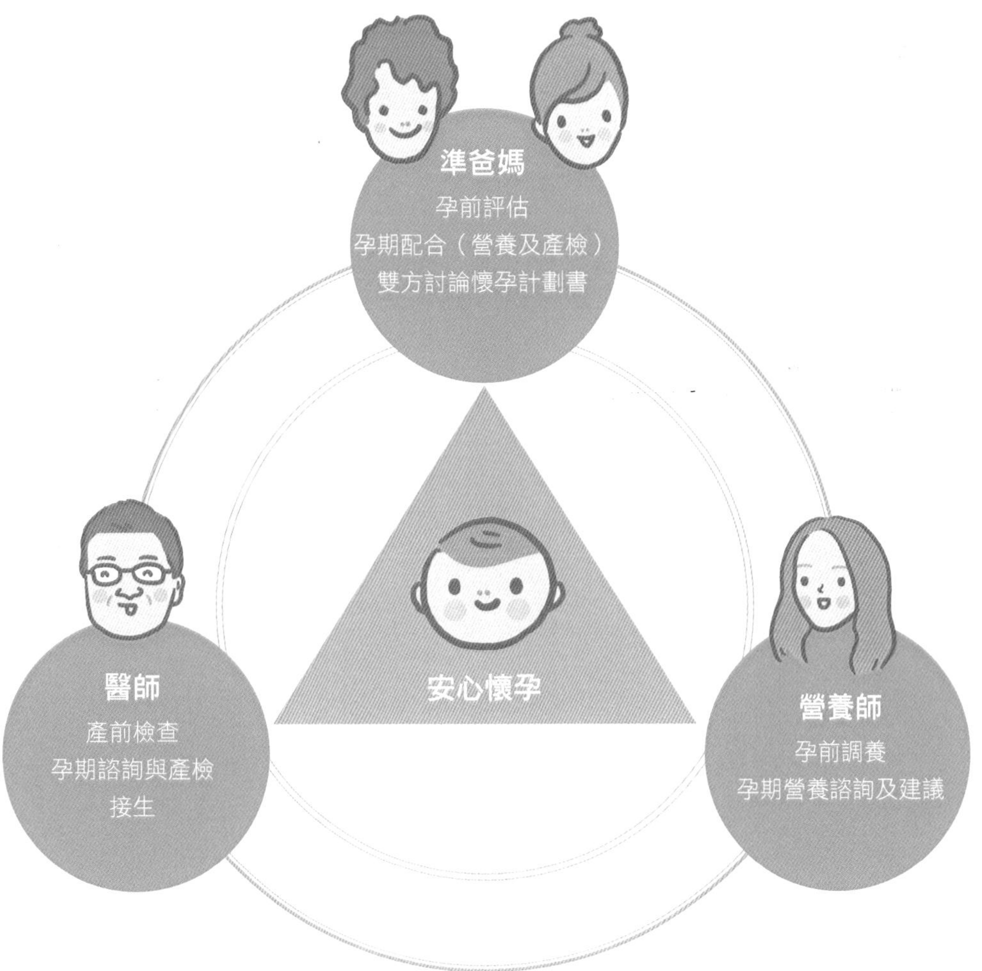

夫妻共同做營養規劃

在孕前飲食中，如果能先與另一半討論協調、共同做好營養規劃，除了提前打造孕育寶寶的良好環境外，也讓接下來的孕期飲食更易進行，有益於媽咪養胎不長肉、減少慢性疾病…等。準爸媽為建立健康的飲食習慣，首先要從「多種類、不同類別食物中攝取營養」做起，切勿過度依賴「服用大量保健食品或營養補給品」。

基礎飲食原則有三：選擇天然食物，不吃（或少吃）加工食品、均衡多種食物，能讓準爸媽的精子及卵子品質提升，有助於受孕。在孕期前三個月，寶寶的養分來自卵子，準媽咪如果有良好品質的卵子，將更有助於腹中胎兒營養的吸收以及成長。此外，**準媽咪若培養了良好飲食習慣，也可以降低後續孕期血糖、血壓以及水腫等孕期不適的機率**。

準爸媽每一餐的食物分配比例，建議參考美國USDA所發表的——「我的餐盤」（MyPlate）概念。此方式

孕前孕後皆適用的飲食分配：「我的餐盤」

奶類

每日最少應攝取2杯，1杯的份量以240ml為單位，也可以用乳酪、優格、優酪乳、起司取代；建議吃奶蛋素的準媽咪，從蛋奶…等優良來源攝取。不吃奶蛋的純素準媽咪，可適量攝取鈣質豐富的堅果種籽、深綠蔬菜、豆類，以及海藻、酵母…等。

蔬菜及水果

蔬菜水果共占餐盤的一半。水果攝取不足時，可以用蔬菜來補足；挑選蔬菜時應以攝取多樣化為準則。每種植物因顏色不同而含有不同的天然化學物質，例如多酚、吲哚、類黃酮素、茄紅素…等，植化素能對人體發揮其特有的防禦、保護功能。挑選的顏色種類越多，所攝取的礦物質和維生素越多元，幫助媽咪提昇免疫力。

有別於以往行之有年的「飲食金字塔」觀念，兩者雖都是以均衡營養為概念，但「我的餐盤」是更符合人性而且達成率更高的用餐方法。其規劃方式是將一個餐盤視為一頓正餐，並將盤中餐點分為主食類／五穀根莖類（澱粉類）、蛋白質／蛋豆魚肉類、水果類、蔬菜類，餐盤外另有一杯奶類。

「我的餐盤」概念適用於孕前產後，是慣性外食孕媽咪們的用餐依據，也是營養師評估準爸媽飲食的好用工具。

若能在孕前先習慣「我的餐盤」的飲食原則，懷孕後自然能從容面對、快速適應孕期生活。如果準爸比能一同配合，也讓媽咪的孕期飲食比較不孤單、讓家庭向心力更強，即使懷孕前期飲食口味改變，仍能共同選擇營養豐富的好食物。

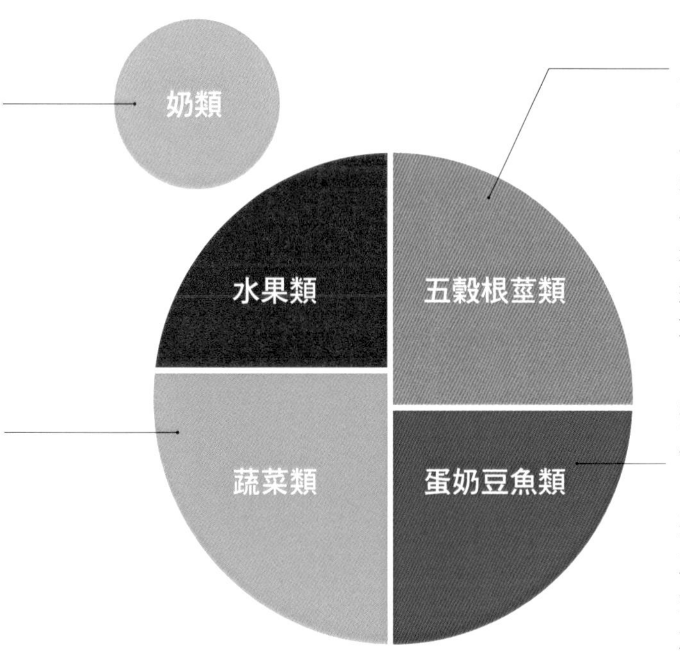

主食類

一餐攝取的份量為餐盤的1/4。以含豐富膳食纖維的種類為優先。五穀米優於白米，雜糧饅頭優於白饅頭，蕎麥麵優於白麵，地瓜優於馬鈴薯（馬鈴薯洗淨後連皮吃，也可以增加膳食纖維攝取量）。

蛋白質

份量與主食類相等，佔餐盤的1/4，以低脂肉類及優質植物性蛋白質為主。除了豆腐、豆皮、豆干、魚肉、家禽肉類是不錯選擇外，孕期時適度攝取紅肉、增加鐵質也是很重要的。

培養運動習慣有益迎接孕產

計劃懷孕的準媽咪，建議從受孕前半年開始養成運動習慣。許多女性會忽略或沒時間運動，但其實，定期且規律的運動習慣有許多好處，除了可改善子宮肌瘤、多囊性卵巢症候群等婦科疾病之外，還有助於調節荷爾蒙及肝臟功能。

此外，適度的有氧運動，可以提高心肺功能、促進血液循環。除了準媽咪要培養運動習慣，爸比的體重與BMI值也相當重要，因為準爸比過胖時，會影響精子活動力，導致準媽咪較難受孕，對懷孕計劃確實會造成影響，因此準爸比的體重控制也要一併考量進來。

世界衛生組織建議以身體質量指數（Body Mass Index, BMI）來衡量肥胖程度。BMI的計算公式為：

$$\text{BMI} = \text{體重（公斤）} \div \text{身高}^2\text{（公尺}^2\text{）}$$

以身高163公分，體重55公斤的女性為例，計算方式為$55（公斤）\div（1.63）^2 \fallingdotseq 20.70$。其BMI值即屬於「正常範圍」。

BMI定義	身體質量指數
體重過輕	BMI＜18.5
健康體重	18.6≦BMI＜23.9
體重異常	過重24≦BMI＜26.9 肥胖BMI＞27

因此，為了身體健康，應從孕前就開始控制體重、飲食均衡，並養成運動習慣。準爸媽雙方身體健康的目標達成之後，順利懷孕的機會也會隨之增加。

如果是原本沒有運動習慣的準媽咪，建議一開始應採漸進式運動，慢慢培養、不需操之過急，否則容易有運動傷害。有規律運動習慣者，只要繼續維持原本的程度即可。運動的性質應有變換，建議有氧、無氧運動搭配進行，如果僅侷限特定一種運動，反而會因為過度使用某部分肌肉，而發生肌肉拉傷的情形。

先了解自己的身材類型，再選擇最適合自己的運動方式！

- 身材過重，但已有運動習慣的準媽咪（BMI＞24）：

建議繼續維持既有習慣，並致力於提高心肺功能的有氧運動。

- 身材適中，且有健身習慣的準媽咪（18.6≤BMI＜23.9）：

可以多從事負重運動，適度增加重訓，以維持原本的肌肉量。

- 過重且無運動習慣的準媽咪（BMI＞24）：

以「減少體脂肪」為目標，從有氧運動開始培養，心肺功能漸強後，再慢慢從輕量的重訓做進階。

- 身材適中，但沒有運動習慣的準媽咪（18.6＜BMI＜23.9）：

以「增加肌肉量」為目標，可重量訓練和有氧運動並進，間歇性地使用。

每天隨手做的簡單運動

孕前就慢慢嘗試簡單的**核心運動及腿部肌肉運動**，是為了懷孕之後的腰腹和大腿有足夠力氣可支撐整個身體的重量。因為孕期中的體重增加會造成膝蓋及腰部負擔，如果肌力足，就能減少腰痠背痛、關節不適、膝蓋受傷⋯等機率，高齡孕媽咪更是特別需要藉由運動培養體力的族群。

待懷孕進入第4個月後，則可加入孕婦瑜珈訓練，練習到骨盆底端的肌肉群和核心肌群，如此能幫助媽咪們在生產過程中正確施力，同時兼具身心紓壓、和緩情緒的好處。

❶ 輕鬆無負擔的有氧運動

沒有時間前往運動場或健身房的準媽咪，每天只要從快走、爬樓梯、騎腳踏車中，挑選任一運動，然後持續做30分鐘，或是分成兩次15分鐘的運動亦可，便能達到有氧效果。

❷ 增進心肺功能的運動

可選擇每週3-5次，每次20分鐘，從事慢跑、游泳、登山、有氧舞蹈、健身操，或是網球、籃球、壁球、羽球等運動，以促進心肺功能。體重超重的準媽咪，推薦最不容易造成關節負擔的游泳或水中有氧，且可以持續到懷孕後期。

❸ 拉筋伸展運動

如果想做些變化，可以提醒自己，每天做6-10組拉筋伸展動作，每組動作持續30秒。只要維持每週能夠做上5天，就有良好的運動效果。舉凡瑜珈、拉筋動作、柔軟體操中，都有一些效果良好的動作組合。內勤工作的上班族準媽咪，因為長期維持固定姿勢，建議應多做肩頸背部的拉伸，幫助血液循環，更避免脊椎側彎和肩頸不適。

❹ 從生活習慣中增加運動機會

例如上班族準媽咪，可以**改用較小容量的茶杯**，如此便能增加站起來倒水的次數，並運用站起來的時機，做簡單的伸展動作，不僅增加了體能活動的機會，還能讓眼睛暫時放鬆休息。下班後或假日時，不妨以散步或快走的方式多加訓練（**若準爸比能陪同就更有動力持續！**），甚至逛街也是一種選項，幫助準媽咪多走點路，增加活動量。

孕前就可做的辦公室小體操！

繁忙的上班族準媽咪們更要做運動！不侷限於有氧無氧，可以混合搭配以下選項，在辦公室的休息時間，**鍛鍊腰腹及腿部肌肉**。

一般伸展及簡單拉筋

1. 正坐在椅子前緣，拉開大腿肌肉、腳趾指向兩側。
2. 手肘放在膝蓋上，輔助妳把大腿肌肉更向兩側擴展、壓到最底，記得縮小腹。
3. 維持這樣的姿勢15-20秒後，放鬆，然後反覆做此動作5次，持續每天做3輪。

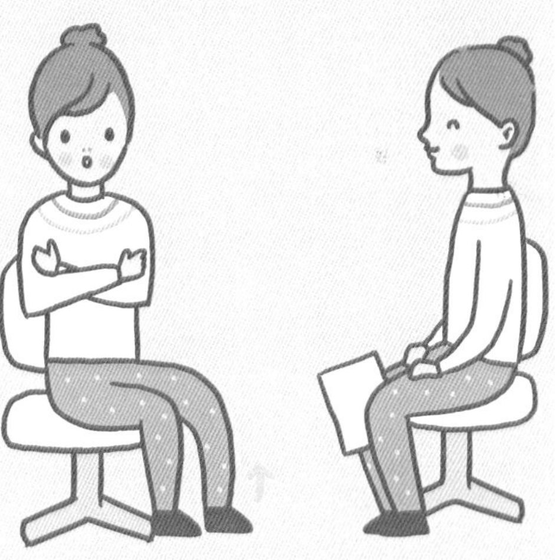

鍛鍊腿部肌肉運動

1. 抬起雙腿、使其不著地，腹肌出力並讓大腿稍微離開椅面，然後停住，再慢慢放下休息，重覆持續做。
2. 坐在椅子前緣，挺直背部、放鬆肩膀，然後在雙膝間放一張紙，讓腿部確實夾緊紙、使其不能掉下來，每天重覆持續做。

其他伸展：避免水腫

1 **側腰伸展**：身體慢慢向左邊側彎，維持10-15秒後換邊。

2 **轉腰伸展**：正坐並面向前方，上半身向左旋轉向後10-15秒後換邊。

3 **彎腰伸展**：正坐並伸直雙腿，雙手向前延伸直到碰到腳尖，停住10-15秒。

4 **大腿伸展**：正坐並雙手抱單膝，使其靠近身體，維持10-15秒再換另一腳。

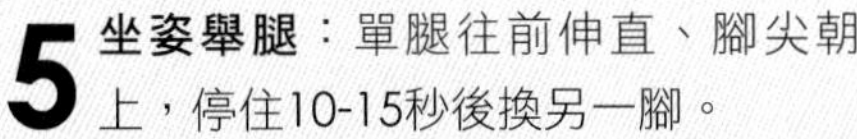

5 坐姿舉腿：單腿往前伸直、腳尖朝上，停住10-15秒後換另一腳。

6 腳踝運動：雙腿舉起，腳踝向內轉動幾次、再向外轉動幾次後結束。

準爸比必知！陪媽咪一起運動

培養運動習慣對於準備當爸媽的夫妻來說，好處多多，尤其孕產是非常需要體力的。為讓媽咪不間斷地每天運動，爸比除了陪伴支持，更要積極提醒媽咪，夫妻一起利用假日、下班後運動，讓身體活動變成生活中很自然的事。

除了孕前就開始運動之外，懷孕3個月後就可嘗試讓身心安定的「孕婦瑜珈」。專為孕媽咪們設計的瑜珈動作，有助於身體變得柔軟有彈性，同時傾聽身體的聲音及需求，讓媽咪情緒放鬆、有益順產。

爸比媽咪們，現在開始不嫌遲，早點培養運動好習慣吧！不僅對彼此與下一代的健康很重要，也利於媽咪產後快速恢復身材，而且等寶寶出生後，爸比媽咪也才有體力一起養育新生兒喔。

妳真的準備好懷孕了嗎？

了解懷孕這件事

孕前需要做的準備，除了前述的生活調整、運動習慣培養、飲食習慣建立，另外有一點常被準媽咪忽略的是：未能充分了解自己的身體和懷孕這件事。一般人會以為受孕就是行房之後，精子遇上卵子，結合為受精卵，就等於順利懷孕了。其實這其中的過程並不簡單。受孕的過程有許多關鍵點，且缺一不可，只要任一環節不順利，就會讓受精失敗。

由以上過程可知，要想讓懷孕成立，夫妻必須達到幾項基本要件。

❶ 女方必須有健康的卵巢，能夠排出成熟且健康的卵子，並順利進入輸卵管。

❷ 男方有健康且活動力佳的精子，才能順利移動至女方的卵子所在處。

❸ 女方的輸卵管功能正常，才能讓精子和卵子相遇。

❹ 精子的穿透力要夠，才能在與卵子相遇時，結合為受精卵。

受精卵著床

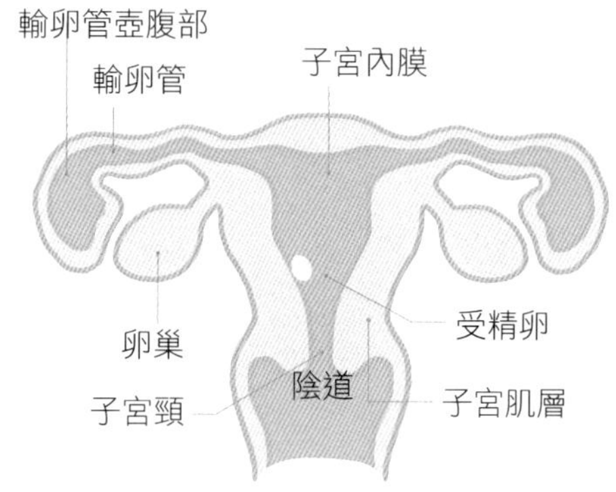

❺ 女方的子宮功能正常，才能讓細胞分裂後的受精卵順利著床，讓懷孕正式成立。

❻ 必須在女方的排卵日前後行房。

上述1-5要點所談的是夫妻雙方的生殖功能。準爸比的精子功能和準媽咪的卵巢、輸卵管及子宮功能，都可從孕前健康檢查後得以確認，如有問題，可直接依循醫師指示做進一步檢查。

寶寶怎麼來的？當卵子和精子相遇時…

女性的卵巢，從生理期開始製造出成熟的卵子。

每個月排卵，經由身體自然淘汰後，最後僅剩一個成熟的卵子，從卵巢排出，稱為「排卵」。然後這顆卵子會移動到輸卵管。

男性在性行為中，排出1500萬個精子（每次）1.5ml，經由陰道進入女性體內，往輸卵管前進。

僅有60-200個的精子能夠抵達卵子所在處，最終僅有一個精子能與卵子結合為受精卵，受精日為第0天。

在接下來的1週內，受精卵會一面進行細胞分裂，一面往子宮移動。

受精卵於子宮內膜著床。此時的受精卵在持續的細胞分裂之下，已經從原本僅一個受精卵細胞，增為100個以上的細胞。

受精卵設法著床。在著床的過程中，子宮內膜也會相應產生保護機制，生長出絨毛，協助受精卵附著於子宮內膜。

受精卵之後便會在子宮內膜形成胎盤，胎兒慢慢開始生長。

何謂排卵日&基礎體溫

統計數據顯示，有正常性生活的夫婦，在沒有採取避孕措施的情況下，半年懷孕的機率為75%；一年懷孕的機率為將近90%。但如果都是在順其自然的情況下行房，也有可能碰巧都錯過了排卵期，而成了那剩下的10%。建議比較積極的夫妻可以計算生理期，在特定時間行房，讓懷孕的機率確實提高。

為什麼必須抓準排卵日才能受孕？這是因為女性**在每月的特定日子，從卵巢排出的這一顆成熟卵子，壽命僅約1-3天，且必須於排出後24小時內遇到精子、受精成功，成為受精卵，並等待著床**。如果不是在女方排卵期行房的話，這時精子遇到的不是成熟的卵子，便無法成功懷孕。找出排卵日的常見方式有兩種：

❶ 從生理期週期找出排卵日

所謂生理週期，指的是本次生理週期的第一天，到下一次生理週期第一天的歷程。一般而言，正常的生理週期為 21-35天。生理週期規律的女性，計算排卵日的方式比較單純，只要把生理期報到的日期往前推14天，即為排卵日。生理週期規律者，計算準時排卵機率可高達90%以上。

準媽咪問！生理期不規則的話怎麼算呢？

一般而言，排卵日是從「下次生理期的第一天」往回推估14-16天，即為懷孕機率最高的時間。若生理週期較長，超過40天以上，或是月經日期不規律的人，可能是因為卵泡成熟時間不一，建議推估出排卵日的前2-3天到婦產科做陰道超音波檢查，以觀察卵泡大小及子宮內膜的厚度變化，藉以評估是否即將進入排卵期。確認好時間後，便可於此段時間行房，提高受孕機會。

❷ 測量基礎體溫找出排卵日

至於生理期週期不規律的女性，則建議可從以下幾種方法找到排卵日。

女性的身體在兩種荷爾蒙的作用下，分為生理期開始到排卵期的低溫期和排卵日之後的高溫期。當生理期開始時，身體是處於低溫期，此時卵巢會分泌雌激素（女性荷爾蒙），並開始發育，經過2週之後，成熟的卵子便會突破卵巢壁，開始排卵。排卵之後的卵巢，會開始分泌黃體激素，體溫會上升0.5-0.6℃，進入所謂的高溫期。

因此，藉由測量基礎體溫，就可以得知排卵期的時間，只要能把握這段時間受精，懷孕機率就會相當高。

所謂基礎體溫（BBT）指的是每天剛醒來，尚未進行任何動作時的體溫。因此必須把體溫計放在床頭伸手可取得的位置，一醒來就立刻測量。由於一個人每天體溫的總體變化非常微小，因此必須使用基礎體溫專用的溫度計。

基礎體溫計測量的是舌溫，在測量時必須將體溫計深入舌下最深處。每日測量基礎體溫後，應確實記錄，一併將生理痛、生理期、是否行房等資訊也記錄起來，製作成表格，以方便查閱。基礎體溫計算，必須持續3個月以上，才能準確地推算出排卵日。

許多女性除了運用生理期來計算排卵期之外，還會**搭配排卵試紙加強精確度**。排卵試紙可以評估女性黃體素及雌激素的變化。以試紙沾取尿液，偵測黃體激素含量。當檢測到黃體激素上升時，代表24-48小時內會排卵，為受孕機率最高的時間。

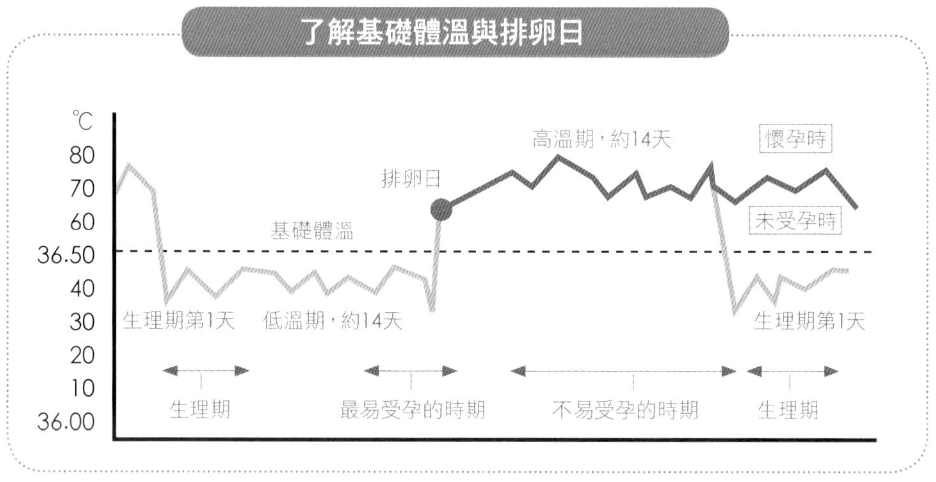

Column 爸媽一起看！

開始記錄基礎體溫

計劃懷孕的女性，不妨養成每日記錄基礎體溫的習慣，可利用如下表格影印下來，每日手寫記錄，就能一目瞭然體溫變化囉。

________年 ________月 基礎體溫記錄表

日期	1	2	3	4	5	6	7	8	9
溫度									
生理期									
行房									
日期	10	11	12	13	14	15	16	17	18
溫度									
生理期									
行房									
日期	19	20	21	22	23	24	25	26	27
溫度									
生理期									
行房									
日期	28	29	30	31	29	30	31		
溫度									
生理期									
行房									

一直沒中獎，我是不孕症嗎？

許多夫妻常會到婦產科門診求助醫師關於懷孕的事，例如希望服用排卵藥來增加受孕機率。經由詳細問診後發現，有的女性是生理期不規則，有些是因為覺得自己高齡不易受孕，有些還聽說服用排卵藥才容易懷孕…等，到底什麼樣的情況才算不孕症呢？

何謂真正的不孕？

不孕症不能算是一種「疾病」，只能算是因為「功能異常」而發生在夫妻間的「問題」，除非是伴隨著其他的內科問題，否則，沒能懷孕其實對身體本身並無損害，但對於求子心切的夫妻來說，的確會造成心理壓力。

若以醫學定義來看，一對夫妻在「有規律性生活且沒有避孕的狀態下，持續一年仍未懷孕者，會診斷為不孕症」。其中，又可細分為「原發性不孕」（Parimary infertility），即從來沒有懷孕過；以及「繼發性不孕」（secondary infertility），即有懷孕過，但之後被診斷為不孕的狀況。

雙方先做檢查判定

在現代人生活作息、工作步調皆緊湊的情形下，加上晚婚及晚育，全世界的不孕症人數都在上升。據世界衛生組織2012年的研究報告指出，全世界不孕症人數從1990年約4200萬人，增加到2010年的4800萬人（WHO,2012）。而在臺灣，推估不孕症的盛率約為10-15%，換算下來，約有30-35萬對臺灣夫妻面臨不孕的困擾。

然而，許多夫妻對於不孕的了解並不完全正確，因為造成不孕的原因很多，整體來說，女性因素佔約6成、男性因素佔了4成。在治療真正的不孕症之前，醫師並不會直接開立排卵藥或建議進行人工生殖，而會先安排一系列的檢查，正式釐清病因何在。

雙方先了解，關於不孕的檢查重點！

項目	內容
病史詢問	1.包含月經史及經產史（是否曾經懷孕、週期是否規則、經血量多寡、是否會經痛…等）。 2.過去疾病史（內外科疾病或其他婦科疾病）；是否曾經開過刀。 3.性生活的相關問題。
基礎體溫表	可大致了解生理週期規律，何時或者是否有排卵…等，為女性排卵功能提供最基本的背景資料。
經陰道超音波	1.觀察子宮內膜型態，是否有子宮肌瘤或息肉，雙角子宮…等器質性病變。 2.觀察卵巢的卵泡大小多寡，幫助評估卵巢功能，甚至是否有卵巢囊腫…等。
荷爾蒙檢查	1.包括動情素、黃體素、促濾泡激素（FSH）、促黃體激素（LH），以及抗穆勒氏激素（Anti-Mullerian hormone,AMH）等；其中，FSH和AMH最能代表卵巢功能及卵子存量。 2.泌乳激素及甲狀腺功能也與生理期不順及懷孕有關。
子宮鏡檢查	經由內視鏡從子宮頸進入子宮腔，檢查子宮腔內是否有息肉或肌瘤…等妨礙著床的病灶，或是子宮內是否有沾黏或隔間…等。
輸卵管攝影	透過子宮頸打入的顯影劑，了解子宮形狀，是否雙角子宮或有隔間、輸卵管是否通暢…等。
免疫相關檢查	免疫系統紊亂所造成的自體免疫抗體，也是造成不孕以及習慣性流產的原因之一，特別是近年來逐漸受到重視；常見的有抗磷脂抗體、抗甲狀腺球蛋白抗體、狼瘡性抗凝血抗體，和抗精蟲抗體…等。
診斷式腹腔鏡	若懷疑腹腔內沾黏或其他骨盆腔病變時可實行，同時也可透過特殊染劑來看輸卵管是否暢通。
精液分析	檢查精蟲數目、型態、活動力…等。
其他	例如染色體檢查…等。

透過以上的檢查，醫師先掌握病因後，才會開始著手治療。造成女性不孕的疾病不少，常見的有：卵巢巧克力囊腫、卵巢囊腫、多囊性卵巢症候群、子宮肌瘤、輸卵管水腫、子宮內膜異位…等。而男性會影響女性受孕的常見狀況，則包括精蟲稀少、精蟲活動力不佳、阻塞性不孕症…等。由於不孕的原因眾多，想要懷孕的夫妻透過檢查及安排治療，還是能有懷孕機會，儘量以正面心態來看待、減少給彼此太大的壓力。

中西醫可併行調養受孕嗎？

在普遍的門診經驗中，許多夫妻會問到「吃中藥好嗎？」、「可不可以用中藥來調整體質？」，想了解中西醫併行是否能雙管齊下。

以眾多臨床經驗來看，若是因為女性排卵因素、荷爾蒙失調、免疫系統相關問題，以及不明原因造成的不孕，西醫治療時，大多是給予人工荷爾蒙、類固醇、低劑量抗血栓…等。雖然治療效果顯著，但伴隨而來的副作用，讓許多女性無法忍受，甚至因而無法完成療程。其副作用包括噁心嘔吐、水腫、體重增加…等不適，此外，長期使用避孕藥也會增加靜脈栓塞、乳房腫瘤…等發生機率。

對於想求子的女性，若因為以上治療不孕時所導致的副作用，而感到不適或想放棄時，不妨可考慮改採中醫治療，以調整全身內分泌及免疫功能的問題，比較不會產生副作用。

但如果透過檢查得知，是因為骨盆腔感染造成輸卵管阻塞，或是子宮腔內有息肉、肌瘤，甚至是沾黏中隔…等器質性病變，西醫能提供比較直接、針對性的治療模式，而中醫則是較無副作用，但相對來說，療效比較無法驗證與確認，而且治療時間較長，不確定因素也多一些。

總而言之，針對不孕症的治療，選擇合適自己的醫師協助先找出病因，再規劃出正確的治療方向與對象，讓治療走向「個人化」，再加上夫妻雙方共同努力、體諒，就能讓求子受孕不再有壓力或陷入失望的情緒中。

Column 杜李威中醫師問答

孕前迷思破解

中醫諮詢：【國醫杜李威】

中國醫藥大學醫學士，師承國醫 朱士宗、朱樺。與西醫長期合作，處理婦科診療個案，相信科學數據，認為醫學必須與時俱進，隨著時代，持續調整方向。

Q希望能儘快「中獎」的夫妻，不知可否求助中醫，尋求速成的藥帖，以便調整體質，提高懷孕機率？

A 針對女性長期不孕的狀況，一般人最容易直接聯想到是否為「腎虛」所導致，但這是一般大眾思維，不見得適用於所有人。

每位女性的每一次懷孕，請以單一事件來看待，而且中藥方劑的服用方式，從未見過單一處方一體適用的情形。建議夫妻或其家屬不需自行猜測或服用偏方，應交由專業中醫師仔細針對個人體質加以確認為佳。若是婚後多年未能受孕者，更需諮詢專業醫師找出箇中問題，才是較有效率的做法。

Q重複性流產的女性，可以求助於中醫改善現況嗎？

A 因為胚胎不健全等問題而造成流產，屬自然現象，在統計學上，12週之前的自然流產率，約占20%。一般而言，一至兩次流產的機率，醫師會視為偶發狀況，勸女性可放寬心、不用過度給自己壓力；連續三次流產時，便會建議準媽咪做身體檢查，求醫找出原因。

若經由醫師診斷出是基因因素，屬於結構性問題，無法用藥解決；如果是免疫系統出問題，有些是體質因素，另有一些可能是太過勞累…等原因，這時便可找中醫師尋求解決之道。例如，血栓過高，抗磷脂抗體症候群…之類的身體狀況，就有可能導致反覆性流產，此時**尋求中醫與西醫併行合作，為女性量身規劃進行「計劃性的治療」，就是有科學根據的做法。**

Q懷孕期間如果想食用藥膳湯品，應避免哪些藥材？

A 在中醫典籍中，提出了許多妊娠忌用的中藥，例如半夏、乾薑、附子、桃仁、紅花…等等。古人在這些藥材的運用，都會格外謹慎。這裡有一部分藥物，具有「毒性」，另有一部分，屬性上被歸納為「活血化瘀藥」，也因此，古人才會認為孕婦忌用。雖然說是忌用，但所謂「有是證、用是藥」，仍端看醫師怎麼使用，也因此才**建議媽咪需諮詢醫師，讓專業做判斷，以免用藥不適合自身體質**。

此外，中藥材的炮製與劑型，也是一大關鍵。好比說附子這項藥材，它的毒性來自於烏頭鹼。然而，現代實驗已經證明，附子經過煎煮90分鐘後，烏頭鹼的含量僅存4,000分之一，對於藥效卻並未減損。

由以上舉例可見，其實每一種藥材，都有其特殊用途，不能就此貼上標籤。專業中醫師用藥是複方概念，藥物經過配伍之後，會產生不同功效。另外，劑量的使用多寡也是重點，若舉紅花為例，雖是活血化瘀藥，臨床上，我個人常開小劑量的藏紅花（2~3分）來通經、促進排卵，因此不能一概而論。

關於懷孕期間的藥材服用或選用、劑量，一律請中醫師為您做評估，就能減少疑問與誤解，讓孕期真正安心。

Q關於受孕，中醫可提供的治療方向為何？

A 不同於西方醫學的病因學分類，中醫的治病邏輯主要圍繞著「辨證論治」的想法。中醫師會根據「望聞問切」的結果，辨別寒熱虛實等證型，再以中醫專屬的治療方式，糾正人體的偏性，使其回到平衡的狀態。

針對女性的經期不順及不孕，也能配合現代醫學對於生理週期的了解，發展出中藥週期的療法，在經前、經間、經後，分別使用補腎、助陽、養陰、疏肝…等治療方式，成效斐然。

認識孕前BMI

在準備懷孕之前，準媽媽要先了解自己的身體質量指數（Body Mass Index, BMI），做好體重控制計劃。

提前評估及控制體重

在懷孕之前，就先了解孕前BMI的好處是：提早控制、評估自己的體重，以減少因為孕期體重增加，而產生的身體負擔或不適症狀。**因為體重超標的媽咪，發生孕期併發症的機率偏高**、例如妊娠糖尿病、子癇前症…等。如果在懷孕後期體重增加過快，容易引發高血壓、高血糖、胎兒過大以致肩難產…等，大幅拉高生產時的風險，產下的寶寶也容易罹患慢性病。此外，體重過重的孕媽咪，由於脂肪過厚，生產時有可能不易施打麻醉、影響產後傷口癒合速度，也讓產後的瘦身之路比較艱辛。

建議準媽咪在孕前依據個人的BMI做適當的體重控管，再於孕期中每日記錄體重變化，有助於提醒自己做調整，也與寶寶健康息息相關。

在孕期前3個月時，寶寶仍非常微小，重量不到20公克，這時期準媽咪增加的體重是長在自己身上。因此準媽咪在第一孕期不太需要增加體重（最多2公斤），第二至三孕期開始，再循序地增加體重即可。孕期12週後，建議每週增加0.5公斤，40週時增加到14公斤左右。懷孕後期的體重會迅速增加，建議後期每週體重的增加，不要超過0.6公斤。

此外，就算是身材肥胖的準媽咪，也不應在懷孕期間刻意減重，同時需注意孕期體重增加的速度，和營養師一同設定理想且合理的目標體重，如此才能維持母嬰健康，也讓將來的寶寶發育更有保障。

一般版！懷孕，的體重控制建議

準媽咪身材類型	孕前BMI	建議增加重量（公斤）	第12週後每周增加體重（公斤）
體重過輕	＜18.5	12.5-13	0.5~0.6
體重正常	18.5~24	10-11.5	0.4~0.5
過重	24.0~27	7-11.5	0.2~0.3
肥胖	＞27	7-9	0.2~0.3

註：以上BMI值根據衛福部國民健康署資料做修改。

加強版！產後快速瘦的體重控制建議

BMI值不滿18時，孕前體重+13公斤

此範圍為孕前身材纖瘦的女性，可增加12-13公斤。但仍需注意，不能因此鬆懈而大吃大喝，因為懷孕後期的體重容易快速增加喔。

BMI值18-24之間，孕前體重+11公斤

此範圍為孕前標準體型的女性，體重增加的控制在10-11公斤左右。補充說明，懷孕後若一天體重增加超過0.5公斤以上時，就有健康風險，而不利於孕產。

BMI值24.1以上，孕前體重+6公斤

此範圍為孕前身材豐滿的女性，因此懷孕後增加6-7公斤為合理範圍。於懷孕後，一定要與營養師密切配合注意飲食，才能良好控制體重。

孕期增加的重量會用在哪呢？
嬰兒：3.2-3.6公斤
胎盤：0.7-1.3公斤
羊水：0.9-1.4公斤
乳房組織：0.9-1.4公斤
血液供應：1.8公斤
儲存的脂肪與母乳等營養物質：2.5-4公斤
子宮增加重量：0.9-2.3公斤
總重量：11-16公斤

準媽咪問！雙胞胎媽咪要攝取雙份營養？

懷雙胞胎的準媽咪，整個孕期可以多增加2公斤，會是理想的幅度。有些懷雙胞胎的媽咪以為「一人吃三人補」，覺得懷兩個寶寶必須努力多吃，其實這是錯誤的，攝取過多的營養和熱量只會集中在媽咪身上。

孕前必知的檢查&醫師諮詢

孕前健康檢查

孕前健康檢查是對計劃懷孕的準爸比和準媽咪所做的健康檢查，主要目的是為了確認雙方是否罹患對孕期及對胎兒生長發育造成影響的疾病。此外，專業的醫療團隊還會為準爸媽進行懷孕前的諮詢，包括遺傳病史和營養需求，以便為孕育下一代做好充分準備。

部分隱性遺傳性疾病，基因不一定會在親代出現問題，但是當夫妻雙方都為同型帶因者時，其影響力就會擴大，並可能直接反應於下一代。

舉例而言，海洋性貧血就是屬於一種慢性、隱性遺傳溶血性的貧血症。輕度的海洋性貧血帶因者，其實通常不自知，雖不需要治療，但在做懷孕計劃時，夫妻雙方應提早做篩檢，如此不僅可避免孕期嚴重貧血，還能瞭解生出重型海洋性貧血寶寶的可能性。

孕前健康檢查的最適合時間為**計劃懷孕前的3-6個月之間進行**，因為部分疾病在篩檢結果出爐之後，需要3-6個月治療及觀察期。營養品補充的計劃，則建議至少於懷孕前3個月開始進行。

準爸比亦應配合孕前檢查

寶寶基因是由爸比媽咪結合而成的，故男性精子品質和活動力也是影響懷孕與否的重要關鍵，因此夫妻雙方需一同接受孕前檢查。建議準媽咪於生理期結束後進行檢查；準爸比在檢查前需要禁慾3天，以進行精子活動力檢查。

孕前預防注射一覽

部分病毒會對寶寶的健康造成損害，因此，為了寶寶的健康，準媽咪應確認自身是否已有完整的病毒抗體。受孕前半年的健康檢查，可以確認並隔絕這些可能造成胎兒畸形的病原體。這些病原體包括：弓漿蟲感染、水痘病毒、德國痲疹病毒、梅毒螺旋體感染、巨細胞病毒、疱疹病毒等等。於確認之後，事先做好病毒疫苗預防注射，三個月後確認體內已有抗體後，再執行懷孕計劃。

註：巨細胞病毒也是這幾年來逐漸受到重視的一種病毒，孕婦在懷孕期間急性感染此病毒，生下的寶寶可能有智能障礙、聽障或是生長遲緩的問題，但如為孕前即已感染此項病毒，就不會對寶寶造成影響，這一項目也可以從孕前檢查中發現。

懷孕前檢查的常見項目

檢查項目
· 血液常規檢查
· 尿液常規檢查
· 肝膽功能檢查
· 肝炎檢測
· 腎功能檢查
· 糖尿病檢查
· 血脂肪檢查
· 女性荷爾蒙檢查
· 甲狀腺功能檢查
· TORCH感染檢測
· HPV人類乳突病毒檢查
· 梅毒感染檢測
· 愛滋病毒檢測
· 婦科超音波檢查（僅女性）
· 精液分析（僅男性）
· 精蟲抗體（僅男性）

特殊病症評估

夫妻雙方都接受孕前檢查後，另外有些特殊病症是準媽咪們於孕前要特別注意的。充分了解這些病症對於懷孕的影響，並在孕期中密切接受醫師諮詢建議或是檢查追蹤，就能克服這些病症，安心進入孕期。

甲狀腺功能異常

甲狀腺是調節身體新陳代謝功能的內分泌器官，過度分泌和低下都會對身體造成問題，並影響受孕機率。建議有家族病史、但準備懷孕的準媽咪先做甲狀腺功能篩檢，確診者需前往內分泌科就診治療，因為甲狀腺功能對媽咪及寶寶皆有重要影響。

甲狀腺功能亢進者，會引發妊娠劇吐、宮縮、生產遲滯或先天異常；甲狀腺功能低下者，不孕機率高，若無適當治療，可能導致寶寶中樞神經異常或流產。但經過治療並成功懷孕後的準媽咪，在孕期只要謹慎持續接受治療，還是能夠順利生下健康寶寶。

甲狀腺治療需確實服藥及均衡飲食

一般而言，懷孕期間的甲狀腺疾病治療以服用藥物為主，醫師會挑選安全性高且不會對寶寶造成影響的藥物，請依醫師指示進行療程。此外，有甲狀腺分泌失調的準媽咪一旦懷孕後，不可自行擅自停藥，應配合醫師定期追蹤，隨時調整藥物劑量，才能確保媽咪寶寶皆健康。

甲狀腺失調的準媽咪，只要適當搭配用藥，並於三餐均衡攝取各類型食物，無需刻意避開碘含量高的食物。海帶及海藻類食物仍然可以偶爾淺嚐，少量攝取並不會對甲狀腺造成影響。臺灣的食用鹽普遍含碘，不過一般人用於食物調味的鹽分，比例本來就不高，而且孕期本來就不鼓勵攝取過多鹽分，因此無須太過驚慌，也不必刻意選購不含碘成分的鹽。

子宮肌瘤

統計數據顯示，超過20%的育齡女性有子宮肌瘤的問題。子宮肌瘤患者不一定會有症狀，有些準媽咪是在懷孕後做了超音波檢查之後，才發現原來自己有子宮肌瘤的問題。部分準媽咪的子宮肌瘤可能會因為懷孕後荷爾蒙變化而變大，或是因為子宮肌瘤而有不適症狀。

有子宮肌瘤者，應配合產檢追蹤

對於懷孕後得知的子宮肌瘤，準媽咪不要驚慌。其實大部分的子宮肌瘤對於懷孕並不會有太多影響，準媽咪要確實定期接受產檢，信任醫師的專業判斷，醫師會依據子宮肌瘤的生長位置及大小，為準媽咪進行密切的追蹤觀察。建議有子宮肌瘤問題的準媽咪，應挑選有充足人手及完善設備的醫療院所，做好事前準備。以便不適症狀或突發狀況發生時，能在最短時間內得到醫療處理。

子宮肌瘤對懷孕的影響

子宮肌瘤生長的部位不同，對身體的影響也有所差異。當子宮肌瘤生長於子宮黏膜下時，造成不孕症的可能性相當高。子宮肌瘤患者常見的症狀為經血過多、生理痛等等，太大的肌瘤會壓迫到膀胱，導致頻尿、便祕等症狀。有計劃懷孕的女性，如果已經超過一年以上未能自然受孕，又伴隨以上症狀時，不妨前往婦產科做檢查，將肌瘤問題釐清，說不定就能找到懷孕的關鍵問題。

貧血

準媽咪貧血的問題分為兩方面，**一種是飲食習慣失衡而導致的缺鐵性貧血，另一種是疾病型的貧血**，例如海洋性貧血，此種疾病在臺灣的盛行率高達3%。準媽咪如有嚴重貧血的問題，除了會影響腹中胎兒的生長發育，還會導致早產，不可不慎。

以往缺鐵性貧血多與營養攝取不足或失衡有關，現代人營養充足，因為攝食習慣而導致的嚴重型貧血在臺灣已不多見。不過，因為年輕女性每個月有經血流失，若飲食不均衡，很容易發生輕微貧血的症狀，但本身卻不自覺。建議有懷孕計劃的女性，在孕前健康檢查時，多注意血液指標（如血紅素／輸鐵蛋白／血容積／血容比），先了解自身與貧血相關的健康狀況。如此一來，無論是缺鐵性貧血或疾病引發的貧血都可及早發現，只要遵循專業治療及膳療補充，便可安心懷孕。

另外，女性於懷孕後常發生「生理性貧血」的狀況，就得注意飲食調整。生理性貧血是因為女性懷孕期間，血液總量和血紅素增加的比例不成正比，當血液量增加的比例高於血紅素時，造成血液稀釋，而引發生理性貧血的現象。

如何正確攝取鐵質？

建議媽咪在懷孕期間，應留意攝取鐵質，例如紅肉、動物肝臟的吸收率就相當高。但相對的，以上食物的膽固醇和動物性脂肪也高，建議適量食用。

素食準媽咪可以選取植物性來源，包括綠色蔬菜、堅果、豆類、海帶芽，雖然吸收率較低，但因含豐富膳食纖維及礦物質，也是極佳的選擇，食用時建議搭配維生素C含量高的食物，例如芭樂、櫻桃、奇異果、綠色蔬菜…等，以提高鐵質吸收率。

糖尿病

對準媽咪來說，糖尿病只要控制得當，95%的準媽咪都能夠順利產下健康寶寶。糖尿病患者準媽咪只要與醫師密切配合，並遵守以下事項，一樣能孕育出健康的寶寶。

- 確實控制空腹血糖與醣化血紅素（HbA_1c）：空腹血糖必須低於95mg/dl，HbA_1c必須低於6.5。
- 高纖低醣飲食：不碰甜食、避免精緻醣類及加工食品、提高膳食纖維攝取量、控制澱粉攝取量。
- 培養固定運動習慣：即使只是固定散步或快走的習慣，也是好選擇。
- 遵循醫師指示服藥：只要告知有懷孕的計劃，醫師會為準媽咪提供專業建議，讓準媽咪服用不影響到胎兒健康的藥物。其中醫師會建議施打胰島素，是孕期中最安全的血糖控制藥物。其他如目前使用率高的口服藥metformin，至今也並無不良作用的報告，媽咪不用太過擔心，經婦產科醫師評估後可安心使用。

孕期版！了解糖尿病控制藥物有哪些

藥物名	型式	使用方式
胰島素 insulin	針劑／攜帶式幫浦／筆針。	長短效打時間各有不同。配帶幫浦可提供連續性的藥物，孕期時可能有所調整，需定時追蹤。
Tolbutamide Chlorpropamide	口服／不建議懷孕婦女使用。	
Metformin	口服。	三餐飯後。

高齡也能安心懷孕

以醫學角度來看，女性最佳的生育年齡是25-30歲之間，但隨著現代人晚婚，高齡孕媽咪一年比一年多，準備懷孕的35歲以上女性，不妨從身心兩方面做規劃、並先諮詢專業醫師建議，先了解整個孕程的注意事項、悉心調養，就能安心不驚慌。

❶ 定期產檢，必要時加上特殊檢查，特別是有家族遺傳病史的夫妻，建議諮詢相關的專業醫師，以釐清病因，針對問題做好預防措施。

❷ 與另一半好好討論，孕前先改變生活、減壓迎接懷孕。

❸ 注意均衡營養，並非「過度營養」，飲食以「高蛋白、低脂肪」為主，才能避免發生高血壓及糖尿病。

定期產檢＋飲食注意＋維持運動

35歲以上女性在孕前首要了解的，包含伴隨年齡增加而提高孕產風險、孕期比較吃力、胎兒染色體變異的機率高…等等。為產下健康寶寶，準爸媽需要多做點特殊產檢相關的小功課、事先諮詢醫師，才能確實降低孕產時的風險。而在日常生活中，一般作息與飲食營養則需要費點心思，好好為孕期打底，讓孕期舒適度提高，也減少併發症的發生機率。

在飲食上，高齡孕媽咪所要攝取的營養與一般孕媽咪相同，但**若能維持「少油膩、低糖分」的攝食習慣，就可降低高血壓及妊娠糖尿病的機會**。每個人的營養需求不同，得依個人身高及體重比例做調整，建議諮詢營養師，先了解個人化的飲食計劃為佳。

此外，高齡伴隨著器官的老化，體力上相較於年輕孕媽咪會比較差一些，最好於孕前就長期培養固定的運動習慣。比方增加體適能，平時多走動、做伸展操，改善心肺功能及肌耐力，而且適度運動可釋放壓力，對媽咪及寶寶都好。

高齡媽咪易有的健康風險！

高齡懷孕者容易有的健康風險		預防或處理
懷孕併發症	子癇前症、妊娠高血壓、妊娠糖尿病、胎盤早期剝離、前置胎盤、早產。	懷孕前先接受健康檢查，確認自身健康狀況，並與醫師討論、待治癒內科疾病且生理狀況穩定後再懷孕。如果孕後才發現病徵，需更密切接受醫師指示、控制病情。
胎兒併發症	早期流產、胎兒生長遲滯、染色體異常、胎死腹中、子宮外孕。	
胎兒染色體異常	例如唐氏症（T21）、愛德華氏症（T18）、巴陶氏症（T13）。	懷孕10週後，接受非侵入性產前染色體檢測（NIPS），或16週後接受羊膜穿刺。
自然產比例較低、產後恢復較慢	因體力不足可能需剖腹產。	35歲以上的女性，特別需要於6個月前先調養身體、注意營養和健康狀況，加上長期培養運動習慣，就能維持好體力以迎接寶寶到來，以及後續生產過程。

高齡懷孕應做的檢查

高齡懷孕者的產前常規檢查和大部分媽咪一樣，包含了量體重、血壓、驗尿、做超音波、讓醫師測量腹圍（估算胎兒大小）與子宮底高度（子宮底至恥骨聯合間的距離），皆是每次產檢時的基本要項。但是在科技日新月異、孕產高齡化的現今，準媽咪們有鑑於以上的健康風險，不妨多花點時間，向妳的醫師詢問特殊檢查的細節，及早為寶寶做產前診斷、染色體及結構異常的篩檢、評估胎兒在子宮內的發育狀況…等。尤其是有家族病史或反覆性流產的媽咪，更需為自己和寶寶提前做評估和打算！

Column 蘇醫師問答！

這樣懷孕沒問題嗎？五花八門迷思破解 Q&A

關於懷孕前，有許多的小提問，以下幫準媽咪們做了整理，希望可以幫助妳多一點安心準備懷孕。

Q我們家有養寵物，若決定懷孕的話要注意什麼呢？

A 基本上，跟養寵物最有關係的應該是弓漿蟲感染的問題喔！不過說實話，千萬也不要因此過度擔心而把寵物丟掉。

簡單來說，這個感染是透過貓狗的糞便，並經由口腔接觸而導致感染的。所以只要勤加注意在清理貓狗糞便之後確實洗手，風險就會大幅降低。當然，家裡的寵物可以先做檢查，如果本身家中寵物沒有感染，自然不需太擔心。

Q紅斑性狼瘡的患者，也能安心懷孕嗎？

A 可以的！當然，免疫系統的疾病確實會造成孕期上的風險增加，建議先接受免疫科醫師及專業母胎兒醫學醫師的協同照護，配搭監控整個孕期的安全即可。

Q前陣子剛做過X光檢查，對懷孕會有影響嗎？

A 不會喔！以科學上的統計結果來說，基本上要1000張以上的X光曝露才會對寶寶造成風險，而且這是指已經懷孕以後的喔，若在懷孕前就完全不會有影響啦。

Q我有長期用藥習慣，這樣會影響胎兒健康嗎？

A 基本上要看您使用的是什麼樣的藥物，不能同一而論。建議有長期用藥需求的女性，可以在懷孕前跟專業醫師進行個別諮詢來釐清喔。

Q有長期抽煙習慣的媽咪，是否不適合懷孕？

A 戒煙吧！許多研究已顯示，長期抽煙會增加流產早產的風險，以及增加胎兒生長遲滯的情形，為了您和寶寶的健康，請下定決心，趕快戒煙吧！

Q我有流產經驗，再度懷孕後有什麼需要注意的呢？

A 最最最要注意的就是「請勿太過驚慌」，這部分請交給專業醫師來幫您追蹤及處理，好嗎？不需因為有過流產經驗，就給自己太多不必要的壓力！

Q我的咖啡癮很嚴重（或有喝酒習慣），孕後要減量到什麼程度？

A 一天2-3杯的濃縮咖啡，基本上對媽咪不會有問題的喔！至於酒精～如果長期飲用，那就比較不建議了。當然，偶爾接觸一下也是不用太過驚慌的。

Part 2
與寶寶共處的10個月

與寶寶相連的10個月裡，是特別且珍貴的經歷。本章節開始，將孕期過程的身體變化、營養調配、生活習慣與運動、醫師諮詢檢查，整理成易讀的順產小提點；媽咪們請以輕鬆的心情，循序漸進地迎接家中新成員吧。

懷孕前期 0～14週

懷孕前期的不可不知

正式懷孕需從生理期的第1天開始算起。在第0週0天的時候，卵泡會逐漸成熟、準備排卵。等生理期結束後，即第1週，女性身體會產生黃體素，子宮內膜也慢慢變得豐厚起來，為等待精子到來、與卵子結合成受精卵之前，先做好合適著床的準備。從排卵的2天前開始到排卵的當天，這期間是最容易受孕的時期。

待精子卵子結合後，會開始細胞分裂，在輸卵管內慢慢移動至子宮內膜著床，費時大概1週左右。受精卵會吸收子宮內膜的營養而漸漸發育，這時受精卵已至少分裂成為100個以上的細胞。到第4週開始，受精卵會長成一個球狀外型的胚囊。

進入第2-3個月後，胎兒心臟開始有脈動了，可以透過超音波檢查看到；此時期的胎兒會由脊椎先成形再有手臂和腿等軀幹。而後，胎兒的五官開始有點若隱若現、內臟也逐漸成形（除了腸子），胎盤基底的組織也慢慢形成，看得出寶寶雛形了！

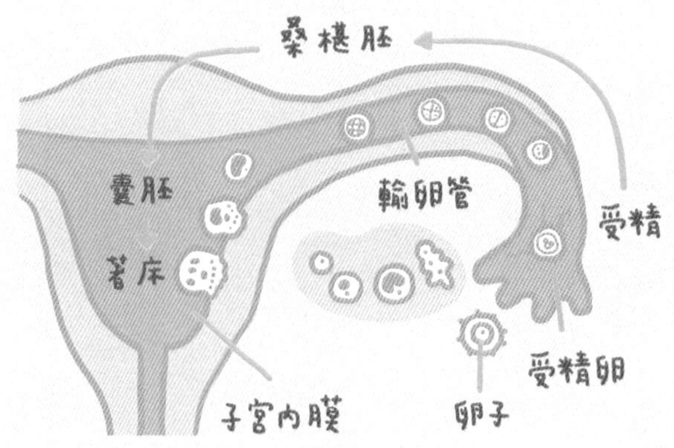

POINT

前期的身體變化

懷孕的第1個月，大部分媽咪並不自知，等到第2個月開始的身體變化才會比較明顯，例如對氣味敏感、有嘔吐感，以及飲食喜好慢慢改變、與以往不太相同，身體會燥熱發熱、容易疲倦想睡覺…等。

這時期該注意的事

·還沒開始補充葉酸的媽咪，此時應該趕快開始口服葉酸的補充劑，以降低寶寶神經管缺陷的發生機率。

·如果懷孕初期有出血或是宮縮的情況，建議回診追蹤，必要時請醫師協助開立安胎藥物或是紙本證明。

產檢提醒

懷孕前期的產檢項目最多，媽咪記得把握最佳的時間配合做產檢，並諮詢醫師的評估建議，讓母嬰健康在第一孕期就能被掌握。

爸比的陪孕須知

得知另一半懷孕的爸比們，不論你的反應是驚喜或驚嚇，都先為自己做好心理建設、和媽咪一起迎接孕期到來。每位媽咪在懷孕前期的生理及情緒變化都不相同，有時並非自己本意，無論如何，都請多多包容與體諒。進入第3個月後，有害喜情況的媽咪，身體不適的情況慢慢變多，但到了中後期會稍趨緩，爸比們需多協助生活事務，多多支持另一半。

媽咪的狀態…

生理期停止後，子宮慢慢變大、增厚、變軟，陰道分泌物變得比較多；另外因為子宮變大，比較容易頻尿。這時體型、外表和孕前一樣，不會有什麼變化。但有部分媽咪會有乳房漲痛感或覺得緊繃，類似生理期前的感覺。也有的媽咪會提早害喜、不喜歡某些特定食物的味道、一起床就想吐…等各種反應因人而異。

進入第5週後，媽咪害喜的症狀會越來越明顯。有時會感到頭暈、也會更嗜睡、精神不濟。此時的乳房腫脹也會更明顯、乳頭及乳暈的顏色也慢慢變深。另外，有些媽咪於此時期有牙齦紅腫的困擾，以致刷牙時可能流血，刷牙時要輕柔並多加留意。待寶寶進入胎兒期後，媽咪頻尿和可能便秘的情況變多，大腿內側腹股溝的韌帶可能也因子宮肌肉的拉扯而感覺痠痛不適。

寶寶的成長…

第1個月

受精卵不斷地分裂後，於子宮內膜著床，這時受精卵內的細胞會繼續分裂增加數量。受精卵有兩大部分，一是發育為寶寶的身體，另外一部分則為**「卵黃囊」，卵黃囊可以提供寶寶初期成長發育所需的養分和血液**，在其他內臟器官形成前，角色非常重要。

受精卵日後將長成寶寶的身體、胎盤、臍帶，以及包覆住寶寶的胎膜。細胞會出現頭部、軀幹，然後形成如同小尾巴的脊髓。接著則是心、肝、胃、肺…等內臟器官的形成。大約在第4週時，受精卵會前進到子宮裡，一天天成長發育。第6-7週時，從超音波可以檢查到寶寶心跳，而後進入器官形成期。

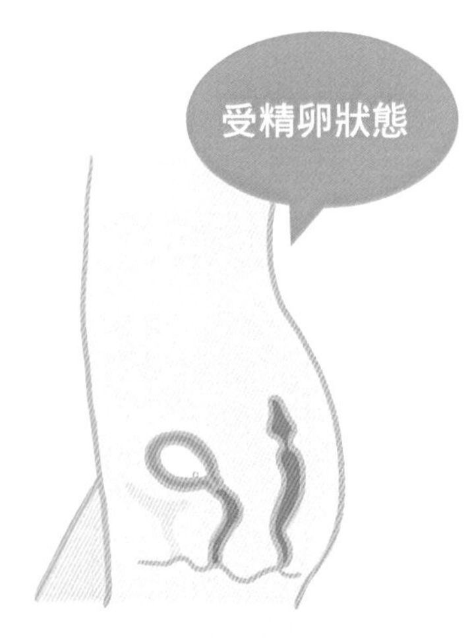

第2個月

受精卵慢慢成為胚囊，於第5週後會形成羊膜腔。原本像是小魚彎彎的樣子，在第7週時，就會有二頭身的樣子出來，可以看出手和腳。此時，胎盤的基底組織也形成，並準備進入器官形成期。於器官形成期的階段，大腦、脊椎、眼睛耳朵的神經快速長成，之後接著肝、肺、胃、腦與脊髓也會慢慢形成。

外觀上，眼睛、耳朵、鼻子、嘴巴有前期的五官雛型，但還不是非常明顯的階段；但視神經、水晶體、視網膜皆已慢慢形成。

第3個月

心臟已發育到能從超音波確認心跳，此時寶寶也在羊水裡囉，會喝羊水、排尿，也會在裡頭揮動手腳。內臟的部分，肝臟、腎臟、胃、脾臟都開始運作了、造血細胞已生成。五官的眼皮、嘴唇、牙齒齒胚雛型開始產生，而手腳的指頭會分開、指甲也開始長囉，人體皮膚的第一層一角質層也已有了。

如果是男寶寶，外生殖器形成、睪丸開始分泌睪丸酮；女寶寶的卵巢也開始發育了。寶寶頭顱中的腦神經細胞已彼此連接，並形成小腦葉的雛型。

給媽咪的小提醒！懷孕前期可做的產檢

產檢項目	檢查時程
第一次產檢常規抽血（IC41） 合併前期基礎血清評估（肝、腎、糖尿病、葉酸濃度檢查）	8-12週
脊髓性肌肉萎縮症（SMA）基因篩檢	
鈣質缺乏檢測（維他命D血清鈣濃度）	
甲狀腺功能篩檢：TPO抗體，TSH, free T4	
先天性感染篩檢（巨細胞病毒、弓漿蟲、IgG、IgM）	
X染色體脆折症篩檢	
第一孕期唐氏症篩檢	8-13+6週抽血 11-13+6週超音波
早期子癇前症風險評估	
早產風險評估	
非侵入性染色體篩檢（NIPS）	10週以上
流感疫苗	三孕期皆可施打

X染色體脆折症篩檢

檢驗方式：抽血

常見的遺傳性智能障礙疾病，發生機率僅次於唐氏症。疾病發生率男性為1/3600，女性為1/4000-1/6000，約1/250的女性為準突變患者。致病原因是基因變異，染色體上的FMR1之CGG重複次數異常增加，影響到神經細胞的發育。

80%以上有X染色體脆折症家族病史的話，下一代的罹患風險很高；但也有20%患者並無家族病史、亦無症狀，為「準突變帶因」。**除了家族病史，有智能障礙、生長遲滯或自閉症家族史者、成人後發生運動失調或震顫的家族史、與濾泡刺激素偏高或卵早衰相關不孕症者，都需要做此篩檢。**

甲狀腺功能篩檢

檢驗方式：抽血

甲狀腺對於媽咪、寶寶有重要影響，因為**甲狀腺功能亢進會引起妊娠孕吐症、子宮收縮、早產或流產風險。反之，若甲狀腺功能低下，母體雖然沒有明顯症狀，但寶寶容易生長遲緩、智能障礙，甚至呆小症的情形。**

建議媽咪於懷孕前期，先做甲狀腺功能檢查，主要檢測項目有三。第一為甲狀腺刺激素（TSH），甲狀腺是腦下腺分泌的甲狀腺控制荷爾蒙，它的分泌可直接控制甲狀腺的分泌狀態，調節甲狀腺素的分泌量。對寶寶來說，若媽咪血清中TSH升高，會增加寶寶死亡率；對媽咪來說，則易在懷孕前期流產，發育中的寶寶也會有神經管受損…等生理缺陷。

第二為游離四碘甲狀腺素（Free T4），它是具有生理活性的甲狀腺素，僅佔全部甲狀腺素0.05%，是診斷甲狀腺疾病的優良指標，以此判別是否為甲狀腺素亢進或功能低下。

第三為抗甲狀腺過氧化酶抗體（Anti-TPO Ab），藉由測定此抗體，能得知是否罹患甲狀腺自體免疫疾病，並作為早期偵測甲狀腺功能低下之危險因子，因為其抗體會影響TSH升高、伴隨發生輕微的甲狀腺機能衰退。若Anti-TPO Ab升高，會增加媽咪流產及懷孕後期甲狀腺疾病的機率。

非侵入性產前染色體篩檢（NIPS）

檢驗方式：抽血

此項檢查是透過採集媽咪10ml的血液，進行染色體篩檢。由於媽咪懷孕時，胎兒的DNA碎片（即「胎兒游離DNA」）會從胎盤流至母親的血液之中，裡面包含了胎兒的DNA訊息，只需運用次世代定序技術，像拼圖一般把這些破碎的DNA訊息拼湊回去，就可以得到胎兒染色體異常與否的資訊。

一般來說，胎兒游離DNA最早於懷孕18天就可以檢測到，隨著懷孕週數增加，DNA濃度也不斷上升。研究發現，懷孕10週後，胎兒游離DNA濃度會到達穩定值（約10%以上），因此正是最佳檢測期。除了可檢測全染色數目異常之外，還有指定種類微片段缺失。

而傳統的非侵入式檢查，則是把超音波結果、孕婦血清數值、孕婦資料綜合在一起算出一個風險值。這種非侵入式檢查幾乎沒有風險，但相較之下有8-9成不等的準確率。

然而，非侵入性染色體檢查技術所需的生物資訊分析關鍵技術，以及專業的遺傳諮詢與判讀相當重要，包含慎選進行檢測的實驗室、檢測是被送到哪裡去做…等等，因為檢體在運送過程中所產生的質變，將大大影響檢測品質。此外，後續是否有合格專業的人員來進行判讀與追蹤說明，也需要詳加了解、接受檢測前先詢問清楚相關細節。

整體來說，非侵入性染色體檢測跟羊膜穿刺檢測率都超過99.5%以上，兩者都是標準提供給產婦的選項，但檢測時間、檢測範圍和所面對的問題並不相同。此外，雖然非侵入性染色體檢查很安全也很準確，但目前仍屬新穎檢測，價格的確較高。建議媽咪事先了解相關資訊，先與產檢醫師做討論，再選擇比較符合自己所需的檢測。

先天性感染篩檢

檢驗方式：抽血

孕期時有一些特殊的病原體會透過母體垂直傳染給胎兒（通過胎盤或產道），導致早產、流產、死胎或畸胎，以及多系統、多器官的損害，例如水腦、胎兒過小、羊水少。另外，也會出現不同程度的智力發育障礙、智商低下、甚至是精神性躁動造成的智力障礙…等。常見感染原因包含：弓漿蟲感染、德國麻疹、巨細胞病毒感染、皰疹病毒…等等，可透過抽血檢查。

脊髓性肌肉萎縮症（SMA）基因篩檢

檢驗方式：抽血

脊髓性肌肉萎縮症（SMA）是一種可以致命的遺傳疾病，發病年齡從出生到成年皆有可能發生。當發病時，患者的肌肉會產生對稱性、逐漸性地退化且軟弱無力的萎縮表現，逐漸影響患者控制隨意肌肉的能力，如走路、爬行、吞嚥、呼吸和控制頭、頸肌肉等日常動作。一般來說，脊髓性肌肉萎縮症依其發病年齡、疾病嚴重度及肌肉受影響程度分為三型。

脊髓性肌肉萎縮症的發生主要是因為第五條染色體上一種稱為「運動神經元存活基因」（SMN）產生突變所致。此疾病是自體隱性遺傳的疾病，帶因者雖然不會發病，但當父母雙方是帶因者時，每一胎就會有1/4的機會生下罹患重症的寶寶，約95%的脊髓性肌肉萎縮症患者是因為SMN1的這段基因出現大片段缺失或轉換導致的，其他少數無SMN1基因大片段缺失或轉換的患者，則可能是在SMN1基因上發生一些小突變而致病。大部分正常人具有二個以上之SMN1基因，帶因者只具有一個SMN1基因，而病人則完全沒有正常的SMN1基因。在台灣約每40人就會有一位是帶因者，是帶因率僅次於海洋性貧血的遺傳疾病。

由於此遺傳疾病的高發生率，加上這類患者目前尚無具體之治療方式可以治癒或減輕患者的症狀，這樣一來會造成家庭及社會很重的負擔。所以唯有依賴正確的篩檢流程與基因檢測，來降低此病的發生率。

恭喜妳！開始和寶寶共處囉！

一般來說，受精卵首先得著床在對的位置，再慢慢從一個細胞慢慢發育完全成為小孩形體，這40週的過程，是非常奇妙且充滿期待的事。如果妳有以下有幾個生理徵兆時，代表身體已經悄悄產生變化囉。

懷孕徵兆及驗孕

❶ 生理期延遲

懷孕最明顯的變化，就是生理期停止。如果發現生理期延後了10天以上，就可以考慮購買驗孕試劑確認。不過生理期波動有時會受到環境變化或是精神壓力影響，也可能造成延遲，需悉心觀察。

有些計劃懷孕、按表操課的媽咪，在行房之後，亟欲知道這次排卵期是否順利懷孕，於是提早使用驗孕試劑進行確認。一般而言，至少也要等到行房7、8天之後，才能使用驗孕試劑驗出結果。

當受精卵著床後，子宮上的絨毛會分泌一種名為人類絨毛膜性腺激素（hCG）的荷爾蒙，俗稱胚胎指數或懷孕指數。此種荷爾蒙會隨著尿液從母體排出，懷孕試紙所測的就是hCG的濃度。

正常的懷孕，在懷孕前7週之內，每隔約2天，hCG濃度會呈倍數成長，如果驗孕試劑中呈顯的結果不明顯，可以過幾天再測試一次（尤其是生理期較不規則的女性）。

❷ 基礎體溫變化

女性身體在兩種荷爾蒙的作用下，分為生理期開始到排卵期的低溫期和排卵日之後的高溫期。當生理期開始時，身體是處於低溫期，此時卵子會分泌雌激素（女性荷爾蒙）開始發育成熟，經過2週之後，成熟的卵子便會突破卵巢壁，即為排卵。

排卵之後的卵巢，會分泌黃體素，體溫大約會上升0.5-0.6℃，進入所謂的高溫期。如果確定受孕後，子宮內膜慢慢增厚、黃體素持續分泌，讓子宮內部呈現容易著床的狀態。此種幅度的高溫如果持續到2-3週，且生理期仍未報到的話，懷孕機率相當高。

❸ 害喜（嘔吐感）

為了順利讓受精卵成長，胎盤內會生長出細微的絨毛，以協助受精卵穩定著床。這些絨毛組織分泌的hCG激素會刺激延腦中的嘔吐中樞，讓媽咪覺得噁心想吐，並對特定食物產生味覺和喜好的變化。嘔吐感是害喜最常見的徵兆。一般而言，在懷孕5-6週到11-12週之間的hCG分泌量最多，這也就是前3個月害喜症狀最嚴重的原因。

不過，害喜狀況不是人人都有，每位媽咪的害喜原因和症狀也不儘相同。在本書中，專業營養師將提供媽咪們一些小方法，協助妳渡過懷孕前期。

❹ 易感疲倦或想睡

由於內分泌系統變化，媽咪的精神較為緊繃，容易不安、疲倦、頭痛、比平時想睡覺…等症狀。有些時候會誤以為是感冒了。有預期懷孕的媽咪，如果出現上述症狀，就應格外留意，服用藥物需依循醫師指示，以免影響胎兒健康。

❺ 乳房脹痛

類似生理期的乳房脹痛感，或是乳頭變得比較敏感、乳暈變大、顏色加深…等。

❻ 頻尿

由於膀胱受到子宮壓迫，故產生頻尿現象。包含持續有排尿不完全的感覺，或一直想上廁所。

❼ 少量出血

如果出血狀況與自身平時生理期的狀況不同，包含出血量及顏色有異時，就得尋求醫師檢查懷孕可能。因為部分女性在懷孕前期會少量出血，但原因不一，需要專業判斷是子宮外孕、流產或其他原因…等。

蘇醫師說！正面且輕鬆迎接孕期吧

以上這些症狀你都有？恭喜妳，妳應該懷孕了！從懷孕這件事情上，其實我們可以學到很多人生大道理，其中很重要的一點，就是學會跟許多事情和平共處，而且很多狀況，只要有耐心自然就會解決。嗯，總而言之，等生完就好了喔！

驗孕方式

雖然坊間驗孕棒的正確率高達90%以上，但建議媽咪們仍要至婦產科做更精確的檢查，排除子宮外孕…等其他可能，與準爸比安心開始之後的孕期生活。

市售驗孕試劑檢測

適用：受孕後12天開始

先準備乾淨紙杯，於蒐集尿液後，將尿液滴在驗孕試劑的檢測位置上，就能測得荷爾蒙的量，數分鐘後就有結果。市售驗孕棒上均有一條「測試線」，使用驗孕後，若測試線沒有顯示，則此次驗孕結果不能採信，需重新驗過。若顯示結果為兩條線（一條線、一條懷孕線或是⊕符號，即使線很淡，也可能已懷孕）。

需醫師診斷的檢測

1 腹部超音波

適用：受孕後21天開始

醫師會請媽咪平躺，於腹部表面塗上凝膠，好讓探頭易於滑動並確實貼近肌膚。腹部超音波是利用聲波遇到物體而產生反射影像，醫師透過探頭，以了解子宮內是否已有胚胎。

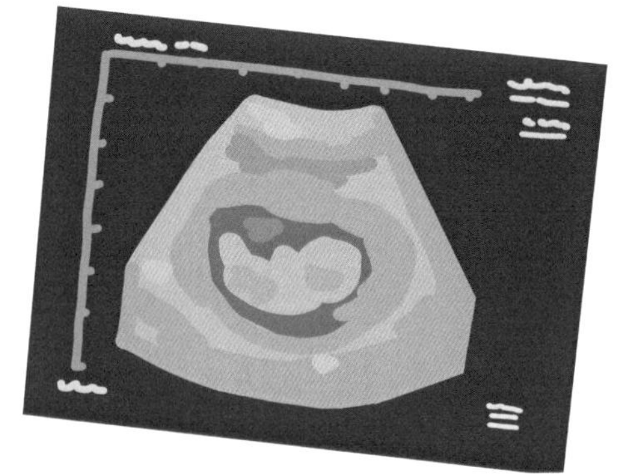

2 抽血驗孕

適用：受孕後12天開始

透過檢查，醫師評估疑似不是正常懷孕時，例如萎縮卵或是子宮外孕時，就會藉由抽血檢驗再次做確認。舉例來說，如果是子宮外孕，媽咪血液中的β-hCG濃度就會上升較慢。

3 陰道超音波

適用：受孕後18天開始

若用腹部超音波無法看到胚胎時，會改採陰道超音波的方式。醫師會請媽咪平躺，再將探頭伸入陰道中，隔著子宮頸，掃瞄子宮內的影像、檢查是否有胚胎存在。

蘇醫師說！關於檢查懷孕時的兩種超音波

通常懷孕6週以上就能用超音波來確認心跳，至於是使用腹部超音波或陰道超音波，會以媽咪的狀況而定。一般來說，做腹部超音波的話，媽咪會比較舒服；但在某些特殊情況下，例如子宮後傾，或是胚胎位置不清楚時，為了更精準做確認，這時就會採用陰道超音波。不過，如果醫療院所的超音波機器等級已足夠，倒不一定每次均需要使用到陰道超音波。

寶寶即將陪伴你的10個月

確認寶寶在體內後，就要踏上這段奇幻生命旅程囉！在這10個月當中，寶寶的成長與妳的身體變化將是怎麼樣呢？讓我們用時間軸來預先了解一下吧。

	第1個月	第2個月	第3個月	第4個月	第5個月
 媽咪	於最後一次生理期開始日的後2週排卵且受精，受精卵成功著床在媽咪子宮內。	此時期會開始嗜睡、易倦、飲食口味逐漸變化，子宮則會比孕前大一圈。	害喜狀況變明顯、會有嘔吐感、脹氣，食慾也開始改變，可能比較情緒化。	害喜狀況趨緩，身材開始變化且有時腰腹酸痛，因此媽咪可換著寬鬆舒適的衣物。	終於進入穩定期！特別需要注意飲食，不能因為胃口大開就暴飲暴食。前期孕吐厲害的媽咪，要多吃營養多元的食物和補充水分。
 爸比		此時爸比的協助：提醒媽咪不能亂服藥、飲酒，注意營養均衡、加強攝取富含葉酸的食物，最好和媽咪一起健康吃。		此時爸比的協助：害喜階段比較辛苦，請給予媽咪多點體諒支持！記得多多攝取水分和膳食纖維。	
 寶寶	這時只是受精卵，不斷地進行細胞分裂後，移動到子宮內膜成為小小胚胎。	這時可透過超音波看到如櫻桃大小的胚囊，寶寶的腦也開始成形、第7週左右有心跳。	眼耳、手腳開始成長，包含比較細部的部分，例如眼皮、嘴唇…等。	各器官差不多都成形囉，全身表面會長出細細的絨毛，有時會動動手和腳。	有嗅覺和聽覺的能力，也能感覺到光線；還會透過喝羊水練習消化。

第6個月	第7個月	第8個月	第9個月	第10個月
開始能感受寶寶胎動，比方踢踢腿。此時期媽咪的乳腺會變得發達，胸部明顯變大，可換著孕婦用內衣。	肚子變得十分明顯，妊娠紋也會慢慢產生，因此要注意體重控制和腹部肌膚的保濕。如果孕肚很大的媽咪，可開始考慮使用托腹帶喔。	開始覺得辛苦，因為子宮擴大許多的緣故。易感疲倦、手腳浮腫和肚皮緊緊的。	肚子變大很多，有種胃被往上頂的不適感。有些媽咪則會覺得易喘或心臟不適。	肚子變更大、更緊了，寶寶開始向下移動，當他（她）都準備好了，母體會產生荷爾蒙，而引起陣痛反應。

此時爸比的協助：
提醒媽咪保暖，加上孕肚變大、行動不便或是提重物較吃力，請爸比多幫忙。後期則多陪伴媽咪從事戶外活動，有益母嬰身心健康。

此時爸比的協助：
懷孕32週後，和媽咪一起上雙親教室！同時，規劃生產事宜並取得家庭生活共識很重要。此時期除了提醒媽咪多攝取含鐵質食物，睡前可幫媽咪按摩腹部、腿部，有助於消水腫和放鬆入眠、防止抽筋。

第6個月	第7個月	第8個月	第9個月	第10個月
全身模樣已十分完整、可辨識性別，這時寶寶腦結構已完成也有味覺喔。	聽覺變敏銳、神經系統也發育完成，還能感受到媽咪的感覺或情緒。	細絨毛消失，皮膚漸變粉紅。內臟和腦的中樞器官已發育，對聲音有明顯反應。	全身已是圓滾滾的、臉上皺紋消失，長出指甲、頭髮，透過超音波還能看到表情。	不再那麼好動，姿勢會慢慢調整到待產狀態，像彎腰蜷縮的感覺，等待出生那一刻。

選擇醫師&產檢醫院

當媽咪驗孕後，確認為懷孕時，便可前往醫療院所進行確認。在產檢院所的挑選方面，因為涉及一整年的懷孕期及生產，因此必須顧及的層面相當廣泛，接下來將一一說明。

找尋合適妳的醫師才好孕

之所以建議媽咪在確認懷孕後盡快就醫檢查，一方面是因為懷孕本身應該注意的生活細節頗多，盡早知道可以盡早留意；另一方面是因為懷孕前期母體有許多不安定的因素，必須由醫師診斷確認，以便及早區別是否有異常或特殊妊娠狀況，例如葡萄胎、萎縮性胚胎、子宮外孕、多胞胎懷孕……等等。

在選擇初次產檢的場所前，媽咪可以諮詢親朋好友的實際經驗及建議，如果已有現成的良好風評，可以納入考慮名單。除此之外，還可先考慮以下客觀層面。

Q挑選名醫比較能順產？

所謂名醫，自然有其過人之處，其風評也是經過病患們口耳相傳累積出來的。因此名醫門診往往是大排長龍，醫師為了完成看診工作，勢必會縮減與每一位病患的看診時間。對於名醫，媽咪常常抱怨的不外乎：「等老半天，和醫師說話時間沒3分鐘」、「提了好多問題，但是醫師的回答很冷淡或答非所問」、「醫師好像對我愛理不理的……」。其實，並不是醫師不理會你，而是在分秒必爭的醫病對話中，醫師很難面面俱到，這是目前醫療體制下所造成的缺憾。

與其拘泥於看名醫，**不如挑選一位與自己契合的醫師，更有助於安產。**由於每位媽咪的個性不同，有的不拘小節、有的個性謹慎，面對醫師會問的問題也大逕相庭。**因此，找尋能與自己有良好溝通、共識的醫師，才會讓妳的孕程順利許多。**

懷孕的時程很長，寶寶和媽咪的健康是由產檢醫師把關。如果媽咪與醫師實在難以達成順利溝通而感到不安的話，仍然可再做評估，或許再尋求1-2位醫師的意見，或與週遭的醫師朋友、平時就熟識的醫者請教商量。

省去胡思亂想、執著擇醫的時間吧，給自己一點空間、也給醫師一些體諒，心靈安定平穩的媽咪，才真正有助於產下健康寶寶喔。

Q產檢和生產一定要同位醫師嗎？

很多媽咪會希望自己產檢和接生的醫師是同一位，會感覺比較安心。每一間醫院的規定不同，有些醫院並不接受指定醫師接生，因此在前往產檢前，先詢問醫療院所的相關規定。

其實「指定特定醫師接生」的規定，很容易降低診察和接生的醫療品質。試想，醫師也有需要看門診的時候，而產婦臨盆的時間往往分秒必爭，如果要求醫師臨時撇下門診病患前往接生，然後在接生時刻還要心懸著門診病患，醫療品質自然降低。更何況是在三更半夜，醫師也有需要在家休息的時候，臨時被醫院通知來院接生，精神不濟又有安全疑慮，都是很不穩當的做法。

有鑑於此，一些具備新思維的院所，已推出「團隊接生制度」。一間院所中排定每個時段的接生醫師，讓負責看診的醫師專心看診，負責接生的醫師在排定的日期專注於接生，好整以暇地各自完成分內工作，以往那種「產婦臨盆，才聽醫師從半路上趕來」的景象，已不復見。

團隊接生制度在臺灣，仍屬於較新進的做法，不過在美國已行之有年，目前推動的成效良好，媽咪在挑選產檢及生產院所時，不妨以此項目為考量準則。

以上的想法都審慎思考後，媽咪還可以評估醫療院所的交通方便程度、醫院婦兒科銜接的便利性等等，有些大型醫學中心的兒科與婦產科距離相當遠，產後媽咪與寶寶接觸的方便程度，也是必須要考量的，為自己列清楚需求，衡量之後，再前往檢查，媽咪會心裡更篤定。

了解初診不緊張

媽咪前往產檢時，心情會很緊張，畢竟這是新手媽咪們人生中第一次的就診經驗。初次產檢大致有哪些流程呢？

❶ 掛號

護理站人員會詢問本次就診原因。可以簡單告知懷孕檢查，接著填寫個人資料。

❷ 尿液檢查

護理人員會提供尿液檢查用的紙杯，請媽咪驗尿。醫療院所同樣採用驗孕試劑為媽咪做懷孕檢測。

❸ 身體檢查

主要項目為身高、體重、血壓，其他還有甲狀腺、骨盆腔、乳房、胸部、腹部等等。

媽咪第一次產檢的準備

前往醫院做第一次產檢之前，可確認以下細節：

❶ 為了方便做超音波檢查或是內診，在穿著上，盡量挑選上下兩件式的上衣搭配裙子，會比較方便。

❷ 挑選防滑、舒適的鞋子出門，在未來孕期都可以這樣留意。

❸ 有記錄基礎體溫表習慣的話，可以帶到醫院提供醫師看一下，沒有做記錄習慣者，至少清楚記錄自己的最後一次生理期，以便計算懷孕週數，有助於醫師問診。

❹ 若有長期用藥習慣或固定服用維他命…等，請主動告知醫師。

❺ 如果近期有疑似害喜、或不正常出血及分泌物、腹痛…等狀況，以及有慢性病或遺傳病史者，皆需告知醫師。

❻ 攜帶健保卡。

註：若是前期懷孕的媽咪，部分醫院的護士會請妳先喝水、漲膀胱，以利超音波檢查；此外，有些狀況需要內診或做陰道超音波時，請別擔心，皆是安全且不會影響寶寶的非侵入性檢查。

❹ 醫師問診

進入診察室，進行醫師的問診。此時醫師會詢問家族疾病史、媽咪個人及病史、過去孕產史，以利評估更詳細檢查之需求（例如基因晶片），以及目前是否有身體不適症狀（例如出血、腹痛、頭痛、痙攣）等問題。

❺ 抽血檢查

主要是為了確認媽咪是否有任何不利於孕程的疾病。例如梅毒篩檢、愛滋病檢查、德國麻疹抗體等等。

❻ 超音波檢查

通常懷孕6週以上就能用超音波來確認心跳，至於是使用腹部超音波或陰道超音波，醫師會以媽咪的狀況來做選擇。

日後的例行產檢

媽咪懷孕過程中，國民健康署一共為媽咪規定了10次基本的產檢，其例行的檢查項目如下。

例行檢查項目

❶ 實驗室檢查

尿蛋白、尿糖等等。正常的尿蛋白檢驗結果為陰性或微量；如果過高，必須留意血壓。正常的尿糖檢驗結果亦為陰性或微量，如果過高，必須留意是否有妊娠糖尿病或是葡萄糖耐受不良的問題。

❷ 醫師問診及超音波檢查

醫師問診的內容包括：這段時間因懷孕而引起的不適症狀。例如：是否有頭痛、腹痛、出血、痙攣等等。還會為媽咪做腹長（宮底高度，即子宮底與恥骨聯合的距離，可預估胎兒大小）、胎心音、胎位、水腫程度、靜脈曲張等細節的檢查。

懷孕6-8週以上

由超音波可看到心跳。

懷孕10-12週以上

可由腹部聽到胎心音。

懷孕26週以上

會檢查胎頭位置。

懷孕30週以上

若胎位不正，需改變胎位（可做膝胸臥式）。

❸ 量血壓

孕期的血壓控管也是一大重點，主要是為了避免因懷孕而引起的妊娠高血壓及子癇症。因此被列為每一次產前檢查的常規項目。懷孕時，妳的血壓可能比懷孕前略低一些，以下是可參考的基礎數據：

懷孕20週前：

血壓高於140/90mmHg，可能為慢性高血壓。

懷孕20週後：

血壓高於140/90mmHg，可能為妊娠高血壓；若媽咪有蛋白尿或嚴重水腫時，兩者合併就會變成子癇前症（妊娠毒血症）。嚴重者會引起全身痙攣、危及母嬰健康，即「子癇症」。

當血壓偏高時，媽咪應該減少攝取鹽分和醃製類食物，並需臥床休息。超過35歲的高齡懷孕、有妊娠高血壓的家族史、多胞胎懷孕的媽咪都是妊娠高血壓的高危險群。孕前為高血壓、糖尿病、腎臟病等疾病的媽咪更應格外留意血壓控制。

以上項目是媽咪們日後每回到婦產科的例行檢查。**除了基礎檢查外，營養諮詢和衛教也相當重要**，許多媽咪會忽略這點或嫌累嫌麻煩。但其實正確飲食是妳與寶寶非常重要的連結，深刻影響母嬰健康！尋求營養師專業的飲食建議評估，有助於妳了解缺乏哪些營養素並調整，避免於孕期中衍生疾病。

❹量體重

體重控制是孕期的健康重點，媽咪應了解孕前BMI為何，才能讓媽咪寶寶都維持在良好狀態。在整個孕期中，孕前體重適當者，每個孕期可增加體重如下：

第一孕期（13週以前）：
體重不宜增加超過2公斤。

第二孕期（13-26週）：
體重不宜增加3-5公斤。

第三孕期（27週之後）：
每2星期不宜增加超過1公斤。

如果孕期體重增加太多，胎兒可能增重太快、增加糖尿病或高血壓的機率；增加太少，胎兒則可能生長遲緩。為了母嬰健康也減輕孕期負擔，媽咪們要特別注意體重變化。

三孕期的基礎檢查

第一孕期

包括早期妊娠超音波評估、血液常規檢查、ABORH血型檢查、梅毒血清試驗、尿液分析、德國麻疹IgG抗體、愛滋病篩檢（HIV）。

第二孕期

❶健保給付一次超音波檢查。再度評估子宮與卵巢的健康。還會確認：胚胎著床的位置、胚胎心跳、懷孕週數，以及胚胎數目（單胞胎或雙胞胎）。

❷B型肝炎篩檢，如媽咪為陽性反應，會於生產後24小時內為寶寶注射免疫球蛋白，避免母子垂直感染。

第三孕期

懷孕35-37週，補助乙型鏈球菌檢查。鏈球菌是可以與成人和平共存的菌種，但是對新生兒卻會造成風險。感染乙型鏈球菌的媽咪可能在生產過程中，造成寶寶感染而發病。嚴重時會有新生兒肺炎、腦膜炎，甚至敗血症的可能。評估為具有臨床危險因子的媽咪，在生下寶寶後，會給予預防性治療措施，以避免問題發生。

除了以上的常規產檢之外，在產檢時，醫師會評估產婦個人的身體狀況，安排特定的檢查，這些項目可能由個人自費支付。另外，醫療院所均備有自費檢查項目，媽咪亦可依據個人的需求，主動諮詢醫師的意見，自費進行檢查。

以下健保給付！血液可檢測的產前檢查

給付項目	檢查時程	詳情
早期妊娠超音波	第一孕期	經由超音波評估胚胎著床位置和發育情況，主要為確認是子宮內懷孕或子宮外孕。經由妊娠囊或胚胎大小校正妊娠週數或預產期。 此外，也會確認胚囊數目，若是多胞胎，在週數許可的情況下，需確認胚胎數、絨毛膜、羊膜數目。如果有共用胎盤或羊膜腔的情形，就需特別規劃產檢時程。 除了透過超音波看寶寶，也會一併檢查媽咪子宮內是否異常或有腫瘤。
血液常規檢查（海洋性貧血）		測血紅素、紅血球大小、紅白血球數目，和血小板數目。 若紅血球體積小於80fl，可能為海洋性貧血或缺鐵性貧血，建議爸媽這時需共同接受檢查。
ABORH血型檢查		若媽咪是RH血型陰性、爸比RH血型陽性，第二胎可能發生胎兒溶血或水腫。 媽咪是RH血型陰性時，若孕中出血、流產或產後，建議在72小時內注射免疫球蛋白。此外，待產時，需做好備血及輸血準備。
梅毒血清試驗		檢驗結果為陽性者，需測TPHA確定診斷是否患有梅毒。因為梅毒感染孕婦的胎兒 ，會有先天性梅毒感染及畸形可能。這時媽咪需接受抗生素治療、胎兒則需做超音波檢查及追蹤，並考慮做臍帶血檢查。
德國麻疹IgG抗體		陰性者於孕期需避免感染，產後得接種疫苗。
愛滋病篩檢（HIV）		陽性者的胎兒有垂直感染之風險，需接受定期追蹤、藥物預防及治療。
B型肝炎篩檢		除了篩檢，若確定媽咪有肝炎，需接受新生兒B型肝炎免疫球蛋白治療及B肝疫苗治療。

倒金字塔產前照護模式

倒金字塔產前照護模式有別於一般傳統產檢方式，讓重要產檢集中於第一孕期，以利提前評估風險，讓媽咪寶寶更安心。

何謂倒金字塔產前照護模式？

英國的胎兒醫學權威尼可拉迪斯教授（Professor Kypros H. Nicolaides）於2011年提出全新的產前照護模式——「倒金字塔產前照護模式」，倡導於懷孕11-13週之間，對媽咪進行詳細篩檢，盡量篩檢妊娠時可能遇到的高風險因子。於懷孕早期，先做詳細的胎兒異常及生產高風險的篩檢，中後期便可將低風險者的檢查項目減少，集中對高風險族群的追蹤、照護及治療，以確保產婦及胎兒的健康。

提倡這樣的照護模式，顛覆了傳統的產檢方式，主要為了於懷孕早期就先發現絕大多數的高風險狀況，有助於醫師為母嬰做積極治療，有利於大幅減少生產風險；在臺灣已有許多家庭因此受惠。

媽咪問！B肝對母嬰的影響是什麼？

全台民眾罹患B肝的比例是10-20%，甚至許多媽咪在孕後才發現自己有B肝。若本身是B肝帶原者且e抗原陽性的媽咪，要在懷孕時確定血中病毒濃度是否過高，以免傳染給寶寶。產檢時已確認有帶原的高危險傳染力族群，建議新生兒出生的24小時內施打B肝免疫球蛋白、日後要接種完B型肝炎三劑疫苗，好讓寶寶有足夠抵抗力。如果還是很擔心寶寶是否有B肝抗體，媽咪們可待寶寶一歲後檢測B肝病毒表面抗原及抗體。若無感染者，衛福部有提供免費追加一劑B肝疫苗。

B肝帶原的孕婦，建議在懷孕後期追蹤自己血液中的肝炎病毒量；因為偶有少數孕婦於孕期中肝炎症狀急性發作，導致寶寶體重較輕或早產之個案，所以需謹慎看待。若是孕前就已接受藥物治療者，部分藥物在孕後仍可持續服用並諮詢醫師建議（例如B級藥物）。

如果媽咪已控制本身血中病毒含量、寶寶也確實施打疫苗了，B肝帶原的媽咪仍可正常哺餵母乳喔！只要注意寶寶的含乳姿勢（不正確的姿勢可能造成乳頭傷口，稍微增加感染風險）即可安心哺乳。此外，媽咪需於坐月子結束後的期間，到醫院診斷追蹤肝功能以保健康。

而在倒金字塔產前照護模式中，最大的關鍵是超音波醫學、基因醫學、遺傳諮詢。由於以往的技術無法於早期篩檢的項目，包含胎兒染色體異常問題、具有生產風險的子癇前症也都可於懷孕早期發現，不再是消極處理或待產後才能做治療。

篩檢後，確認為高風險者，必須配合醫療團隊的追蹤、衛教諮詢、治療以及照護。低風險者，則於第20-24週進行高層次超音波檢查，沒有問題時，中間只需定期做常規產檢並於約37週評估生產時間及準備待產，萬一41週仍無產兆的話，再進行催生。

此種新型態的產檢，對高齡產婦居多的臺灣而言，是一種相當適合的模式，目前已有醫療機構擁有此種等級的醫療檢測設備，未來可望成為主流。以下表列自費可檢測的項目及產檢時程，媽咪們可依需求與醫師做討論；而在各孕期中，也將重點介紹這些產檢項目內容及意涵。

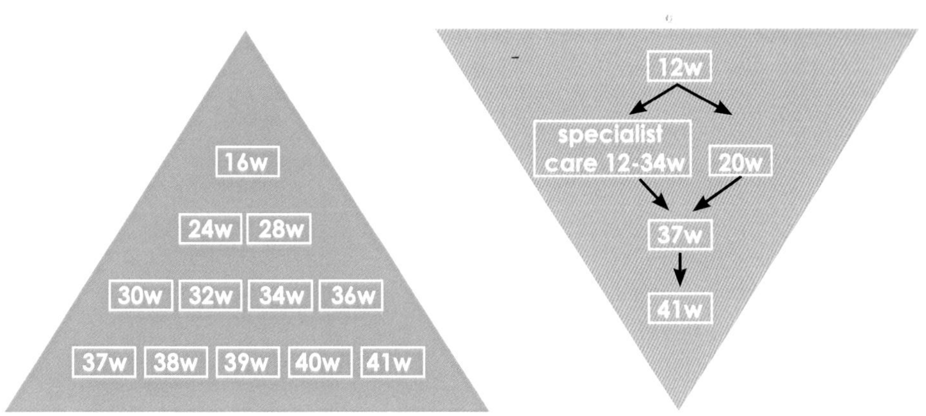

（左）傳統的金字塔產檢模式：懷孕前期的產檢項目少，後期產檢項目多。

（右）新趨勢的倒金字塔產檢模式：懷孕前期就先進行多數篩檢，隨著孕期增加，產檢項目反而變少。

註：w=懷孕週數

倒金字塔產檢有這些！前期就了解母嬰健康

8-12週

第一次產檢常規抽血
合併前期基礎血清評估（肝、腎、糖尿病檢查）
脊髓性肌肉萎縮症（SMA）基因篩檢
甲狀腺功能篩檢：TPO抗體，TSH, free T4
先天性感染篩檢（巨細胞病毒、IgG、IgM）（弓漿蟲、IgG、IgM）
X染色體脆折症篩檢

第一孕期妊娠風險評估
頸部透明帶＋軟指標檢查
胎兒結構評估
早期子癇前症風險評估
早產風險評估

8-13^{+6}週抽血
11-13^{+6}週超音波

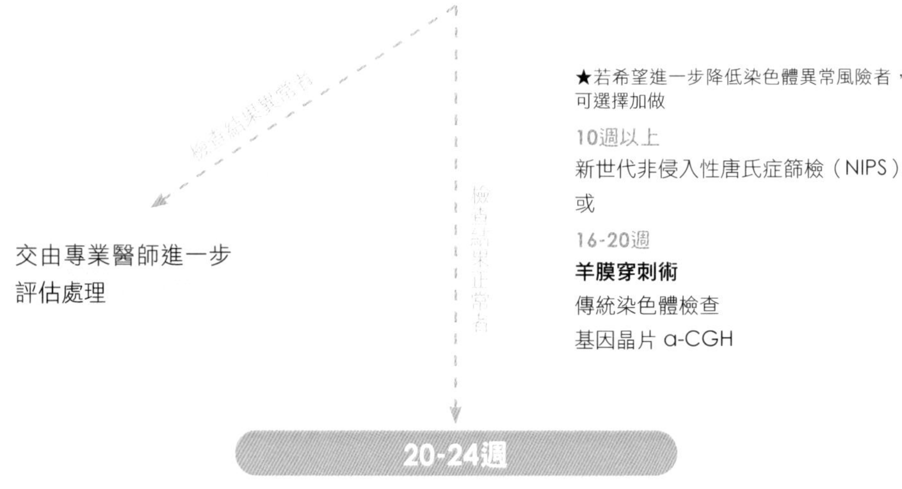

★若希望進一步降低染色體異常風險者，可選擇加做

10週以上
新世代非侵入性唐氏症篩檢（NIPS）
或
16-20週
羊膜穿刺術
傳統染色體檢查
基因晶片 a-CGH

交由專業醫師進一步
評估處理

20-24週

高層次（level Ⅱ）超音波

常規產撿

蘇醫師貼心小叮嚀：
決定接受任何檢查與否，皆沒有強制性，最終還是必須根據夫妻自身需求來決定。

第一孕期妊娠風險評估

所謂的「第一孕期妊娠風評估」包含了第一孕期胎兒染色體異常篩檢、結構及先天異常篩檢、子癇前症風險評估、早產風險評估，目的是在早期就能把高風險族群篩檢出來，接受專業的醫療照護與定期追蹤，並接受必要的衛教、諮詢與治療。

了解4大評估內容

❶ 胎兒染色體異常篩檢

懷孕11-13^{+6}週，透過此項篩檢，量測胎兒頭臀徑（CRL）、頸部透明帶厚度（NT）、採檢母血血清游離人類絨毛性腺激素（free β-hCG）和懷孕相關蛋白質A（PAPP-A），綜合計算染色體異常的風險值。頸部透明帶增厚除了是染色體異常的指標，也與胎兒心臟異常、染色體微缺失、先天性感染有關，可說是早期的胎兒高層次超音波。

❷ 胎兒結構異常篩檢

絕大部分的胎兒重大異常，於懷孕11-13^{+6}週的超音波掃描就可篩檢出來，使媽咪可選擇更早更安全的終止妊娠。但有些異常會延遲到第二或第三孕期才發生，例如大腦異常、小頭畸形、胼胝體發育不全、軟骨發育不全症、肺部病變…等。所以此時評估屬低風險，仍建議20-24週進行高層次超音波檢查。

❸ 子癇前症與胎兒生長不良風險評估

在第一孕期，配合病史詢問、子宮動脈血流檢查、胎盤生長激素（PIGF）、懷孕相關蛋白質A（PAPP-A）生化值檢查，可篩檢出95%發生於34週之前的早期子癇前症。透過此項估評，再配合定期超音波血流量測、胎心音監視器追蹤、完整衛教和藥物治療，可有效改善胎盤血流及80%併發症的產生。

❹ 早產風險評估

約有2%的早產會在34週之前出生，是造成新生兒死亡與不良預後最主要的原因。因此透過早產風險評估，篩檢出高風險族群，並接受追蹤與黃體素治療，甚至是子宮頸縫合手術，以有效減少早產機率。

關於產檢，蘇醫師解惑！

先了解羊膜穿刺與唐氏症

透過羊膜穿刺所取得的羊水細胞進行染色體分析，有接近100%的準確率。但由於羊膜穿刺畢竟算是侵入性之檢查，過程並不是100%安全，仍存在著千分之一到千分之三流產的機會。雖說機會不高，所以才會建立34歲以上的孕婦再接受羊膜穿刺的準則。

由於34歲的媽媽生下唐氏症胎兒的機會平均是1/270，年齡愈大，則風險愈高，而羊膜穿刺的風險大約是1/330，所以超過34歲得到唐氏症胎兒的風險大於羊膜穿刺本身的風險，此建議就相當合理了。但對於年輕的孕婦，比較不建議這樣做，因為羊膜穿刺的風險大於本身得到唐氏症胎兒的風險。

數字是個弔詭，年輕媽媽生出唐氏症胎兒的機會雖然比較低，但是年輕媽媽母群體數目比較大。所以，根據統計，超過一半的唐氏症胎兒還是由年輕媽媽所生。因此，除了羊膜穿刺之外，我們必須要有其他比較安全的辦法，達到大規模篩檢的目的。

頸部透明帶檢查的發展

於早期的相關研究中，發現頸部透明帶的增厚與唐氏症，及其他許多染色體異常有高度相關，在後續的研究中，陸續加入的生化指標、以及靜脈導管逆流、三尖瓣逆流、以及鼻骨有無等等軟指標，讓系統的檢出率一路從80%左右提升到93%以上。近年又加上了可以同時進行子癲前症的篩檢，以及早產評估。當然，幾近99.5%以上準確率之非侵入性染色體篩檢（NIPS）的發展，則又開啟了一種全新的思維。

因為有了這些各式安全非侵入性檢測之蓬勃發展，在許多歐美先進國家，其實羊膜穿刺早已不是34歲以上高齡孕婦之必然選擇了。

但如果接受早期頸部透明帶相關檢查，務必清楚了解其項目內容和檢測率，因為這牽扯到個人的風險管理。此外，畢竟這是源自超音波測量為基礎的檢查，所以再次強調，標準測量非常重要，而超音波儀器的解析度等級以及人員的專業訓練程度也會影響檢測率。

如果決定16週要做羊膜穿刺了，仍建議做早期唐氏症篩檢，或者是加入了子癲前症篩檢，以及早產評估，我們現在稱之為「早期妊娠評估」的檢測嗎？答案是肯定的，理由如下：

❶早期篩檢在12週就可以做
最完整的早期妊娠評估，對於唐氏症有93%的檢出能力，也就是說，100個唐氏症中，有93個可以在這個階段就被檢查偵測出來，你一定堅持要多等幾乎一個半月後才得到及面對這個結果嗎？

❷早期妊娠評估是全面性的胎兒評估
此評估和羊膜穿刺不是互相取代而是相輔相成的。羊膜穿刺確實對於染色體異常有較高，接近完整的檢出能力，但早期篩檢卻具有羊膜穿刺所無法檢測的疾病範疇，例如子癲前症篩檢、胎兒異常結構篩檢、早產篩檢等等，所以這兩項檢查並不是互相取代，而是相輔相成的。

❸早期篩檢是絕對安全的
檢查方式為抽血檢測及高解析度超音波，所以，除非您在意的是多花費的費用，或者您在意的是抽血後手上可能的瘀青，不然，為什麼不做呢？

子癇前症篩檢為何很重要？

子癇前症的發生率約為2%，也就是說，這個疾病離一般人並不是那麼遙遠，甚至我必須說，是無所不在。

在眾多的產科併發症當中，對孕婦與胎兒影響最大的就是子癇前症，不知道為什麼，總有一群孕婦到了後期，就會開始有血壓升高，甚至胎死腹中合併癲癇的問題，這個問題也一直是週產期照護中非常重要的挑戰。**尤其是體重小於34週發生的早發型子癇前症，更是造成母親與胎兒產生併發症最主要的元兇**，也是我們產科醫師執業中的大敵！

然而，子癇前症之成因一直是婦產科界數百年來的謎團，直至近年來的研究，我們才發現這是一種屬於「胎盤功能不良」的疾病。

但是對於子癇前症早期篩檢，很多被篩檢出高危險的媽咪常常都有同樣的疑問：「我現在血壓很好啊，我沒有什麼不舒服啊～」。其實，談到篩檢的概念，就跟天氣預報是同樣的想法。

好比說，颱風要來前我們會有颱風警報是吧，但請您想一下，在颱風真正來臨前會有感覺嗎？甚至常常是晴空無雲的好天氣哪～剎那間，狂風暴雨摧枯拉朽…。

基本上，子癇前症的篩檢也是同樣的概念，等到被發現已經來臨的時候，兵臨城下，為時已晚啊！

所以在子癇前症這個議題上面，很清楚的，**篩檢遠比發現時才來診斷治療來得重要許多，更何況目前已經有預防的藥物--阿斯匹靈，可以有效降8成的風險與嚴重度**，這是世界衛生組織的建議，便宜安全又有效。

既然有95%高危險的孕婦可以被篩檢出來，再加上有預防的治療模式，告訴我到底有什麼樣的理由，我們不該做這樣的篩檢？您或許又要說了，篩檢率又沒有100%！那我的回答也很簡單，您會因為颱風警報發佈預測沒有百分之百準確，所以就說氣象局不該發佈颱風警報嗎？？

在過去，一旦子癇前症被診斷，往往能夠處置並予以改變的空間並不多，而現今既然可以早期發現、早期治療，套句廣告台詞「這個，不要懷疑，絕對可以改變你與寶寶的一生啦！」

孕期生活這樣做

懷胎成為媽咪後，妳的身體與寶寶相連，所以在日常生活上有些小調整需先了解。以下把媽咪們的小疑問都整理起來，有了正確觀念，好讓妳放心地做個無憂慮的媽咪。

注意事項	小叮嚀
衣著相關	1.身著寬鬆、棉質、吸汗的衣物為佳，包含內衣褲。 2.乳房會慢慢變大、脹痛，應選擇舒適且能穩定支托乳房的內衣。 3.注意保暖，特別是季節交接之際。 4.避免穿高跟鞋，應著能防滑的低跟鞋。
日常清潔	1.陰道分泌物會增多，需注意清潔會陰部與保持乾燥。 2.採淋浴比盆浴來得好，以免感染，特別是最後2個月。 3.注意口腔清潔，用餐完或吃甜食後得漱口刷牙，一方面避免蛀牙，更避免因為牙痛不適而影響食慾。
活動或運動	1.勿攀登和提舉重物。 2.保持運動的好習慣，散步、游泳、伸展操，待穩定期後可做孕婦瑜珈。 3.避免長途勞累的旅行。 4.乘坐自行車或機車時，得注意避免顛簸。
關於排泄	1.懷孕最初及最末的3個月，因子宮壓迫膀胱會產生頻尿現象。 2.不要憋尿，有尿意時就儘快排尿；一天要攝取2000ml的水分。 3.晚餐後減少水分攝取，以免夜間排尿影響睡眠。
適度休息	1.不管是工作或家務都不宜太過勉強，注意休息，以防早產。 2.每天睡足8小時，白天給自己至少半小時的短暫午睡時間。
性生活	1.孕期若有出血情況的媽咪，建議安定期之前和產前建議儘量避免性生活。 2.如果媽咪曾早產或流產過，以及懷孕時期有出血者，則需暫停。 3.夫妻雙方應採不壓迫腹部的體位，並避免激烈性活動。
其他	1.不可抽煙、過量飲酒。 2.減少咖啡因攝取，一天不超過1杯（茶、巧克力、可樂也含咖啡因，需注意）。 3.減少染燙頭髮，減少接觸化學藥劑的機會。

關於安胎與前期出血

前3個月，肚子裡的寶寶還處於不安定期，這時媽咪最在意的，就是如何呵護小生命進入穩定狀態。先來了解一下前期會有哪些狀況，又如何正確面對吧！

前期出血可能

懷孕的前3個月，媽咪有時會有出血現象，是因為子宮內膜增厚期間，有些不平均的地方小小剝落的緣故。如果是點狀出血、咖啡色分泌物，且沒有一直持續的話，大部分屬於正常狀況；但若是持續出血，或是出現鮮血時，就需盡快就醫。

此外，若懷孕前就已有子宮頸息肉的女性，可能因為懷孕時的荷爾蒙變化，而導致息肉表面的微血管破裂，於是造成微量出血。如果出血狀況輕微，醫師多半會繼續觀察，等到媽咪生產後再做處理。

真的需要安胎嗎？

懷孕前3個月是胚胎著床的階段，如果媽咪因為太過勞累，有點狀出血、腰痠、子宮收縮…等症狀時，建議盡可能躺臥休息。如果休息也無法獲得改善時，就需盡快就醫。

對臺灣人來說，懷孕的前3個月，長輩常要晚輩要好好「安胎」，但其實約有1/5的胚胎於懷孕12週時會被自然淘汰，而且絕大部分是胚胎發育不良或染色體異常的情況，**不是「安胎」就能勉強留住胚胎的**。也因此，未滿12週前，媽咪先做早期篩檢，提前了解寶寶狀況就變得十分重要。

蘇醫師說！前期出血無須太擔心

提醒懷孕前期的媽咪們，早期懷孕看到出血千萬不必太慌張喔！早期著床性出血在12周以前是非常常見的，所以當看到出血的話，建議就是盡快請醫師釐清「胚胎是否有在正常成長」，如果有，基本上就不必太過擔心了。

此外，早期懷孕有關黃體素的補充與否，也是一個很常見的議題。基本上，在絕大多數的情形下，黃體素的使用與補充大部分都是不需要的，請勿過度擔心！

我常常會形容，補充黃體素，到跟廟裡拜拜求個符咒放在身上意義是差不多的哪，媽咪們千萬不要過度擔心喔。

蘇醫師說！正確了解流產這件事

一位早期懷孕的媽咪走進診間，我們很熟悉了，畢竟已經幫她接生了兩胎。做完超音波後一切OK，一如往常的恭喜她。很詫異的，她結巴的跟我說：「蘇醫師我養不起了啦，我不打算要生了」。

這時所有的記憶湧上心頭，妳之前流產了五次耶！在驚濤駭浪中我們才幫妳安全的生下了這兩個健康的寶寶，「別人可以不要，妳怎麼可以不要！！！」。當然，這是開玩笑的啦，讓媽咪再回去想一下吧！果然，兩個星期後回來，這位媽咪對我說要把他生下來，彼此相視微笑。

「流產」這兩個字，讓許多媽咪非常的恐懼。從懷孕前期開始，最不想聽到的大概就是這兩個字了，但是非常遺憾，統計起來，發生流產的機會遠比一般人想像的要來得高上許多。

以一般懷孕平均而言，大約有1/5的胚胎會在12週之前自然淘汰掉，或是稱之為所謂的「萎縮卵」。隨著年齡增加，這個比例會一直往上提高，到了40歲以上，甚至會高達1/3，所以我們常常喜歡說，這是一種「自然淘汰」的機制。就好比工廠在生產產品，一定會有良率的問題。經過許多研究，我們發現超過一半以上被淘汰的胚胎，其實具有染色體異常。

所以真相就是，這些胚胎被淘汰掉，基本上就是一種宿命，是不可避免的一種自然機制。媽咪一旦遭遇這種狀況，真的不必太過沮喪，也千萬不要太過擔心喔。

因為一般流產處理完之後，讓身體好好的休息兩三個月再加油，一般就不會有大問題了。當然在這裡面，我們遇到有一類的媽咪會重複遇到流產的困擾。**在重複流產發生的案例裡面，我們就必須要特別注意她們是否有身體特殊及系統性的原因，而導致流產重複發生。**

讓我們先以簡單的數學運算來檢視一下！一般來說，平均每次流產有1/5的機會，連續兩次流產就是1/5×1/5=1/25。也就是在每25個孕婦當中，就會有一個人會遭遇連續兩次流產的經驗，這樣媽咪會不會覺得您並不是很孤獨了呢？

所以，在臨床定義上，連續3次流產我們才稱之為「習慣性流產」，畢竟這時在正常族群中發生的機率就小於1/100了。當面臨三次連續性的流產時，醫學上就會建議我們必須停看聽，試著了解是否身體上有特殊的原因會造成此種狀況。

在這裡我不想長篇大論做醫學上深入的探討，但一般來說，我們會建議的方向大致有三種。第一，確認子宮的結構是否有不利於著床的因素，譬如說雙角子宮、子宮肌瘤、內膜息肉…等可能干擾著床的問題，而加以排除。第二，考慮進行夫妻雙方染色體的檢查，以偵測是否具有平衡性轉位。第三，考慮進行母體免疫功能的相關檢查。

這時，我良心的建議，**當妳遭遇這樣的問題，請停止上網搜尋相關資訊，交給專業醫師來處理吧！**我發誓，這方面網路的資訊太過混亂與驚悚，連我看了自己都覺得相當不舒服。

真的，這不是世界末日，每個人的狀況都不同，再說一次「請交給專業醫師來處理」，好嗎？

預知妳的懷孕以後，基因醫學×產前診斷

在過去，懷孕就像是一個黑箱，充滿著期盼，但幾乎都是到了最後才能夠知道發生了什麼樣的事情。臺灣俗諺用「生贏雞酒香，生輸四塊板」來形容，實在是太貼切了！到了21世紀，這情況已經是完全不一樣的面貌了。

當然，我還是必須強調，產科醫師不是神，無法預知所有的事情，但到了21世紀的現在，兩件事牽動著母胎兒醫學的發展，一是超音波醫學，二是基因醫學。如同我們在書裡所探討的，**超音波醫學延伸了我們的視野，在不必跟胎兒面對面接觸的情形下，就可讓我們預知胎兒在子宮內的狀況**。譬如說前置胎盤、胎位不正、生長遲緩；以及胎兒先天性異常，如心臟病、臍膨出、神經管缺陷…等。

而在另一方面，基因醫學發展則又開啟了我們的另一扇窗。這樣說吧，我們熟知的醫學檢驗，譬如說抽血、驗了肝功能腎功能…等，這些檢查結果可以告訴你現在的肝腎功能如何，但無法回答你未來的肝腎功能是否有異常。再來，即便是最先進的影像學檢查，譬如說電腦斷層、核磁共振，甚至是正子攝影…等，能夠告訴你的，也就是**現今作檢查的當下是不是已經有異常**。至於未來有沒有可能得到某種腫瘤或是疾病，這都是沒有辦法被回答的。

而基因醫學就是在疾病的時間軸上，提供了另外一種可能。舉例來說，在某一部分的遺傳性乳癌及大腸直腸癌中，如果帶有某種的基因突變，**我們就有能力在還沒發病之前，預測在未來您將罹患某種疾病而施與預防性治療**。

在產前診斷也是如此。以大家熟知的唐氏症篩檢來說，基因醫學的進步，讓我們不管是在時效性或是檢測率方面，都得以達到非常長足的進步與效能的提升。

在這本書裡，我們將讓您充分的了解，在21世紀，我們如何運用超音波醫學與基因醫學的進步，提前保障您跟您肚子裡寶寶的安全喔。

Column 蘇醫師問答！

怎麼吃、如何用？媽咪安心用藥QA

Q&A

關於懷孕前，有許多小提問，以下幫媽咪們做了整理，希望可以幫助妳多一點安心準備懷孕。

Q可以像平常那樣，維持吃健康食品的習慣嗎？

A當然可以喔！絕對沒有問題，如果真的有疑慮也可以請教專業醫師及營養師。

Q懷孕時感冒了，我該先看婦產科還是耳鼻喉科？

A其實都可以喔，只要讓醫師知道您懷孕，避開一些特殊的藥物就可以。

Q藥物對寶寶的影響是什麼？哪些安全哪些要注意？

A基本上藥物最怕就是造成畸胎，但其實目前絕大部分的藥物都有分級，只有非常少數的藥物才是不安全的。需要服用藥物的時候諮詢過醫師，如果是屬於安全的藥物就沒有問題，千萬不必太過擔心。

Q懷孕時可以吃普拿疼或貼酸痛貼布嗎？

A普拿疼是非常安全的喔，當然還是要注意劑量上的問題。至於酸痛貼布就必須小心了，因為許多痠痛貼布會含有非類固醇類的消炎止痛藥成分，這在懷孕中期以後是盡量避免使用的。

Q突然發燒，可以吃成藥或需找婦科醫師開藥？

A發燒的原因有百百種，建議還是不要自行服藥，最好請專業醫師判斷再處置比較妥當。

Q我有去皮膚科拿藥，擦藥會不會影響寶寶啊？

A一般的外用藥膏因為吸收很少，基本上不會有問題，但是還是建議諮詢過專業醫師再使用比較安全。

Q可以吃中藥嗎？有沒有不能吃的藥材？

A基本上只要「不摻雜西藥的天然中藥」，絕大部分都不需要擔心，當然如果可以詢問醫師那自然是最好的啦！

Q孕前就很淺眠或易失眠，孕後可以繼續吃安眠藥嗎？

A安眠藥在懷孕期間長期使用是比較不建議的喔！我們鼓勵有失眠問題的媽咪們，最好還是以物理方式來幫助睡眠比較妥當。

蘇醫師說！關於孕期的藥物使用

現在絕大部分的藥物都有分級喔，在大部分的實證上也是沒有問題的，只有少部分藥物需要擔心！因此只要媽咪要服用藥物或孕期生病時，皆事先諮詢醫師，讓醫師為妳做安全把關和專業評估，就不會有用藥上的疑慮了。

異常懷孕時的處理

一部分媽咪在懷孕過程中，可能會遇到異常懷孕的狀況，以致於影響健康，一定要提前處理及治療的，懷孕期間請與妳的婦產科醫師密切配合。

子宮外孕

不管是自行驗孕檢測或請醫師檢測，一方面為確認胚胎之外，另一方面更要確認「受精卵是否在子宮內」。所謂的子宮外孕是指異位妊娠，即胚囊著床在子宮外的任一位置，例如：輸卵管、卵巢、腹腔中、子宮角、子宮頸…等；最常見的著床地點是輸卵管的壺腹部位。

子宮外孕的患者起初沒有太大病徵，但因為胚囊著床在錯誤又狹小的空間裡，等它慢慢長大後，將有輕微腹痛、陰道不正常出血…等情形。如果沒有盡早尋求醫師專業檢測與治療，外孕部分約在6-10週左右會破裂（以最後一次月經日期估算）。一旦胚囊破裂，就可能大量內出血、劇烈疼痛，嚴重者會導致腹膜炎、休克。

由於子宮外孕的期間，仍有生理期來的可能，會誤以為是生理期經血。如果「出血較黑、量比平常少、時間也短」，和你習慣的生理期不同的話，就要特別注意是否為子宮外孕的出血。除了體質因素外，曾有開刀經驗、子宮內膜異位而使得腹腔內部沾黏者、或是骨盆腔發炎過的女性，子宮外孕的機率比一般人大一些。

需特別注意的是，若有子宮外孕經驗的人，再次罹患的機率會提高，所以有懷孕打算的媽咪們要特別留意自己的身體變化。如果提早發現，只要積極治療、在破裂前妥善處理即可；依據胚囊情況，醫師會採藥物治療或以腹腔鏡手術清除胚囊…等。只要媽咪對自身多一份敏銳，其實子宮外孕並非那麼可怕。

葡萄胎

在受精卵著床的過程中，胎盤上會生長出絨毛組織，提供胎兒養分及水分。當這些絨毛組織有了異常變化，大量增生為如同許許多多小葡萄般，布滿整個子宮腔時，胚胎會逐漸萎縮且無法生長。

當出現葡萄胎問題時，會有陰道出血、嘔吐、子宮腫大等症狀，應及早就醫治療。對於此類情形，醫師會採用真空吸出刮除術，將這些異常組織刮除乾淨。完成手術後的女性，仍有懷孕的機會，但必須回診追蹤約一年，經醫師評估，認為可以懷孕後，再開始計劃懷孕。

胎兒異常

胎兒異常也屬於異常懷孕的一類，一般分為可治療及不可治療兩個方向。最常見的，像是唐氏症這類因為染色體異常的狀況，需藉由基因醫學相關的精密檢測提早做診斷。而可以被治療的胎兒異常狀況，最常見的就是兔唇顎裂。雖然產下來的寶寶有一小部分的不完美，但在現今醫療的進步下，兔唇顎裂已經可以被修復到很好的狀態。

還有另一種是患有先天性心臟病的寶寶，這部分可藉由高層次超音波檢查，於提早發現心臟病後，研擬計劃性的生產，並且先做出生後的治療評估，讓產科醫師與小兒科醫師共同討論因應對策，寶寶出生後就能立刻接受第一期間的治療。例如一種很常見的先天性心臟病——法洛氏四重症，經由診斷處置，仍有9成甚至9成5以上的成功率。

計算預產期和選擇生產方式

知道自己懷孕後，就可以開始計算預產期囉，以提醒自己哪時該做什麼產檢。同時，可以開始與準爸比討論，怎麼樣的生產方式最適合自己的家庭狀況。

如何推算預產期

預產期的計算方式，是以媽咪的**「最後一次月經的第一天」**為第0日，「最後一次月經的第2天」為懷孕第1日，以此類推計算。常聽到許多媽咪誤以為要從「最後一次月經結束後的第1天」計算，這是錯誤的。計算時有個簡單的心算法：

以最後月經的第一天為始，將「月份減3或加9，日數加7」。舉例而言，最終月經的第1天為6月5日，則預產期為3月12日。

預產期是一個預估的參考值，其主要目的是為讓媽咪知道自己什麼時期該接受哪些產檢，好讓檢查準確率可以提高。在懷孕8-9週時可藉由超音波觀察受精卵的大小；懷孕5-6個月時的超音波檢查則是用於推算胎兒大小，評估預產期；但是最準確的預產期評估時機，其實是在大約懷孕3個月時。這是因為此時期胎兒的發展評估誤差最小，差距不會超過1週。有一小部分媽咪到了6-7個月以後才做第一次超音波檢查，這時的評估反而不夠準確。主要是因為此時期影響胎兒生長的因素考量層面較多，舉凡媽咪的健康狀態、營養吸收狀況、寶寶本身的吸收能力等等，都會影響到發展，反而不是最佳評估時機。

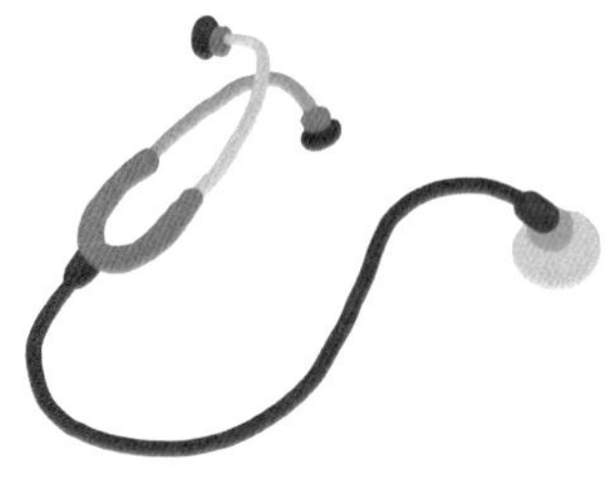

選擇診所或醫院？

以往的觀念認為，診所因為規模較小，接生設備不及大醫院，且醫療資源較為匱乏，當產婦臨盆出狀況時，會有許多措手不及的事件發生。因此為了生產的安全起見，大部分媽咪會選擇在大醫院產檢及生產。

然而大醫院的規定多、人手不足，且偏好前往醫院的產檢人數往往呈現爆滿狀態，常常人滿為患，光是做個產檢可能就會耗上一整個下午，不像地方診所有約診制度，比較容易掌握產檢的時間，能夠較有效率地完成產檢。於是有不少媽咪為了求方便，會採取「診所產檢，醫院生產」的做法。

其實這樣的觀念已成迷思，不見得大醫院就是最先進穩固，也不一定診所就表示技術落後、無法做緊急處理。現代產檢機構的型態已有了一股新的潮流。一群創新觀念、創新科技的婦幼診所已跳脫健保體制，走向自費醫療提供更多元整全的產檢項目。

這一類私人婦幼診所的品質日新月異，無論在設備、檢驗、醫療人員比例等方面的水準均亮眼，成為孕產婦的新選擇。在設備方面，雖然機構被稱為診所等級，但設備上卻已超越醫學中心規格，光是產科超音波機器的數量，就遠遠超越指標性的醫學中心所屬婦產科；產檢的專業度也與國外最先進的產前診斷同步，讓現代媽咪也能夠為生產做好最安心的規劃。

媽咪常見疾病疑惑

懷孕過程中，部分媽咪會出現妊娠高血壓、妊娠糖尿病…等疾病，這樣的媽咪有增多的趨勢，因此是不可不知的孕期知識，包含產檢以及日常的飲食控制。多一份留意，對妳與寶寶的健康都好。

妊娠高血壓

妊娠高血壓對於許多人來説，或許僅了解是媽咪於懷孕後期，突然出現血壓昇高、蛋白尿、水腫…等現象，導致胎兒生長遲滯、早產、甚至胎盤剝離而造成寶寶死亡的一種疾病，而且嚴重時會轉變成子癇前症（俗稱妊娠毒血症）。

據估算，妊娠高血壓患者發生子癇前症的機率是2%，特別是體重小於34週的早發性子癇前症，最可能使母嬰產生併發症。當子癇前症合併抽筋、全身痙攣症狀時，便成為「子癇症」，可能引發媽咪腦血管病變、中風…等危險，而寶寶可能胎死腹中，對於母嬰均有致命危險。

然而，面對這樣的妊娠併發症並非束手無策，在截至目前的醫學研究進展下發現，此疾病主因是媽咪本身「胎盤功能不良」的緣故，並於懷孕前期就會出現「血清中的胎盤生長因子濃度過低」的表徵。

一般來説，胚胎著床後，母體會產生胎盤成長因子，讓子宮螺旋動脈擴張、阻力下降，以供應寶寶生長發育所需的大量血液。但是子癇前症患者的胎盤生長因子濃度較低，導致子宮動脈血管擴張不佳，使得母體出現血壓昇高的情況。

為在最有利的時間點做治療，建議媽咪於懷孕前期先做子癇前症的風險評估及篩檢，並根據篩檢結果積極進行治療與飲食控制。早期篩檢（PIGF、PAPP-A）是在懷孕8-13週抽血，可篩檢80%早發型子癇前症，若搭配超音波子宮動脈血流檢查，更可達95%篩檢率。

早期篩檢時，還可合併第一孕期唐氏症篩檢一起進行。若發現血清中PIGF、PAPP-A濃度降低，代表媽咪的胎盤生長功能可能不良，以此指標預測早發型子癇前症。而中晚期篩檢（sFlt-1/PIGF）則是預測在一個月發生子癇前症和併發症的機率。醫師會依據sFlt-1/PIGF的比值來判斷胎盤功能，因為發生子癇前症的3-5週前就會有變化。

媽咪這樣做就能控制病情！

一般來說，媽咪需注意體重成長速度（水腫也會造成體重上升）、補充由尿液中流失的蛋白質。如果媽咪有子癇前症，更要遵守低鹽且足夠蛋白質之飲食或減少外食（不易控制鈉含量）。

❶ 除了天然食物中的鈉以外，來自食用鹽、調味料的鈉攝取量需減少。

❷ 多選新鮮天然食材，不吃加工製品（罐頭、醬菜、加工肉類製品、蜜餞）。

❸ 烹調時少用鹽、含鈉調味品，改用有香氣的天然食材取代。例如：蔥薑蒜、香菜、九層塔、洋蔥、枸杞、紅棗、香辛料（五香、胡椒、八角、花椒）、番茄、柑橘、檸檬、柴魚、香菇…等，仍能為料理添加風味。

❹ 提高蛋白質的攝取量，例如奶蛋肉豆類並諮詢營養師，自己每日所需的蛋白質份量。

❺ 於懷孕16週前，每日使用低劑量阿斯匹靈直到34週，於晚餐飯後睡前服用，特別是高風險的媽咪要按時吃。阿斯匹靈能明顯降低胎盤發生發炎反應、減少產生血栓、改善胎盤血流及功能。

❻增加維他命C（1000mg/天）、鈣（800-1200mg/天）的攝取，以改善胎盤老化。亦請諮詢營養師如何從食物中攝取足夠營養素，不足時如何以營養品補充。

❼ 少吃油炸類，過多鹽分、脂肪對媽咪寶寶來說都是負擔。

❽ 適量增加活動量，能有效減少浮腫。比方20分鐘的散步、肢體伸展操，皆能改善下肢血液循環及子宮動脈血流，增加胎兒的血液供應量。另外，泡足浴也不錯，每天以溫水浸泡雙腿10-15分鐘。

❾ 懷孕20週後每天記錄血壓並確實回診，讓醫師檢查寶寶大小、羊水量、胎兒血流情形。並於每4週檢驗sFlt-1/PIGF至32週，以利提早發現與治療。

妊娠糖尿病

「妊娠糖尿病」是指孕前沒有糖尿病的媽咪，在懷孕之後出現高血糖的現象。懷孕期間，由於黃體素、泌乳激素等荷爾蒙的變化，導致身體對於降血糖的胰島素反應不佳，使得體重過重、早產及剖腹風險都會提高。若病情難以控制的話，極有可能演變成妊娠糖尿病，對母嬰皆有長久且持續的慢性影響。

如果媽咪未能及時發現妊娠糖尿病，並盡早控制病情的話，可能造成難產、妊娠高血壓症、急性腎盂炎⋯等，早產、難產、肩難產、剖腹產的機率也會比較高。對於寶寶而言，可能有低血糖、低血鈣、巨嬰症的風險。反之，媽咪如能及時發現妊娠糖尿病，並確實在醫師的監督與追蹤之下，且未引發其他併發症時，應可安全健康地生下寶寶，不要太過擔心。

媽咪這樣做就能控制病情！

有妊娠糖尿病的媽咪，可向專業營養師諮詢，採用「醣類飲食代換」與確認熱量控制的方式，幫助穩定血糖、供給身體能量和營養素。

除了依循這些飲食建議，若已在服用藥物控制血糖的媽咪，每天需定時吃藥、不能間斷。媽咪們可向營養師索取「醣類食物代換表」，讓妳更易上手醣類控制。

❶ 每餐都要吃到醣類。
❷ 避免有一餐沒一餐，定時定量。
❸ 早餐時，避免攝取精緻醣類，例如：果汁、糖果、高糖分飲料、白粥。
❹ 每餐或點心均要吃固定量的糖類
❺ 和營養師討論、量身訂作飲食計劃，才能針對個人狀況微調。

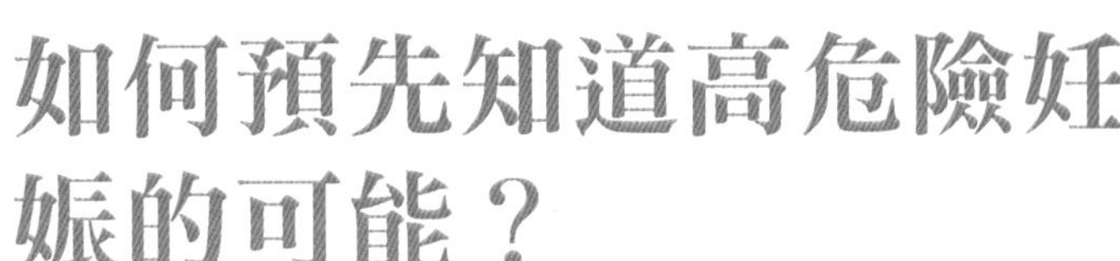

如何預先知道高危險妊娠的可能？

其實這個問題的答案很簡單，就是，放心的交給專業醫師進行產前檢測吧！產檢的目的就是在相關連續性的檢查中，想辦法找出具有高危險因素的媽咪，然後絞盡腦汁，再把這些高危險因素一個個想辦法排除，嗯，就好像是拆炸彈吧。

舉例來說，像是母體的一些危險因子，譬如說高血壓、糖尿病或是腎臟病、心臟病…等，這些可能危害孕期健康的母體問題，就必須在孕期中仔細加以觀察評估，需要時也必須積極介入治療，在母體與胎兒健康利益中取得平衡點。

此外，還有伴隨著孕期才會發生的一些狀況，如胎兒異常、染色體異常、前置胎盤、胎位不正以及子癇前症…等，就如同不同章節所說明的，隨著基因醫學與超音波醫學的發展，我們可以透過這些不同面向的檢查，想辦法佈下天羅地網。

另一方面，在時間軸縱向的深度上，透過倒金字塔的產檢策略，有別於過去金字塔形的產檢策略，經常性的必須要到後期才能發現問題，常常為時已晚。現今新世代的倒金字塔產檢策略，可以有效地把高危險妊娠的發現與處置提早到前期孕期，就能決戰於千里之外。

所以，產檢不只能光是做好做滿，而且，一定要做得早！

有這些疾病也能懷孕！孕前先諮詢醫師即可

病名	可能的影響
過敏＆氣喘	如果父母其中一方為過敏體質，下一代為過敏體質的機率大約為50%。父母雙方都為過敏體質時，下一代過敏體質的機率大約為70%。 研究資料顯示，有三分之一的氣喘病媽咪，症狀會與孕前沒有差別；三分之一的氣喘病媽咪，氣喘會比孕前嚴重；另三分之一的媽咪，氣喘症狀反而比孕前輕微。
心臟病	經醫師評估後，認可懷孕的心血管疾病媽咪，應確實結合症狀治療與飲食控制，並密切配合醫師後續追蹤。患有心臟病的媽咪宜留意，寶寶的先天性心臟病風險為3-12%，建議於20-24週做高層次超音波追蹤胎兒健康，並於全孕期配合醫療團隊的追蹤及治療。
腎臟病	輕微腎功能不良的媽咪，如果血壓控制無虞，確實遵守腎臟科醫師及婦產科醫師的追蹤與治療，健康產下寶寶的機率相當高。至於中度和重度腎功能不良的媽咪，不僅在第一孕期流產的機率高，就算順利生產，腎臟功能極度惡化的機率也非常高。
慢性糖尿病	媽咪容易流產、寶寶胎死腹中、寶寶併發症以及染色體異常的機會都會增加。
慢性高血壓	會導致媽咪的胎盤功能不好，對於媽咪寶寶的影響深切，產生子癇前症的風險也比一般媽咪來得高。

如何處理

很多過敏體質的媽咪，因為擔心寶寶過敏，會從懷孕時就開始避免所有過敏原的食物，其實不必如此。因為過敏雖然會遺傳，但不一定連過敏原都和雙親一樣。

如果媽咪太過敏感地避免多種類食物，反而可能會造成營養不均衡。建議過敏體質的媽咪仍應均衡地攝取各類營養，只要避開會讓自己過敏不適的食物即可。

媽咪應於懷孕期間配合婦產科醫師的藥物治療及追蹤檢查，維持孕前對氣喘病的防治，避免一切導致氣喘發作的過敏原。

●減少動物性脂肪攝取量，並避免攝取反式脂肪。
●如有服用抗凝血藥物，應適量食用綠色蔬菜、乳酸菌、肝臟類，以確保維生素K的攝取量，但要避免過量，反而會造成藥效不佳。
●保健食品可挑選孕婦專用的魚油，並適量攝取維生素E。特別建議服用孕婦專用的魚油，主要是因為魚油所含的EPA有抗凝血的作用。不用擔心會有凝血的問題。
●處理水腫問題：心臟病患者媽咪，在孕期較容易有水腫問題，建議維持適當水分攝取，不要過量。另外可做些輕度運動，促進血液循環。腳部水腫時，可以浸泡溫熱水舒緩不適。

在初次的產前檢查中，抽血和驗尿檢查會確認媽咪的腎臟功能，以便早期發現問題。此後的每一次產檢還會繼續追蹤，由醫師把關腎功能的問題。因此媽咪務必確實做好產前檢查，以確保妊娠時期的健康。

另補充，懷孕期間，因荷爾蒙變化、身體暫時儲存的水分增加等因素，媽咪的腎臟會比孕前大上約1公分左右，讓身體能夠排除更多廢物。此外，母體的腎絲過濾率和尿毒素的排出效率提高、變大的子宮可能壓迫到腎盂與輸尿管等身體變化，因而導致輕微的水腎，這是正常的現象，等到生產之後都會逐漸恢復正常。

建議有慢性疾病的媽咪，孕前就先控制好、更謹慎地注意孕期中的狀況，特別需要婦產科醫師、新陳代謝科醫師和營養師共同作戰。

孕前就在服用高血壓藥物的媽咪，需告知並請醫師協助做用藥調整，包含準備懷孕、臨時知道懷孕的女性都需特別注意。此外生活及營養都繼續按照高血壓飲食管理即可，能一併諮詢營養師會更好。

緩解惱人害喜

懷孕前期，不少媽咪會出現孕吐的現象，也就是俗稱的「害喜」。害喜對於某些媽咪來說，會不舒服和不適應，究竟害喜是怎麼來的呢？

為什麼害喜會有嘔吐感？

一般來說，有的媽咪會提早於5-6週就開始有害喜狀況發生，但大部分的媽咪是進入第2-3個月孕期時，症狀慢慢變得明顯起來；但也有的人完全不會害喜。

害喜時會有嘔吐感，主要是因為胎盤上絨毛組織分泌的人類絨毛膜促性腺激素（hCG）會刺激嘔吐中樞。尤其從懷孕10-12週之間，hCG的分泌量最多，故此時期的害喜症狀最嚴重。但是一般媽咪在進入孕期第16週左右，害喜症狀會隨著逐漸趨緩了。

蘇醫師說！與害喜和平共處吧

話說，許多媽咪都是非常多愁善感的啦，害喜太嚴重，就覺得整個人快要崩潰，幾乎是世界末日到了！但如果沒啥害喜的感覺，又會覺得非常的憂慮，擔心肚子裡的寶寶是否不健康，整天疑神疑鬼的…。

害喜，是懷孕的正常現象，請勿過度焦慮！一般在10-12週是高峰，到了16週以後，絕大部分狀況都會緩解。反而是之後的食慾變得太好、體重增加太快，其實體重控制，才會是另外一個惱人的問題哪！而且，每個人的體質不一樣，甚至同一個媽咪的第一胎跟第二胎，害喜的感覺也都會大大不同喔！所以不必太過於焦慮，好嗎？

重點是，只要讓產科醫師幫你確定寶寶都有在正常的生長曲線之內，基本上這就是老天爺給你的試煉，學著接受、與它和平共處吧！

聽說害喜的狀況有很多種？

每個人害喜的狀態都不同，有的是對特定食物、有的是對氣味敏感、有的是要不停吃東西，有的則是早上剛起床時，空腹狀態就有嘔吐感，也有的媽咪是連喝水也會想吐。由於這段期間是媽咪和寶寶相互適應彼此的時期，有時會伴隨著頭痛、疲倦…等症狀，媽咪除了多放鬆，亦可參考以下緩解的小方法。

❶ 無法喝水時…

可以改喝點氣泡水，一來增加口感，二來氣泡能增加腸胃蠕動。如果覺得沒什麼味道，建議加點檸檬、香草、柑橘變化風味，比較好入口，也很適用於夏天時飲用。

❷ 對牙膏味道想吐…

有些媽咪對牙膏味道敏感，這時可改用兒童牙膏，甜甜風味會減低不適感。

❸ 如果味覺改變…

有時孕前會吃的東西，懷孕後突然無法吃了，這時或許可改變烹調方式，讓味道改變。

❹ 空腹時想吐…

可準備一點蘇打餅乾以中酸胃酸，或是高蛋白、熱量較低、糖分較少且自己可接受的食物，需要時應急使用。

❺ 早上醒來想吐…

先在床上吃一些易消化的簡單食物，例如麵包或餅乾，搭配牛奶；為了防止因多次嘔吐而流失水分，必須記得持續補充水分。

⑥ 沒來由一直想吐…

若是懷孕前期的孕吐，可以不用勉強進食。除了多休息，水分補充不能少，必要時可以喝點運動飲料，補充電解質。

除了以上的小方法，平日飲食儘量清淡，避免過油或刺激性食物，因為高油脂不易消化、會造成脹氣。另外，要減少湯湯水水、勾芡的料理，以免造成胃部膨漲而引發嘔吐感；建議水分和食物可以分開吃，例如剛吃完飯不要立刻喝湯、吃完蘇打餅不要馬上就喝水。

一般害喜的狀況下，如果真的對於某些食物有拒絕感，可以和營養師商量，請她幫忙調整、協助妳找出可替換食用的食材種類，好讓媽咪仍能攝取到足夠營養素。另將進食方式改為少量多餐，較能適當進食，也不宜因為害喜就不吃而空腹。

媽咪在害喜嘔吐後，記得盡快以冷開水漱口，將口中殘留的味道沖掉，防止再次產生作嘔的感覺。用餐後不要馬上臥床，應適度走動散步，讓食物能夠較順利地進入消化道。平日盡可能保持室內空氣流通，減少出入人多的地方。

萬一害喜的情況一直沒有減輕，這時就要留意，因為孕吐次數太多，會造成胃食道逆流，嚴重者會灼傷食道、牙齒琺瑯質也可能被酸蝕，以及一直無法好好攝取該有的營養（少部分的媽咪會持續害喜到半年以上）。若一天嘔吐次數十幾次以上，或是體重持續下降，又或者到了無法進食、喝水、排尿變少的情況，就一定要趕快就診，並查明是否有特殊原因，例如甲狀腺亢進。

給爸比的陪孕須知！

如果媽咪有害喜的情況時，爸比可以準備一點薑料理。例如嫩薑絲、薑絲清湯、薑母茶…等，可以有效減低孕吐的狀況。平日也提醒媽咪食用含有維生素B6的食物，多休息或早點睡，有助於恢復體力。

⑦ 沒法吃肉時

善加利用「蛋的料理」，比較能接受清淡口味的媽咪可以用蒸蛋、茶碗蒸當作點心，也可以吃涼拌毛豆、涼拌豆腐作為配菜；口味較重的媽咪可以用蕃茄炒蛋、滷豆腐等方式增加蛋白質攝取，增加體力與抵抗力。

⑧ 沒法吃菜時

蔬菜不限於深綠色蔬菜，舉凡淺色葉菜到筍子、蘿蔔、洋蔥、茄子、青椒甜椒、菇類木耳都算是蔬菜類，媽咪們可以多變換菜色，用不同的來源增加蔬菜攝取喔！

⑨ 不吃很餓，但是吃一點就脹氣

千萬別等肚子餓了才吃，這時候胃酸較多，進食反而容易讓腸胃蠕動更快，導致脹氣嚴重。建議訂個手機提醒，每3-4個小時提醒自己吃點健康小點心，例如：毛豆、蒸蛋、水果、地瓜、蘇打餅…等，避免空腹時胃酸過度分泌。

前期身體變化與生活須知

懷孕前期開始，身體會漸漸有些變化，讓媽咪感到不適或困擾。為避免這些困擾日後無限延伸，在一開始懷孕時，不妨先認識這些小症狀，其中有許多是可以被預防或是緩解的喔。

頻尿

懷孕前期因為黃體素分泌量及血流量增加，因而影響到膀胱的排空功能，尿量也變多，讓媽咪常有解尿總是解不乾淨的感覺（上廁所時讓身體稍前傾，有助於排空膀胱），排尿的時間距離會增加，這種感受會在進入中期之後逐漸改善。

媽咪除了要每天多喝水，亦不要排斥頻跑廁所的行為，以免因為憋尿反而導致泌尿系統疾病。如果媽咪在頻尿的同時，合併出現解尿疼痛、灼熱感或腰部痠痛等症狀時，就應盡快就醫。

嗜睡易倦

懷孕前期的媽咪，身體正在為胎兒建構健康的胎盤環境，一直約滿12週才告完成。在此階段，媽咪的身體需要分泌大量的荷爾蒙、製造更多的血液、心跳會加速、血糖會降低、新陳代謝高，不斷消耗能量，所以常常會感到疲倦，需要足夠的休息。

這時請家人或是另一半多多協助分擔家務，多花點心思照料，好讓媽咪在身心安定的狀態下養胎。對於容易感到疲倦的媽咪，建議檢視自己所補充的葉酸和B群是否足夠。另外，攝取含鐵質的食物，也有幫助，特別是有貧血症狀的媽咪。

如果相反的，是晚上不好睡的話，建議可喝杯溫牛奶，鈣質能幫助入眠。若怕喝牛奶會導致半夜起來上廁所，就改為吃一小塊低脂起司，代替牛奶。

分泌物增加

懷孕期間因為荷爾蒙的變動，會造成媽咪的分泌物變多，這是正常的現象，尤其臺灣的氣候潮濕，愛穿牛仔褲、絲襪的女性，陰道感染的頻率本來就比較高。因此建議媽咪至少在懷孕期間穿著通風的內褲、裙裝，以便降低黴菌感染機率。

正常分泌物為透明的蛋清狀，當顏色呈現白色、黃色、綠色的豆渣狀，還有下體搔癢，甚至解尿時有灼熱感等症狀時，就代表有陰道感染的問題，應盡快就醫，以免細菌沿著陰道上行，對寶寶造成影響。

媽咪這樣做！減少孕期分泌物

❶ 乳酸菌效果是經醫學研究證實的。在營養師或醫師的建議下選用適當的乳酸菌服用，可以增加體內好菌，降低感染機率。

❷ 穿著棉質、吸汗內褲。時間許可的話，可以在分泌物過多時勤換內褲。

❸ 避免冰飲（特別是夏天）及甜食。

❹ 多喝開水，讓身體維持良好的新陳代謝。

❺ 不做牛仔褲及絲襪…等不通風的穿著，改為穿著裙裝。

❻ 如廁後，衛生紙由陰部往肛門擦拭。

❼ 每日淋浴、減少盆浴。

❽ 避免使用護墊。

媽咪問！孕期陰道感染，能不能用藥?

黴菌感染不至於對孕程造成影響，且懷孕前3個月不適宜口服抗黴菌藥物，醫師會開立陰道塞劑進行症狀治療，一般而言，只要在日常生活多加留意，合併使用一週塞劑應可獲得改善。如果是黴菌以外的細菌感染，且情況嚴重的話，可能提高早產的風險，需要服用抗生素塞劑或是口服藥物治療。

有些媽咪會擔心，陰道感染的話，自然生產時，胎兒會在通過產道時受到感染，因而導致疾病。其實對於這一點也不用太多慮。目前衛生福利部已經補助35~37週的媽咪做乙型鏈球菌檢查，可以降低寶寶在生產時受到感染的風險，讓生產能更安全地進行。

便秘

媽咪在懷孕期間，由於人類絨毛膜促性腺激素（hCG）和黃體素的影響，腸胃蠕動會變得比較慢，導致食物運送的速度可能比懷孕前慢，腸胃排空時間延長，增加大腸對水分的吸收，造成糞便變硬，較難順利排出，因此造成便秘。

此外，害喜或偏食，加上肚子逐漸變大、子宮的壓迫使得下肢血液回流變得比較差、骨盆底肌肉鬆弛、運動量減少等因素，也會提高便秘的機率。媽咪便秘極端嚴重時，應尋求醫師的協助，千萬不要自行灌腸或是自行購買瀉藥服用，以免引發子宮強烈收縮，造成負面影響。

緩解便秘的日常對策！

攝取足夠水分、每天定時排便、多吃高纖（蔬果、全穀）是遠離便秘的不二法門，喝一點黑棗汁也有幫助。媽咪另需藉由維持和緩運動，讓腸胃易蠕動及排便，例如：散步、快走。或是孕前有運動習慣的媽咪可以繼續維持。如以上問題都已確實解決，仍無法改善便秘，可以諮詢醫師及營養師，必要時考慮使用酵素、益生菌、軟便劑，都有助於緩解改善。

有便秘煩惱？先檢視每日飲食攝取狀況

- ☐ 蔬菜一天是否2碗？並應留意，水果的營養素不能取代蔬菜。
- ☐ 水果一天是否超過1碗？
- ☐ 是否攝取足夠水分？每日飲水量必須超過2000ml。
- ☐ 蛋白質、乳品類、燥熱食物是否攝取過多？
- ☐ 營養攝取方面，部分營養劑會有便秘的副作用。例如鐵劑、鈣片均可能影響排便。
- ☐ 蔬果量如果足夠，可能是因為油脂攝取不足。膳食纖維要適當搭配油脂，糞便才不會硬。
- ☐ 餐餐細嚼慢嚥，或是將食物切細碎一點、好入口。如果嚼得不夠細，可能會導致食物必須停留於腸道消化的時間較久或是消化不良，水分被吸收盡了，也會導致糞便變硬。

脹氣、腸胃不適

如果不是高危險妊娠的媽咪，不妨多一點運動吧，讓代謝變佳、有利於排氣，像是快走、慢跑、有氧運動、飛輪、游泳、伸展、水中有氧都很好。或是喝點汽泡水，增加打嗝、也有助於排氣。

心口灼熱

如果媽咪有胃食道逆流的情況，就易引起心口灼熱。這時應該在兩餐之間攝取水分就好。吃飯時，注意少量多餐、細嚼慢嚥，避免吃太多或太多。不易消化的食物、油炸物、甜食也都要減少或不吃。飯後可以走動或半坐臥，不要立刻就躺下休息。睡前的1小時也不要再進食，以免造成胃部負擔。

頭痛

懷孕後，因為荷爾蒙變化的關係，前列腺素變得比較高，而使局部血管收縮，讓有些媽咪偏頭痛。如果偏頭痛的頻率很高，可告知醫師開黃體素，讓荷爾蒙變穩定一些。飲食方面，也可吃些鈣片、含鎂較多的食物，都能緩解頭痛不適。

媽咪問！懷孕萬一痔瘡怎麼辦⋯

如果媽咪長期沒有吃足蔬果、補充水分，以及養成良好排便習慣的話。於懷孕後期，有30-40%的人於懷孕後期可能會得到痔瘡。輕微的痔瘡，醫師會開立藥用乳膏以緩解皮膚不適、搔癢，或是使用栓劑，也是安全的治療方式。為避免惡化成痔瘡，媽咪要特別注意蔬果和水分的攝取喔。

皮膚乾癢問題

懷孕期間由於荷爾蒙的變化，媽咪在免疫系統、內分泌等各方面都會有所變動。再加上媽咪為了孕育寶寶生長，全身的血流量增加、新陳代謝增快，還會造成血管擴張，使得皮膚容易發紅、長痘痘等特殊狀況，皮膚也會變得較為敏感。臉部容易冒出黑斑、肚皮開始有妊娠紋等等。尤其遇到季節變換時，皮膚乾癢的症狀會較為明顯，建議於此階段格外做好皮膚保溼的工作，洗澡時避免水溫過高，尤其應避免搔抓，以免過度刺激肌膚。

預防水腫

媽咪水腫原因很多，水腫的成因是血液裡的電解質平衡跑掉了。當血液的水分過多時，維生素、礦物質、紅血球濃度就變低。為了維持血液品質的衡定，水分會擠到組織裡頭，使得血液循環不好的地方水腫，比方手部、腿部、腹部…等各部位。

高血壓、心臟功能不好或過好的媽咪，也可能會水腫，因為血壓一直飆高、腎臟代謝功能變差的緣故。因為水腫的關係，皮膚會一直被撐開，導致緊緊的不舒服。水腫有可能會發生在任何時間，可能是長期累積或是突然水腫。

如果媽咪從懷孕前期就能有效控制飲食和運動，孕期後就比較少有水腫情況。如果習慣晚睡、一天只吃兩餐、代謝不良的媽咪，最容易引起造成水腫。除了正常作息、飲食均衡，下午時可以多出去散步運動，讓晚上好睡、不熬夜。必要時，讓下肢泡泡溫水，以促進血液循環，就能避免懷孕後期出現水腫狀況。

蘇醫師說！孕期不適無須自己承擔

以上懷孕時的不適都很常見。譬如分泌物增加，是困擾媽咪最常見的問題之一，基本上絕大部分都是沒有問題的，不過最好還是請教專業醫師來判斷，如果是感染，當然必須被治療。

而便秘也讓媽咪們很痛苦，在懷孕期間的便秘更痛苦，我知道。只是我必須說，這是孕婦很常見的問題，妳並不孤獨喔（這樣有沒有感覺好一點？），不必擔心，在專業上我們有許多的方法可以幫助妳。

Column 爸媽一起看！

這時該有性生活嗎？

目前尚無研究顯示，媽咪在懷孕期間不能有性生活。但若有流產史、子宮頸閉鎖不全、陰道感染、多胎妊娠等高危險群，則應避免性生活。

有些媽咪在懷孕後對性事興致缺缺，有些人反倒沒有受到影響。無論如何，只要在行房過程中，媽咪不會感到不舒服、不對腹部造成壓迫、不要過度深入撞擊到子宮頸，就是基本原則。

很多媽咪會害怕性行為後的高潮會對胎兒造成影響，其實不用太過擔心。唯有在發生規律宮縮時，應盡快就醫。

❶ 媽咪有任何不穩定的懷孕徵兆時，不宜性行為。

❷ 精液會刺激子宮頸收縮，建議懷孕期間進行性行為，應戴保險套。

❸ 避免過度刺激乳頭。乳頭的吸吮揉捏會刺激催產素，促進子宮收縮。

❹ 懷孕前3個月和後3個月在性生活方面均應格外輕柔，避免過度激烈。

孕期性行為適合的體位

1. 正常體位（男上女下）

適合懷孕前3個月的媽咪。此時期胚胎著床尚穩定，在性交過程中應避免過於深入的插入，以免過度刺激子宮頸。此種體位會壓迫到腹部，因此不適合腹部已經漸漸變大、懷孕4個月以上的媽咪。

2. 後側位

適合懷孕4-6個月媽咪的體位。男女雙方朝向同方位。是既不會壓迫到媽咪腹部，又不會插入太深的體位。

3. 女上男下

適合懷孕4-6個月媽咪的體位。可由女方調節插入的深度，較為安全。

4. 背後位

懷孕7個月以上，媽咪肚子比較大時可以採用的體位。雖然不會壓迫到媽咪肚子，卻容易插入過深，是必須留意的體位。

妳吃的就是寶寶吃的！

老人家常說：「一人吃，兩人補」，但現代的經濟狀況已經不同於往常，營養不良者應該已經非常稀少，但是營養均衡卻是常常被遺漏的重點。尤其媽咪的身體已經和孕前不一樣，腹中寶寶隨時跟著媽咪吸收營養，媽咪吃了什麼，寶寶就吃了什麼。除了參考下表，若能與營養師配合微調更是最佳狀況！在前期就好好注意飲食的媽咪，必能提早為寶寶健康打底。

營養成分	營養價值
維生素B群	維生素B能促進身體代謝功能。其中的B_6不僅能舒緩媽咪懷孕期間的孕吐症狀，還能促進胎兒的正常發育，對於產後母乳分泌也有很大的幫助。
碘	碘是製造、儲存及分泌甲狀腺素時的必要成分。從懷孕前期，胚胎的發育就需要甲狀腺素，若碘攝取不足，會影響胎兒的發育。
蛋白質	除了提供胎兒營養外，胎盤的發育、羊水的生成、及子宮的增大都需要蛋白質。
維生素D	有助於鈣質的吸收，讓骨骼強健。孕期如缺乏維生素D，引發妊娠糖尿病的機率較高。
鎂	與鈣質共同生成骨骼與牙齒，能夠降低抽筋的發生。
鈣質	母體與胎兒都需要鈣質，用於骨骼、肌肉的發展，媽咪缺鈣最明顯的症狀就是抽筋。
維生素C	除了與胎兒免疫系統有關外，足夠的維生素C也有助於鐵質的吸收， 對於媽咪和胎兒的牙齦…等黏膜生成有相當大的重要性。

營養師叮嚀！關於熱量與食物選擇

懷孕13週以前，不用特別增加熱量攝取，等到中後期則每天增加300大卡熱量即可。但是熱量的增品，應從「食物」而非「食品」而來，首要考量食物的營養密度，才能滿足胎兒生長發育所需的營養。舉例來說，1顆中小型的蘋果與1個牛軋糖，同樣約有80大卡的熱量，但蘋果富含維他命、礦物質、膳食纖維，比起只含澱粉、蛋白質的牛軋糖，多了營養，且少了油脂與糖分。媽咪們，在吃東西前或許該想想，妳想給寶寶的是空熱量還是真營養呢？

食物來源	備註
糙米、豬肉、動物肝臟、蛋黃、豆類、麥片、牛奶、花生、深色蔬菜及酵母。	吃純素的媽咪容易缺乏B12，可以吃酵母菌或依營養師指示服用營養補充劑。
海帶、紫菜、海藻類、魚類等。	孕前就有甲狀腺相關疾病的媽咪除外，其攝取量需諮詢醫師。
雞蛋、瘦肉、豆漿、牛奶、豆腐。	必須控制體重的媽咪，可以從瘦肉、魚肉豆類攝取蛋白質
牛奶、穀片、鮭魚。	曬太陽有助於皮膚生成維生素D 必要時可適量補充營養劑。
堅果類、葉菜類、黑豆、黃豆、花生、芝麻、全穀類。	鈣質攝取已充足的媽咪若經常抽筋，有可能是缺乏鎂。
牛奶、奶製品、小魚乾、蝦米、藻類、蛤蜊、牡蠣、黃豆製品、深綠色葉菜類、豌豆類、堅果類及種籽類。	胎兒會快速發育成長，應額外留意鈣質的攝取是否充足，特別是懷孕27-28週左右。
芭樂、奇異果、柳丁、檸檬、柚子等柑橘類、木瓜、草莓、鳳梨、番茄、青椒、高麗菜。	媽咪如欲額外服用維生素C錠劑時，應諮詢醫師或營養師。因為孕期攝取過量維生素C時，會導致寶寶長時間處於高濃度的維生素C環境中，出生後無法適應低濃度維生素C的環境，引發維生素C缺乏的問題。

營養成分	營養價值
益生菌	能夠促進腸道健康，讓排便順暢，提升免疫力。
膳食纖維	能夠促進腸胃蠕動，讓排便順暢、也增加飽足感。
水分	足夠的水分對媽咪非常重要，可預防便秘、痔瘡、水腫及尿道或膀胱感染。
鐵質	媽咪應攝取足夠的鐵質，以避免缺鐵性貧血。懷孕期間媽咪所攝取的鐵質，除了供應母體所需之外，還要大量儲藏於胎兒的血循環中，以備出生後4個月成長發育的需求。當媽咪的鐵質攝取不足時，對寶寶未來的影響相當大。
葉酸	葉酸的攝取對於第一孕期至為重要。細胞分裂需要葉酸與核酸合成，懷孕期間如果缺乏葉酸，會導致胎兒神經管缺陷，務必留意。
DHA/EPA	有助胎兒的腦部發育及視力發展。
維生素A	媽咪的視力與胎兒前期是神經的發展，都與維生素A有關。

好媽咪的三孕期營養所需！

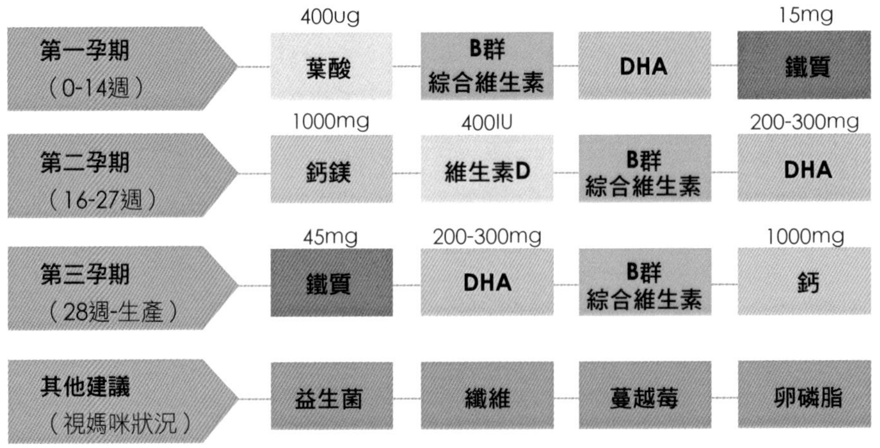

	食物來源	備註
	優格、優酪乳、養樂多、起司、味噌或泡菜等發酵食品。	若搭上水溶性纖維，能協助益生菌生長。
	蔬菜水果中均富含膳食纖維，其中尤以芹菜、竹筍、芭樂、梨子、蘋果特別豐富。	攝取膳食纖維質的同時，應多補充水分，才不會引起便秘。
	所有流質的食物，例如湯、茶及水都是水分來源。	媽咪如果水分攝取不足，容易在第三孕期引發脫水。此外水分不足還可能引發子宮收縮、早產及提早陣痛。
	蛋黃、肝、肉類、腰腎、動物血液、菠菜、青花菜及草莓。	在攝取鐵質的同時，可搭配富含維生素C的蔬果，以利吸收。
	綠色葉蔬菜、肝臟、蛋黃、柑橘及豆類等。	孕前及懷孕第一期尤應留意攝取量。
	深海魚。例如鮪魚、鮭魚、秋刀魚、青花魚、竹筴魚及海洋藻類。	懷孕前期就從新鮮魚類中攝取為佳，孕期也持續此飲食習慣。
	魚肝油、肝臟、深綠色及深黃色蔬果。	建議來源為β-胡蘿蔔素，由肝臟合成維生素A。

Column 爸媽一起看！

葉酸對寶寶腦部神經成長很重要

葉酸的攝取，與胎兒腦部中樞神經至為相關，特別是在懷孕前期，因為這時正是寶寶的腦開始成形的重要階段。造成胎兒神經管缺陷的原因很多，母體缺乏葉酸是確定的主要原因。

孕前就積極攝取葉酸

建議女性於計劃懷孕前就應開始攝取葉酸，並於全孕期持續留意攝取量是否足夠。懷孕7-8週之前，是攝取葉酸的黃金期，因為胎兒的神經管發育已完成7-8成。在此階段如果母體缺乏葉酸，將可能導致胎兒的神經管缺陷，導致無腦、腦膨出、脊柱裂等後遺症，不可不慎。

懷孕0-15週的媽咪，每日應攝取400-800微克的葉酸，除了深綠色蔬菜和柑橘類之外，還可以從營養錠劑中補充不足的部分。具體而言，如果能夠每天吃到2碗深色蔬菜，只要搭配400微克的葉酸錠劑。

15週以上的媽咪，如果能夠每天吃足2碗深色蔬菜，較不易缺乏葉酸。除了深綠色蔬菜，柑橘類也有葉酸；平時烹調深綠色蔬菜時，因高溫可能會流失一點含量，或許可改煮成蔬菜湯，就能喝到完整營養。

可吃這些！來自食物的葉酸

❶ 黃豆類：黃豆、黃豆粉。
❷ 蔬菜類：菠菜、花椰菜、芥菜。
❸ 藻類：海帶。
❹ 水果類：草莓、百香果。

人體在攝取含葉酸的食物後，必須經由體內的MTHFR基因所製造的酵素，才能轉換出人體能夠利用的葉酸形式。當媽咪的MTHFR基因出問題時，就等於欠缺了葉酸吸收的能力，此時就算攝取再多的葉酸，身體也無法轉換在肝臟轉換為可利用的葉酸，就有可能對胎兒發展造成不可磨滅的傷害。

一般狀況可正常代謝者

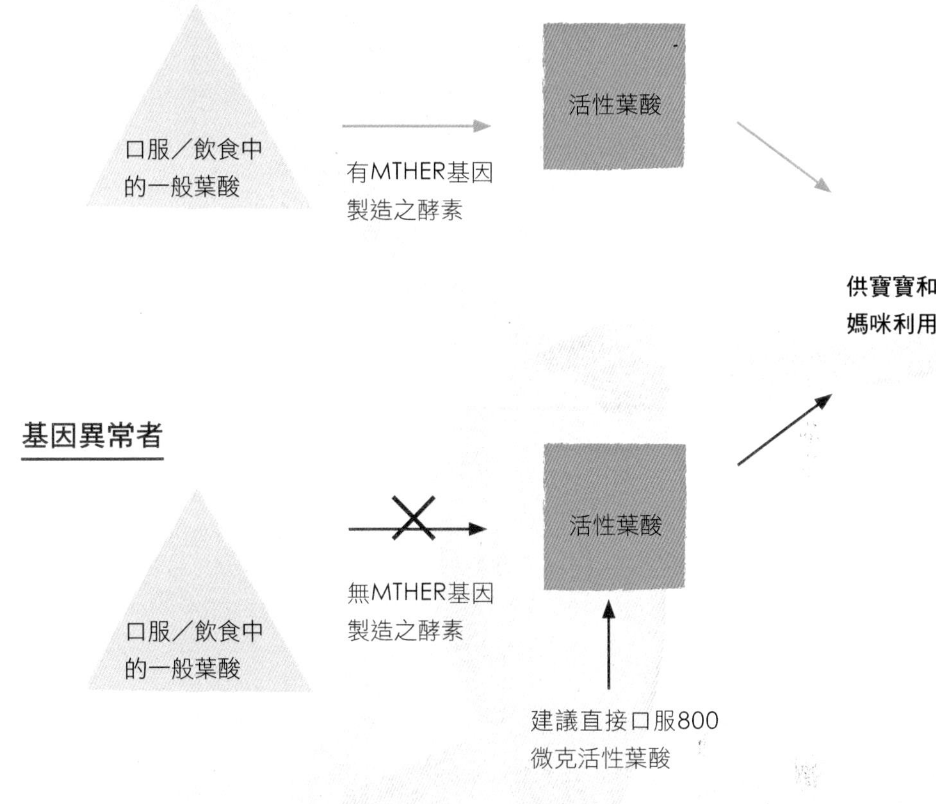

媽咪問！什麼是「葉酸代謝基因檢測」？

在現行的自費孕前健康檢查中，有一項名為「葉酸代謝基因檢測」的檢查，媽咪在孕前可在此項檢查事先確認此項基因是否正常。藉由抽血檢測基因是否異變，而導致不易吸收葉酸，亞洲人一般來說比較少見此疾病，但仍有部分案例。葉酸不足會導致寶寶腦幹結構性的缺陷（高層次超音波可部分檢出），並影響細胞分裂的過程，故產生畸胎。

若及早發現葉酸代謝基因異常的話，醫師會開立高劑量葉酸或活性葉酸。活性葉酸是可直接利用的葉酸，解決了這類問題。一般健康的媽咪，建議每天攝取400-800微克的葉酸，代謝基因異常的媽咪應服用5000微克的一般葉酸劑型或800微克的活性葉酸。葉酸代謝異常的媽咪，於孕後也要持續服用葉酸，請確實諮詢醫師及營養師。

茹素媽咪怎麼吃

孕前就習慣吃素的媽咪們，其實也能孕育健康寶寶，只要先了解比較容易缺乏的營養素，並參考Part1提及的「我的餐盤」概念，從各類飲食中，選取素食食材適當搭配份量即可。由於大部分的植物性食物熱量比較低，需特別注意一天至少吃25-30種以上的天然食物，以確保營養及熱量都充足。

茹素媽咪必知營養來源！

各大類的營養來源	全素媽咪 每日攝取份量	蛋奶素媽咪 每日攝取份量
全穀根莖類： 糙米飯、全麥麵包或全穀類食物	3-4碗	3-4碗
豆類： 黃豆、黑豆、毛豆及豆類製品	7-8份	5-6份
奶類： 牛乳或乳製品，可選低脂	無	1.5-2份
蛋類	無	1份
蔬菜： 各色蔬菜、菇類、海藻類 （深綠色葉菜類至少1份）	4-5碟	4-5碟
水果類	2-3份	2-3份
油脂類	5-6茶匙	5-6茶匙
堅果種籽類	1份	1份

簡易計算參考：蔬菜1碟=直徑12公分的盤子大，水果1份=1個拳頭大（或是切好後裝滿1個飯碗），豆類份量=半個手掌大，堅果種籽類1份=去殼後約1湯匙

茹素的媽咪最容易缺乏維生素B12、維生素D和鐵質，也比較容易發生缺鐵性貧血的問題。如果情況允許，選擇奶蛋素比吃全素能得到更完備的營養。建議仍以天然食材中攝取為主，不足之處再從保健食品中補足。以下針對茹素媽咪們最需要加強的營養素，分別給飲食建議。

鈣 吃全素的媽咪，會比蛋奶素媽咪更需要鈣質，因為植物性食物中的纖維質、植酸、草酸會讓鈣吸收率下降。因此多攝取含鈣豐富的堅果種籽、豆類、深色蔬菜，以及鈣質強化的飲品。

鐵 可從紫菜、黑芝麻、黑豆、葡萄乾（需注意醣分）、深綠色蔬菜中攝取，食用以上食物時，若搭配柑橘或有維生素C的蔬果，能更提昇鐵吸收率。

鋅 是天然催化劑，和鎂、錳一樣是礦物質，存在堅果種籽類裡。例如花生、核桃、杏仁、腰果、全麥及五穀、小麥胚芽中都有。

維生素B12 同樣也是吃全素的媽咪容易缺乏的，因為來源多為紅肉、動物內臟、蛋類。維生素B12能促使紅血球形成與再生，幫助寶寶吸收脂肪、碳水化合物，再轉換成所需能量。

吃全素的媽咪可由麥片、酵母粉來攝取，或服用維生素B12維他命。紫菜和海藻類、各種菇類也含有維生素B12，但植物性的B12對人體來說，不及動物性B12來得好吸收。

維生素D 維生素D具有幫助人體吸收、利用鈣和磷的作用。可從日曬後的乾菇類、新鮮菇類、深色蔬菜中獲得少量維生素D。亦可透過諮詢營養師是否需服用添加維生素D的營養品、奶粉類或食品…等。

除了基礎飲食原則，優質蛋白的攝取量也需達標，才能幫助寶寶造血長肉！建議吃全素的媽咪多吃豆類，包含黃豆、黑豆、毛豆，或是天然豆類製品和豆漿，減少吃素料的機會。天然豆類製品包含黃豆粉、食用石膏做的豆腐或豆花，以及豆干、腐皮（請向製作過程安心的店家購買）…等。

為有效提昇體內蛋白質的利用率，在家烹調時，將豆類、乾豆類食物搭配在一起，營養效果更加分，例如：核桃紫米粥、花生豆漿、八寶粥、全麥饅頭配豆漿、五穀飯加豆類一起炒，都是不錯的食用方式。

只要掌握上述飲食原則，不管是吃全素或蛋奶素的媽咪，妳的寶寶一樣能長得頭好壯壯、營養均衡。

Column 蘇醫師問答！

孕期飲食禁忌雜問 

對於剛懷孕的媽咪，飲食禁忌是最常被問的部分。其實懷孕期沒有那麼多東西不能吃，無需過度緊張擔心，唯有部分的確會影響胎兒，只要避開食用即可，媽咪們別給自己太大的心理壓力，常保愉快心情用餐、營養均衡才重要喔。

Q：懷孕期間飲酒，對寶寶會有什麼影響？

A 懷孕期間過量飲酒，可能會造成胎兒無法正常發育，還會造成寶寶未來的認知發展障礙。懷孕期間有酗酒習慣的媽咪，除了會造成妊娠併發症之外，還會造成胎兒罹患「胎兒酒精症候群」（FAS），出生後會有智力不足及多重畸型，死亡率也很高。目前尚無研究針對懷孕期間酒精量的攝取，做出明確的安全份量。因此建議媽咪盡量以不接觸酒精為宜，如果時機湊巧不小心喝到一兩口也別耿耿於懷，不要慣性酗酒即可。

Q：懷孕期間一直覺得熱，常吃冰或喝冰飲會引起宮縮嗎？

A 首先，宮縮並不可怕，我們在其他章節會提到它是自然現象，重點是在早產，而早產跟宮縮絕對不能畫上等號喔！所以我很確定，吃冰絕對不會引發早產，但確實有人吃了比較刺激的食物，腸胃不適會導致子宮收縮不舒服，那當然就要盡量避免了。

Q：媽咪於孕期服用益生菌，可改善寶寶過敏？

A 目前針對此問題進行的研究並無一致的答案，要證實此種說法，也很難建立樣本。但另有研究針對寶寶餵食益生菌，可以讓寶寶的過敏症狀較輕微。不過懷孕前期的媽咪，會有脹氣的問題，倒是可以服用益生菌改善。

Q：聽說懷孕時不要吃生食？

A媽咪的腸胃功能較弱，因此不適宜食用未加熱煮熟的食物。例如生魚片、生肉、未煮熟的火腿肉片等等，都可能潛藏引發腸胃炎、食物中毒的細菌，例如李斯特菌或弓漿蟲（這兩種傳染病皆會經胎盤傳染給胎兒）。

其中，未煮熟的蛋類食物，是很容易被忽略的類別。這類料理包括：半熟蛋、糖心蛋等等。還有一些使用生雞蛋調理製作的醬汁或飲料，例如蛋蜜汁、自製沙拉醬、蛋黃醬等等，都是使用未經加熱的生蛋。還有添加生雞蛋，但未將雞蛋煮熟的料理，例如親子丼。甜點類則包括提拉米蘇、舒芙蕾，媽咪如有疑慮，應確認清楚後再行食用。

Q：我家老婆懷孕後一直想吃速食或燒烤，怎麼辦？

A媽咪們應少吃油炸食物食物，因為經由煎、炸、焗、烤等烹調方式，容易產生「丙烯 胺」這種化學物質。研究發現，媽咪吃下了高濃度的丙烯 胺之後，會讓胎兒腦部與神經系統有發育延遲現象，導致體重過輕、頭圍縮小。

除了油炸食物，燒烤類也要避免，以免吃到烤焦食物中含致癌的物質，如果真的很想吃，也務必去除烤焦的部分再吃。如果是直接放在炭火上烤的帶皮肉類，最好也把吸收了煙燻的表皮剝除後再吃。吃完燒烤後，再搭配大量的蔬果，或是富含維他命C的奇異果、芭樂、檸檬汁…等，有助降低部分風險。

Q：懷孕期間可以喝十全、四物湯、枇杷膏…嗎？

A好的，除了這些之外，我相信你一定也很想問，咖啡紅茶冰的熱的冷的辣的龍蝦鮑魚魚翅羊肉雞肉豬肉到底可不可以吃？其實站在科學觀點，這些都不屬於藥物，即便真的是藥物，我們也都有做懷孕分級管制，以藥物來說真的不能吃、會致畸胎的還真的不多呢！

除了一些特殊藥物之外，以食物營養品或是中藥來說，基本上適量是最佳原則，過猶不及絕對都是不好的喔！

雙胞胎的孕期注意

一般聽到懷雙胞胎，許多人會露出「好羨慕」的神情，一次生產就能獲得兩個寶寶雖是令人喜悅的，但媽咪的懷孕風險也相對變高許多。一同來了解雙胞胎的奇妙形成，以及孕期中媽咪該注意哪些事吧。

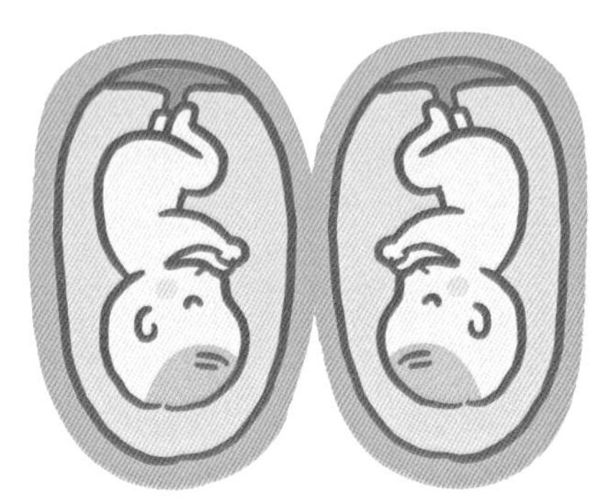

雙胞胎如何形成？

雙胞胎是指在媽咪子宮裡有兩個胚胎，包含同卵及異卵兩種情況。同卵雙胞胎是一個卵子和一個精子結合，受精卵分裂時變成兩個，這時是同性別的寶寶。兩個受精卵若在前三天分裂，就會各自住在自己的羊膜腔、有自己的胎盤。如果分裂得晚一些，則會有獨立的羊膜腔、但共用一個胎盤。又或者，分裂的時間再往後，受精卵可能就同住一個羊膜腔並且共用胎盤囉。若分裂時間超過受精的13天後，就可能變成連體嬰。

而異卵雙胞胎是兩個卵子分別受精，並成為兩個胚胎，可能同性別，也可能不同。在子宮的兩個胚胎會在不同羊膜腔內，獨立使用胎盤。

由於雙胞胎的複雜性，所以要更加密切產檢和追蹤，主要為檢出羊膜腔的數量、胎盤數及絨毛膜，醫師會根據狀況給予孕期建議和預估生產時機；若能在懷孕前期的2-4個月就先確認胚胎在子宮的情形較佳，以利掌控孕期後續。在產檢及生產方面，如果寶寶住在各自的羊膜腔，做羊膜穿刺時，就需分別抽取羊水做檢查；此外，雙胞胎寶寶胎位不正以及剖腹產的機率比較大。

雙胞胎媽咪的孕期注意

懷雙胞胎看似一次能獲得兩個寶寶很令人期待，但懷雙胞胎的媽咪發生異常問題的機率比單胞胎來得高。包含可能早產、流產、胎兒畸形、妊娠糖尿病、子癇前症…等，所以懷上雙胞胎的媽咪，要更注意自己的身體及變化。

要注意！給雙胞胎媽咪的小叮嚀

容易有的疾病或狀況	如何處理
胎兒發育異常或生長遲緩	需密切配合醫師產檢及後續評估。
孕期過程易發生併發症	例如：妊娠糖尿病、缺鐵性貧血、高血壓…等。日常飲食多留心，少吃高糖分食物或過多甜食，需積極補充鐵質。
大多數早產	懷雙胞胎的早產機率是20-50%，因此媽咪要多休息、少勞累、睡眠充足。如果腰痠背痛一直持續、或常覺得肚子緊緊的不舒服，要趕緊就醫，了解宮縮是否太頻繁。
可能有雙胞胎輸血症候群	雙羊膜單絨毛膜共用一個胎盤的同卵雙胞胎。

懷雙胞胎的媽咪，在胚胎著床的前3個月，前期的不適症狀常常會比懷單胞胎的媽咪明顯，例如高血壓、胃食道逆流…等問題。飲食上要更清淡些，應避免刺激性的調味，辛辣、太甜、太燙、太辣、太酸的調味。另外，承載兩個寶寶的媽咪肚子較大、會壓迫到胃，更容易脹氣，所以要少吃甜食，太燙、太多香辛料、咖啡也要減少，以緩解不舒服的情況。

在日常營養攝取上，因為血流量比單胞胎的媽咪大，因此特別容易有貧血的問題，故在鐵質、葉酸等維生素與礦物質方面，也應檢視是否充足。雙胞胎的媽咪雖然不需要吃到兩人份的熱量，但營養素的攝取調配是不可少的。以葉酸為例，一般媽咪的建議攝取量為400-800微克的葉酸，雙胞胎媽咪的攝取量為800微克；一般媽咪的鈣質攝取量為1000-1200毫克，雙胞胎媽咪的鈣質攝取量為1200毫克。在體重增加上，雙胞胎的媽咪在整個孕程的體重控制，只需要比單胞胎的媽咪多2公斤即可。

雙胞胎媽咪的孕期風險較大、也辛苦許多，因此媽咪要更加愛護自己、在健康方面也得多留意，需要額外仔細地追蹤每一孕期，以降低生產風險。

放手與不放手，都需要勇氣

一對夫妻眉頭深鎖的來到我的門診。妊娠12週，接受不孕症治療八年，經過難以計數的試管療程治療，終於順利懷孕。但是老天爺捉弄，這次竟然一下子來了個三胞胎。

「蘇醫師我一定要減胎嗎，不能三個都留來下嗎？」

「我們為了懷孕一路走來好辛苦哪…」

「我們真的捨不得啊…」

這些連珠炮似的問題，其實，我完全可以理解。在來諮詢我之前，已經有好幾位醫師都建議他減胎，但是他們就是捨不得放棄其中任何一個寶寶，希望我可以給出不同的答案。

但是很遺憾的，站在醫學的觀點，我很難站在他們這邊，畢竟在統計上三胞胎早產的機率實在是太高了，更何況這位媽咪有嚴重的子宮腺肌症，其實懷單胞胎風險就已經很大了，更何況是多胞胎。

依照風險控管的邏輯，其實真的不建議在這個議題上太過於感情用事，不過我還是必須強調，我們的最高指導原則就是

「非引導性遺傳諮詢」，意涵就是，醫者必須盡量不帶情感的，以中性的角度來陳述醫學上的事實與風險。但是，絕對不包含決定，最終的決定權，還是必須經由當事者根據自身的最高利益原則來做出回應。

這對夫妻經過深思，還是決定勇敢的把這三個寶寶都留下來，我當然也竭盡所能的接續他們接下來的產檢，但很遺憾的，人定終究不能勝天，在26周還是破水早產了，三個寶寶重度早產，是一件非常辛苦的事情。

在幾年後的某一天，我在台大中央走廊上巧遇這對夫妻帶著孩子來回診追蹤，雖然說還是有著早產兒的一些併發症，但從他們眼神中帶著的堅毅與滿足，我感覺的出來，他們並不後悔。雖說是可預期的結果，但既然決定了，就勇往直前吧！這，就是人生。

Column 爸媽一起看！

食補、營養品？媽咪補對了嗎？ Q&A

現代人生得少，家中的婆婆媽咪們，在聽到媽咪懷孕喜訊時，通常會馬上送出貼心關懷：「要多吃點，免得餓到寶寶」、「已經不是一個人了，該好好進補」、「別擔心發胖，懷孕後馬上就會自然瘦下來」…等，對於長輩的關懷，媽咪該聽還是不聽呢？

Q懷孕時需要額外進補嗎?

A很多媽咪傳出喜訊後，可能家中長輩基於關心，會開始建議媽咪盡量攝取營養，以保護胎兒健康。其實大部分現代人營養過剩，「一人吃，兩人補」的觀念已經不再適用於現代。尤其對懷孕前3個月的媽咪來說，胎兒的發育重點為神經系統，很少需要額外攝取醣類、脂肪，但在維生素、礦物質、葉酸的攝取，倒是需要特別留意的。

在懷孕前3個月，胚胎的成長僅有數公克重，體重增加的部分其實都是長在媽咪身上。因此這段時間即使體重沒有增加，是正常的現象，不必擔心。反倒是懷孕前期體重增加過多的媽咪，必須要特別留意控制飲食，以免在懷孕中後期血壓或血糖過高。

Q：大家都說懷孕時攝取DHA很重要，但我聞到魚味就想吐，怎麼辦？

A可改用腸溶型膠囊的魚油，這樣就能避掉腥味。但不建議吃／喝有添加人工香味劑掩蓋魚味的產品。

Q我想吃一點益生菌，但市售品好多種？

A想吃一點益生菌讓腸道好菌增多是不錯的。市售品形式很多種，主要是各廠壓錠壓模的方式不同，菌株、菌數也不一樣。有的益生菌是厭氧菌，需隔離空氣，所以會做成真空包（一般是一個月內需吃完）。有的則採低溫提煉，因此需放冰箱冷藏，其中的菌數很高。當然媽咪也可藉由吃無糖優格、喝無糖優酪乳（自製品更佳）增加好菌。若是買市售品，需看清成分標示，看不懂的或成分複雜的，建議詢問營養師。

Q鐵劑怎麼吃？為什麼便便會黑黑的？

A鐵劑是開立給鐵質攝取不足的媽咪服用。會出現黑便的情況，是因為吸收不好，鐵質只好透過便便排出，並因為吸收了水分導致氧化，所以會有黑便，情況嚴重者就會便秘。其實，若醫師給媽咪剛好的劑量且吸收率佳，是能改善此問題的。請依據自身的服用情形，與醫師或營養師討論選擇合適且易吸收的廠牌。

另外也有一種滴劑型的鐵劑，可依自己的排便狀況做劑量調整，這類型的鐵劑近來也造福許多媽咪。除了鐵劑，有便秘的媽咪，也可吃維生素B群再搭配良好飲食緩解。不管是維生素B群和鐵質，皆有助造血，針對孕期特別累、易倦、或因胎盤血流增加，開始出現貧血者，皆可以吃。

若有便秘時，千萬不可自行吃軟便劑、纖維粉，某些可能含有刺激腸胃蠕動的微量興奮劑，具有生藥成分，需依醫師開藥。多蔬菜、多喝水、多運動還是比較溫和的飲食調整方式。貧血比較明顯且缺乏維生素B12的人，這時深綠色蔬菜、全穀、豆類更要多吃並補充維生素B12，讓鐵質足夠。

Q擔心營養不良，需要服用營養錠劑嗎?

A懷孕期間營養的攝取，對寶寶的生長發育至為重要。但仍建議懷孕期間，應盡量從天然食物中攝取均衡營養，不要過度依賴保健食品或營養錠劑。

以孕婦維他命為例，畢竟仍為人工合成的維他命，許多產品都有添加食用色素等成分，這會讓媽咪額外攝取了不必要的化學成分。如果媽咪營養攝取已經均衡並諮詢過營養師，各方面健康皆無虞，建議就不需要額外服用維生素。

Q葉酸怎麼補充才夠?

A如果媽咪一天都有吃足兩碗青菜的量（深綠色蔬菜、紅蘿蔔…等），那麼只要再服用400微克的葉酸就夠，懷孕前期的0-14週，葉酸無需吃超過1000微克的量（除非代謝異常者）。

營養師建議！教你一開始就吃對

前期篇

懷孕前期，媽咪和寶寶需要的營養有哪些呢？讓營養師先從各方面告訴妳，如何吃以及健康烹調，從一開始就給自己與寶寶最正確的營養知識。

懷孕前期的烹調建議

懷孕後，體重管理很重要，深切影響寶寶成長和產後是否容易恢復身材；若在孕前就開始改變飲食，寶寶健康更是領先一步。此外，每個孕期所需的營養素略有不同，記得在對的時期補充對的營養，才真正有助於寶寶長大若能在搭配營養師的專業建議，就能事半功倍。

提前預習！營養對母嬰的影響

	第一孕期（1-3個月）	第二孕期（4-6個月）	第三孕期（7個月至生產）
寶寶的成長狀態	五官、心臟及神經系統	器官持續發展、胎兒體重快速增加中	胎兒體重迅速上升，胎動頻繁，是腦部、眼睛發育的重要期
媽咪營養需求重點	孕前的營養底子很重要，直接影響此時期的母嬰健康。除了均衡吃，可補充孕期綜合維他命；無需特別增重	多元均衡吃，其中蛋白質和醣類食物約為1：1	多補充營養素和均衡熱量
熱量	1500-1800卡（正常飲食即可）／天	正常飲食+300卡／天	正常飲食+300卡／天
蛋白質	孕吐嚴重的媽咪，如果不想吃魚，可改吃豆類。比如毛豆、鷹嘴豆、黃豆…等	蛋白質+10g／天（1.5杯豆漿／牛奶，或掌心大的瘦肉，或豆腐半盒）	蛋白質+10g／天（1.5杯豆漿／牛奶，或掌心大的瘦肉，或豆腐半盒）
維生素	維生素B群	維生素D	維生素A／β-胡蘿蔔素
礦物質	葉酸	鈣、鎂	鐵質。
水分	至少2000ml	約3000ml	約3000ml
其他建議	孕吐期間，飲食需清淡、少量多餐，建議流質和固體食物分開吃。如果孕吐嚴重以致頭暈貧血時，可適量補充鐵質	選擇高纖食品，並多補充水分、DHA／EPA	適量補充DHA／EPA

如果有時間下廚的媽咪，有些烹調及採買的小建議，在日常飲食中可以應用。為自己和寶寶做菜，一方面食材來源安心透明，二來能減少吃到加工品，同時更能控制每日所需營養素。媽咪們的每日飲食，需要定時定量，千萬不要因為忙碌，而「這餐不吃、下餐再補回來」。

給媽咪的烹調5建議！

❶ 以天然香料、檸檬汁添風味，減少鹽分攝取：

懷孕時的口味會起變化，以及面臨孕吐不適的期間。胃口不太好的媽咪，可於烹調時加些香草香料，變化料理風味；或是加點檸檬汁、自製高湯（昆布或蔬菜），讓料理更清爽、提振食慾，以此代替鹽分的過度攝取。

計算每日鈉含量及認識含鈉調味品！

食鹽與各類調味品鈉含量的換算		含納調味品有哪些？
1茶匙食鹽=6g食鹽（2400mg鈉）	=2又2/5湯匙醬油 =6茶匙味精 =6茶匙烏醋 =15茶匙番茄醬	胡椒鹽、鹽、醬油、烏醋、米著、番茄醬、甜辣醬、烤肉醬、各式調味粉、糖…，包含蔥薑蒜、肉桂等食材其實都含鈉。但其中>150mg（每5g含量）的調味品要特別注意。例如雞粉、味精、低鹽/無鹽醬油、醬油膏、蠔油、豆瓣醬、辣椒醬、黑豆蔭油、味噌。

註：食鹽中約含有40%的鈉，即1g食鹽中有400mg的鈉。

❷ 多多選用好油、不飽和脂肪：

自己在家烹調的好處之一，就是不用擔心吃到壞油。好油來源包含植物油（橄欖油、芝麻油、苦茶油、玄米油…等），或是在料理中加進堅豆種籽類（腰果、杏仁、花生），也能吃到好油脂。

❸ 用比較清淡的蒸煮代替高熱量烹調：

媽咪們可善用電鍋做烹調，不管是蒸煮都很快速方便；或是用水煮、清炒、烤的方式來代替油炸，比較能控制熱量。

❹ 選擇有纖維質的複合式碳水化合物：

減少精製過的碳水化合物，比如白米、白麵條、白麵包、蛋糕…等，改吃全穀類（燕麥、糙米、紫米、胚芽米）、全麥製品、水蒸或烘烤的馬鈴薯（有機的可帶皮吃）及地瓜、乾豆類（綠豆、紅豆、黑豆，加入飯中炊煮）。

❺ 從魚類積極攝取高蛋白、優質DHA：

蛋白質中的胺基酸，能幫助胎兒建構組織、成長發育、細胞修復、合成血紅蛋白…等，而魚類是很好的攝取來源。媽咪可諮詢營養師魚類的食用建議，調配自己每週、每天的魚類食用量，適時搭配其他水產類（貝類、頭足類、甲殼類…等）。或如果因為孕吐不適而無法吃魚的媽咪，可改選擇瘦肉（豬、羊、牛）、去皮的雞肉、豆類和蛋，以及蝦貝類，或依專業醫師指示適量服用魚油。

如果妳是在飲食方面已很懂得控制的媽咪，接下來的孕期就能很快進入狀況。然而，隨著寶寶一天天長大，對應媽咪的體重，正常範圍該增加多少，才不會造成寶寶瘦、媽咪胖呢？

媽咪瘦＋寶寶體型正常

是最佳狀況！持續保持下去即可。

媽咪瘦＋寶寶瘦

熱量不足，可補充「澱粉類加上蛋白質」。在正餐以外加下午點心，比方有糖豆漿、綠豆湯或紅豆湯、全麥堅果麵包，配上水煮蛋或雞肉或魚…等。

媽咪胖＋寶寶胖

需控制正餐澱粉與油脂量，以正餐吃飽為主。善用高纖穀類和蔬菜（燕麥、雜糧）、不宜吃高熱量零食，可吃高纖蔬菜（蘿蔔、筍子、菇類、優質蛋白—毛豆、無糖豆漿）當點心。

媽咪胖＋寶寶瘦

需控制熱量，以蛋白質為主。

註：每位媽咪健康狀況和體質均不同，除了以上建議之外，亦可諮詢營養師喔！

懷孕前期的營養筆記！

在每個孕期，都有特別需加強的營養，書中將依前中後孕期需要的各項營養分別做介紹，讓營養師來告訴媽咪，妳可以從哪些食物中獲得給寶寶最好的養分。

POINT 1

維生素B12 ➡ 讓寶寶神經系統更健全（2.6ug）

來源｜動物肝腎、肉類｜海鮮類、魚類｜蛋類、奶類或乳製品

烹調注意

維生素B12是水溶素維生素，但可儲存在人體肝臟和脂肪組中，比較不易因排尿排汗而流失。食用時和維生素B6彼此搭配，讓吸收效率提升。

＊維生素B12會直接影響人體必須胺基酸生成，並維持正常DNA合成，也製造紅血球；是維護神經組織機能不可或缺之營養素。它也與荷爾蒙、蛋白質、脂肪、碳水化合物的代謝有關，以及能讓葉酸發揮最佳作用。不過，維生素B12大多在動物性食物中，因此，若是吃蛋奶素的媽咪，可以藉由蛋奶類來獲得；若是全素媽咪，則可吃酵母菌多的食物。維生素B12若攝取不足，可能導致惡性貧血、神經性併發症、腸胃道併發症（食慾差、脹氣便秘）…等。

POINT 2

碘 ➡ 避免寶寶生長遲緩（200ug）

來源｜海藻類（紫菜、海帶、海苔）｜甲殼海鮮類、貝類、海魚｜奶類｜天然海鹽、玫瑰鹽

烹調注意

建議煮成湯、蒸煮的方式烹調，特別是湯品能吸收更多的碘。海藻類、含碘的鹽（碘鹽）容易受潮、受熱或不宜日曬，因此要妥善密封保存並置於乾燥陰涼處。

缺碘的媽咪，會影響到甲狀腺功能、使寶寶生天性異常、可能流產或早產（但孕前就有甲狀腺相關疾病的媽咪除外，其攝取量需諮詢醫師）。孕前每天應攝取140微克的碘，孕期最好攝取至200微克，哺乳時應攝取至250微克，有助於寶寶大腦及神經系統發育。

POINT 3

維生素B6 ➡ 減少害喜嘔吐（1.9mg）

來源｜動物肝臟、豬雞瘦肉｜魚類、蛋類、豆類｜全穀根莖類｜堅果類｜深綠色蔬菜

烹調注意

維生素B6是水溶性維生素，雖然每天攝取仍易流失，所以需積極注意攝取。此外，不宜過度烹煮或吃加工品，皆會減少維生素B6的含量。

＊維生素B6是人體的酵素輔酶，會參與胺基酸的代謝及利用、血紅素的正常合成…等，亦可預防媽咪有貧血情況。此外，維生素B6也能減緩害喜嘔吐、頭痛、抽筋…等不適。媽咪可多吃瘦肉、豆類、深綠色蔬菜來攝取。

POINT 4

維生素E ➡ 增進紅血球生成（14m ga-TE）

來源｜小麥胚芽、堅果類、糙米、全麥食物、未精製穀類｜肉類、黃豆｜橄欖油、各式植物油｜深綠色蔬菜、玉米

烹調注意

不宜用過度高溫方式做烹調，例如油炸，因為會破壞其營養價值；建議大火快炒或涼拌。另外烹調完儘量當餐食用，若冷凍的話，營養成分亦會受到損壞。

＊維生素E能抗氧化、保護細胞，能為紅血球的脂肪膜多一層防護、促進紅血球生成並避免破裂。維生素E對女性很好，特別是曾有早產、流產的的媽咪，多多攝取以防胚胎退化、讓寶寶健康生長、避免產生貧血和腦部受損。

POINT 5

鋅 ➡ 影響寶寶大腦發育（15mg）

來源｜動物肝臟、瘦肉、蛋類、奶類、海鮮｜根莖類（芋頭、山藥…等）｜蔬菜類（蔥、綠竹筍、乾百合…等）｜全麥食物、燕麥、堅果類｜豆類及豆製品（少加工）

烹調注意

穀類的鋅幾乎在外皮上（精製後就大量流失），所以選擇未精製者為佳，例如糙米比白米好。鋅常與高蛋白食物共存，蛋白質越高，鋅含量也越高。植物性食物中，若有單寧或草酸成分，會干擾鋅的吸收率。

＊鋅對於寶寶的大腦發展很重要，如果在孕期中沒能攝取到足夠的鋅，會影響胎兒的頭圍小、智能方面缺陷、畸形…等。

營養師食譜！

快速電鍋湯品

有在上班的媽咪，通常回到家已經很累，但又需好好吃一頓晚餐時，電鍋湯是最快速的選擇！方便煮又能吃到均衡營養。

註：烹調時請依食譜份量實作，才能達到營養均衡及體重控制之效果，圖中份量僅為拍攝參考

營養分析

熱量（卡）	蛋白質（公克）	脂肪（公克）	碳水化合物（公克）
244.6	18.6	14.0	12.5

POINT 電鍋湯如何搭配主食吃

飯或麵（五穀或全麥更佳）、冬粉、米粉…等均可，或是可入湯中煮的根莖類，例如：玉米、山藥、蓮藕、馬鈴薯…等。

玉米黃豆芽排骨湯 煮湯時間：40分鐘

食材⇒排骨100公克、玉米1根、黃豆芽100公克、薑片3片、香菜少許 **調味料**⇒鹽1/2小匙

作法⇒**1.**排骨放入滾水鍋中汆燙，撈出，以冷水洗淨備用。**2.**玉米與黃豆芽、香菜均洗淨，玉米切段備用。**3.**所有材料放入內鍋，外鍋加1又1/2杯水，煮至開關跳起，再加鹽調味，最後放香菜。

營養師小叮嚀！

玉米內含類胡蘿蔔素、葉黃素，能有效保護媽咪與寶寶的眼睛；屬於全穀根莖類提供澱粉。排骨為優質蛋白質提供寶寶成長所需的來源，黃豆芽為蔬菜類，一鍋即能達到均衡營養餐簡單又方便。

營養分析

熱量（卡）	蛋白質（公克）	脂肪（公克）	碳水化合物（公克）
206.3	27.3	4.6	16

營養師小叮嚀！

菇類富含多醣體，可提供人體必需胺基酸、菸鹼酸、鉀、鋅，可提供媽咪很好的免疫防護力。枸杞則具明目功效。酒只是一點調味去腥，不影響媽咪食用，但若容易起酒疹的人可以不要放，食用此道湯品還可增加纖維攝取量，避免便秘。

百菇燉雞湯

煮湯時間：40分鐘

食材⇨帶骨雞腿1支、娃娃菜100公克、美白菇30公克、洋菇30公克、舞菇30公克、鴻喜菇&花菇各50公克、薑片3片、枸杞少許　**調味料**⇨鹽1小匙、米酒1小匙

作法⇨**1.**帶骨雞腿洗淨切塊，於滾水鍋汆燙3分鐘後撈出，以冷水沖涼備用。**2.**菇類均洗淨，切小塊，娃娃菜洗淨；枸杞泡水並洗淨，備用。**3.**將雞腿塊、枸杞、所有菇類和水，依序放入內鍋，外鍋加1又1/2杯水，煮至電鍋快跳起發出聲音前，將娃娃菜放入鍋中，待開關跳起後，再加調味料拌勻。

營養分析

熱量（卡）	蛋白質（公克）	脂肪（公克）	碳水化合物（公克）
182.0	23.6	4.0	13.4

｜食材選擇｜

選擇不使用二氧化硫的無硫金針，但色澤比較不漂亮和不耐煮，可以等最後湯好後再放，或選擇安全金針合法使用二氧化硫避免過度殘留。若吃起來帶酸，的往往是二氧化硫殘餘過高，不建議購買。色澤過於鮮豔或散裝也避免，選購包裝上有臺灣金針標章為優先。

金針雞湯

煮湯時間：30分鐘

食材➩帶骨雞腿1支、乾金針40公克、乾黑木耳15公克、薑2片 **調味料**➩鹽1小匙

作法➩**1.**帶骨雞腿洗淨切塊，放入滾水鍋中汆燙，撈出備用。**2.**乾金針、乾黑木耳先用清水浸泡至軟，撈出瀝乾。**3.**所有材料和水放入內鍋，外鍋加1杯水，煮至開關跳起，再加鹽調味。

營養師小叮嚀！

黑木耳含纖維高有益於便秘的媽咪食用。金針又稱為「忘憂草」，能安定情緒、除煩解燥，並且含有維生素A，對寶寶皮膚及黏膜是很重要的營養素。木耳與金針都屬蔬菜，雞肉則是優質蛋白質，需要體重管理的媽咪可去除雞皮再煮湯，再搭配飯即可簡易達到均衡飲食的晚餐！

營養分析

熱量（卡）	蛋白質（公克）	脂肪（公克）	碳水化合物（公克）
546.4	22.8	30.5	46.8

牛肉羅宋湯

煮湯時間：90分鐘

食材⇒牛腩100公克、馬鈴薯1顆、紅蘿蔔30公克、番茄2顆、洋蔥1/4顆、芹菜少許、蒜末20公克　**調味料**⇒鹽1小匙、胡椒粉少許

作法⇒**1.**牛腩洗淨切塊，放入滾水中汆燙，撈出瀝乾備用，先放入電鍋中燉煮一次（外鍋1杯水）。**2.**番茄、紅蘿蔔、洋蔥、馬鈴薯皆去皮切塊；芹菜洗淨切段，備用。**3.**所有材料放入內鍋與牛腩一起燉煮，外鍋加水2杯，煮至開關跳起；最後加鹽、胡椒粉調味即可。

營養師小叮嚀！

馬鈴薯為全穀根莖類、牛腩為蛋白質，需要體重管理的媽咪可改用牛腱，熱量減少許多又含豐富鐵質，懷孕後期的媽咪也合適吃，能補充體力。番茄、洋蔥有許多植化素，能增強媽咪的天然抵抗力，此道料理亦可煮成湯頭再加麵一起吃，或是湯汁少一點可帶牛腩便當燴飯。

外食媽咪怎麼吃

如果懷孕後，仍無法或沒時間下廚的媽咪，在外用餐時，就要特別注意怎麼吃，才能兼顧妳與寶寶的健康。以下整理10個外食守則，協助需外食媽咪稍微吃得健康一點。

守則1 減少醬料

許多外食料理常會淋上醬料，比如沙拉醬、拌麵、水餃、滷味…等等，醬料類的鈉含量是很高的，就連燙青菜上的肉燥也不例外喔。由於外食的鈉含量幾乎偏高，在購買這類外食時，提醒店家幫妳不加醬，或是醬料另外裝；若已加醬的話，食用時儘量撥去醬料為宜。

守則2 多吃高纖

在外吃飯較難攝取到足夠的纖維質，應該要多為自己加1份蔬果補充。如果是吃便當，可多買1份燙青菜添加或自備蔬果飯後吃（1-2份，香蕉、芭樂、柑橘、蘋果…等）；如果是吃自助餐，選1-2樣肉或魚類，加上3-4種蔬菜。不建議以果汁代替水果喔，因為果汁通常會濾掉渣，如此纖維質不夠且易一次吃進大量水果，造成熱量負擔。

守則3 少吃醬色重或勾芡食物

外食選菜時，減少選擇醬色重的食物，例如麻辣滷味、糖醋料理、紅燒料理…等；因為除了含鈉較多，也有加糖平衡口感。此外，勾芡類料理也要少吃，比方酸辣湯、羹湯…等。火鍋湯或外食附的湯品也是鈉含量高的品項，建議以水果、牛奶、低糖豆漿佐餐。

守則4 避開人工添加物

市面上的食品幾乎都有人工添加物，不管是香精、甜味劑、色素、防腐劑、益麵劑…等，還不包括在成分標示欄裡妳連看都沒看過的化學成分了，拿這些東西餵寶寶，有害無益。因此，媽咪本身的自覺很重要，懂得選吃天然食材就能先避開大部分的飲食風險。

守則5 避免每餐吃過飽

外食比較難抓熱量或份量，有時點個套餐再加點飲料點心，熱量就超標了，將來會反映在妳的體重上喔。如果媽咪嘴饞想吃多時，最好和多人一起分享，多種類但少少吃是比較好的方法。

守則6 避免反式脂肪

常見的反式脂肪，包含奶精、奶油球、烤吐司的乳瑪琳、烘焙類，或是路邊攤的油炸速食。建議媽咪購買飲品時，請店家加牛奶代替奶精；少吃油炸速食和酥皮類的烘焙點心。在超商或超市購買食品時，也先看成分標示，比方：氫化植油、半氫化植物油、精製植物油、植物性乳化油、植物性乳瑪琳、人造奶油、轉化脂肪、英文標示shortening、margarine的，都不要選購。

守則7 澱粉、蛋白質不過量

建議以「半葷菜」代替全葷菜，也就是選擇與蔬菜一起烹調的肉魚蛋類，例如青椒肉絲、海帶結燒肉、番茄炒蛋…等。如果這一餐中選擇根莖類，像是地瓜、馬鈴薯、芋頭，白飯量就要等量減少。如果可接受清淡口味者，選擇蒸魚會比炸魚排來得好、清燙肉比滷肉排佳。

守則8 吃原食材、拒絕加工品

選擇粗食、能看到食材原貌、烹調工序少的料理，能減少吃到不良加工調味的可能。比如，多吃天然蔬果、少挑加工食（丸類餃類、素料、魚漿製品、肉餅、熱狗、加工火腿、豆包…等）。

守則9 減少油脂

不管是便當店、小吃店或早餐店，烹調時所用的油脂都會比較多，是為了食物看起來比較可口、增香的緣故。由於無從了解油品來源、炸油是否重覆被使用，建議選擇蒸、烤、燉煮類的料理，比油炸物來得佳。

吃肉之前，先去皮或除去多餘油分（例如雞皮或炸物外皮、肥油），或直接選擇瘦肉。如果在一天中的某一餐已吃油炸物，其他兩餐就不能吃，以免油脂及熱量攝取過多。

守則10 減少糖分

高糖也是外食的特色之一，不管是麵包甜點、果汁、手搖杯飲品、冰淇淋、果乾…等，都是高糖品項。建議媽咪於飯後喝無糖飲品（自備茶包、茶葉更佳，但要注意咖啡因攝取量），或自己煮的黑豆茶、紅豆水，又能促進循環消水腫。

營養師教妳吃！外食替換舉例

如果今天要和另一半或朋友家人外食，怎麼吃對寶寶和自己比較好呢？專業營養師要給妳幾個舉例，教妳如何把食物分門別類，就能輕鬆用餐！

狀況1 如果今天吃義大利麵…

正常選擇排序是，清炒（橄欖油炒）→紅醬→青醬和奶油醬。因為奶油醬和青醬的澱粉和油脂最多，易讓血糖上升；最好選蔬菜口味或蔬菜加肉類、海鮮的口味，讓食材種類多一點。如果餐廳剛好有排餐，那不如讓同行者點義大利麵，媽咪點排餐，這樣食物種類更豐富。最不建議的是燉飯類，因為食材過少，又多了奶油，而且澱粉超量！

狀況2 如果今天吃輕食…

因為不確定生菜裡的細菌會不會造成不良影響，如果想點沙拉，可挑選能削皮處理的瓜果類，例如：小黃瓜、紅蘿蔔、玉米，再搭配澱粉類一起吃。如果澱粉類已經夠多，就不要再加水果沙拉，因為醣分易過高，選蔬菜類較好。此外，若能點蔬菜湯來代替生菜沙拉會更佳，因為是熟食又能吃到多種蔬菜，但要選擇清湯，例如番茄湯、綜合蔬菜清湯為佳，濃湯類就不太適合，因為奶油加上澱粉，醣分熱量均爆表。

狀況3 如果今天吃合菜…

多點蔬菜類，或葷素一起炒的，不要都是大魚大肉。其中，中菜的油炸烹調很多，裹粉炸或勾芡煮的盡量避開，如果是裹粉炸過還勾芡的，例如糖醋，儘量不要吃。同一個食材，選烹調過程簡單的為佳，比方鐵板鮮蚵就比蚵仔酥來得好，減少過量澱粉和油脂。另外，可以點一小碗飯，用來吸除菜餚上的油（之後那碗飯不能吃喔）。

為免澱粉攝取過量而影響血糖穩定、使體重快速飆升，或導致妊娠糖尿病的狀況，建議媽咪可吃低GI（昇糖指數）食物。這些食物有較多纖維（糙米、大部分葉菜），或是合併含有蛋白質（毛豆、黃豆製品）、脂肪（牛奶、起司、優格），讓醣類的分解吸收速度變慢，因而讓血糖比較穩定。但需注意有些低GI的食物油脂成分太高但熱量不少，也間接影響血糖代謝，例如：培根、高純度巧克力…等。

低GI的單一食物選擇很多，但是有些不適合媽咪過量攝取，所以不如好好掌握搭配原則（少精緻醣類、高纖、增加蛋白質和適度油脂），用多元食材搭配出「低GI的一餐」，可參考以下範例：

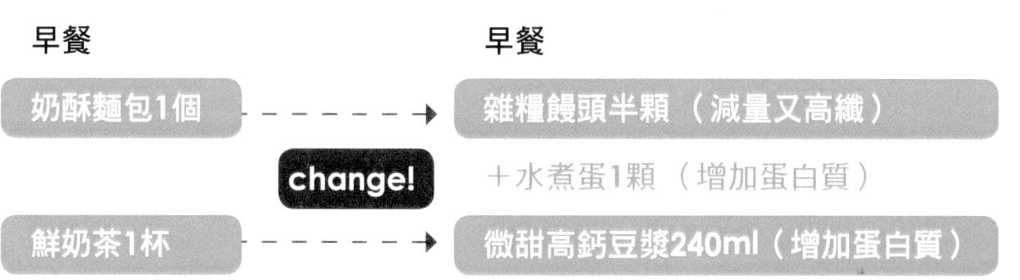

原本早餐只有精緻澱粉和鮮奶茶，不只糖分高，而且紅茶阻礙牛奶的鈣質吸收，除了熱量之外，營養價值也低，吃完只會覺得昏昏欲睡。經過修改之後的早餐，高纖饅頭提供豐富的維生素B群和鎂，幫助代謝和舒緩壓力；水煮蛋和高鈣豆漿裡則有滿滿蛋白質，一樣在便利商店購買的一份早餐，結果卻大不相同。

與營養師一起打造飲食計劃！

時間	計算	低脂奶	主食類	蛋豆魚肉類	蔬菜類	水果類	油脂類
	日份數						
	早餐						
	早點						
	午餐						
	午點						
	晚餐						
	晚點						
統計							

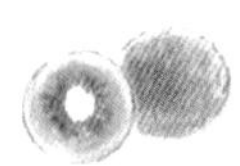

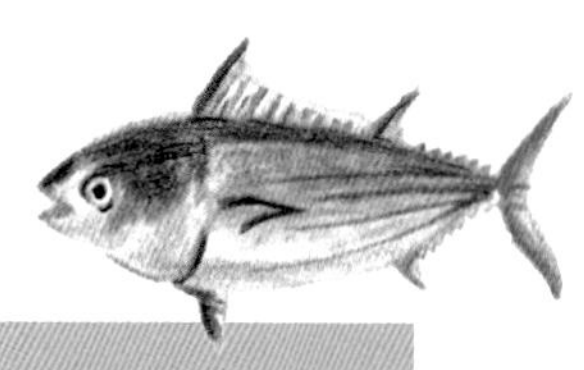

每一份	食物名稱及份量
主食類_____份 70大卡	乾飯1/4碗=稀飯1/2碗=吐司（薄）1片=饅頭（中）1/4個=麥片2湯匙=半碗熟麵條=蘇打餅3片=半個漢堡麵包=水餃皮3張=半顆中馬鈴薯=小湯圓（無餡）10粒=小餛飩皮7張=餛飩皮（大）3張=春捲皮1.5張=鹹粽（中）1/4顆=紅豆湯（去湯）1/4碗=速食麵1/4包=栗子6顆=半杯玉米粒=玉米1/3根=豌豆仁70g=根莖類或豆類1/4碗（地瓜、馬鈴薯、芋頭、紅豆、綠豆）=菱角6-7個=南瓜110g=蓮藕100g=地瓜（小）1/2個
奶類______份 80大卡／120大卡	脱脂奶240ml（80大卡）=脱脂奶油3湯匙 低脂奶240ml（120大卡）=低脂奶粉3湯匙=低脂起司2片=原味無糖優格（小杯）100g=鮮奶酪1個
低脂肉魚類55大卡 共____份 低脂豆類55大卡	里肌肉1兩=魚類35g=蝦仁5-6隻=明蝦1隻=蝦米20g=大文蛤6個=蛤蜊（中）20個=雞腿（大）1/5隻=牛腱35g=雞胸肉30g=蛋白2個=洋火腿2片=豆漿240ml=豆包（大）1/3片=毛豆60g
中脂肉魚類 75大卡_____份	豬排肉1片=雞蛋1顆=肉（魚）鬆2湯匙=雞翅1兩（或豬腿、羊肉）=雞排35g=虱目魚35g=鱈魚50g=板豆腐3格=嫩豆腐半盒=三角油豆腐2個=素雞3/4條
高脂肉類 120大卡	豬後腿肉35g=秋刀魚35g=五花肉45g=牛腩45g=香腸40g=豬肉鬆2湯匙
水果_____份 60大卡	橘子1個=柳丁1個=桃子1個=柿子1個=梨（小）1個=蘋果（小）1個=泰國芭樂1/3個=香蕉半條=櫻桃9個=草莓9個=蓮霧（中）2個=奇異果1.5顆=葡萄13粒=棗子2顆=葡萄柚3/4個=荔枝9顆=聖女番茄23粒=龍眼13顆=百香果2顆=芒果（大）1/4顆=香瓜1/2個=西瓜1片（半斤）=木瓜1/2個=釋迦1/2個=白柚2片=椰子汁180ml
油脂類_____份 45大卡	花生米10粒=腰果5粒=瓜子1湯匙=橄欖油一茶匙5ml
鹽1茶匙（約5克）	醬油2湯匙=烏醋25ml=番茄醬4湯匙

營養師食譜！

一週5天簡易便當菜

上班族媽咪做菜很辛苦，以下料理不強調做菜的複雜性，雖然簡單但能達到均衡營養的，一週上班5天，不妨抽個1-2天試著來帶便當吧！

註：烹調時請依食譜份量實作，才能達到營養均衡及體重控制之效果，圖中份量僅為拍攝參考，食譜設計份量為平均值，請媽咪依身高、體重、活動量做微調，亦可和營養師討論

自己帶便當的菜色安排

如果媽咪晚上有在家開伙，不妨隔天為自己帶個便當，比市售便當更安心、營養均衡！而且還能多加一份蔬菜、加添纖維質。但記得隔天食用時，要確實高溫加熱才能殺菌。

媽咪手做便當4技巧！

❶ 費時的肉類主菜一次備齊

假日時可以先滷好一鍋雞腿、牛肉…等，依個人食用份量分包冷凍。或是事前處理好海鮮料，也弄成一小包一小包，讓晚餐備菜更快上桌。

❷ 煮鍋湯當成加菜配料

如果冬天煮火鍋或是熬湯，可以把湯料或蔬菜先撈起來瀝乾，變成便當菜之一。

❸ 善用汆燙涼拌增加蔬菜量

在臺灣的時蔬種類繁多，多挑幾種做搭配，只要汆燙或水煮一下再拌醬，快速方便。可以使用自製的青醬、和風柴魚醬或是芝麻醬，讓蔬菜味道更豐富。

❹ 帶便當的前一晚烹調時

在大家用餐前先盛裝好便當份量，因為剩菜易有唾液和細菌孳生的問題。

LUNCH MENU

MON.

營養分析

熱量（卡）	蛋白質（公克）	脂肪（公克）	碳水化合物（公克）
421.6	22.6	7.6	64.2

營養師小叮嚀！

蘆筍富含膳食纖維，有益於孕婦腸道健康和預防痔瘡產生，並含有葉酸，提供寶寶脊柱的健康，同時提供蔬菜、優質蛋白質，讓媽咪吃得安心健康又不長胖。而地瓜含膳食纖維，能促進腸道蠕動，其高纖低卡的特質，可增加飽足感。

地瓜糙米飯　主食

食材⇨糙米60公克、地瓜50公克、水1杯

作法⇨**1.**地瓜洗淨，去皮切小塊；糙米洗淨，泡水30分鐘。**2.**洗淨的糙米和切好地瓜塊放入鍋中，用電鍋蒸熟，再燜10-15分鐘即可。

蘆筍炒三絲　配菜

食材⇨蘆筍70公克、鮮香菇2朵、紅蘿蔔10公克、雞胸肉70公克、大蒜1瓣

調味料⇨橄欖油1小匙、鹽1/4小匙

作法⇨**1.**材料洗淨。蘆筍切段；新鮮香菇、紅蘿蔔、雞胸肉切粗絲；大蒜切末。**2.**熱鍋加油，放入大蒜爆香，再加入所有材料翻炒至熟。**3.**最後加鹽調味即可。

LUNCH MENU

TUE.

營養分析

熱量（卡）	蛋白質（公克）	脂肪（公克）	碳水化合物（公克）
507.8	17.5	22.8	59.6

營養師小叮嚀！

糙米和南瓜中都含有豐富的膳食纖維，食用後可增加飽足感，避免正餐沒吃飽點心攝取過多熱量。糙米中的維生素B群，可提供給媽咪懷孕所需的體力，並且能避免貧血。雞蛋與毛豆都能提供優質蛋白質，雞蛋富含鐵質，也能預防媽咪在懷孕因供血量不足導致的缺鐵性貧血。

南瓜糙米蛋炒飯

一盒完成

食材⇒糙米飯1碗、南瓜100公克、雞蛋1顆、毛豆仁25公克、乾香菇3小朵、薑1片 **調味料**⇒橄欖油1大匙、鹽1小匙、胡椒粉少許

作法⇒**1.**打蛋成為蛋液，備用；南瓜洗淨後切丁蒸熟，香菇泡軟後也切丁。**2.**熱鍋，倒入1大匙油，倒入蛋液拌炒後至快熟後盛起。**3.**另起一油鍋，爆香薑片、香菇丁，再加其餘材料炒勻。**4.**倒入步驟2的炒蛋拌炒一下，最後以鹽、胡椒粉調味，即可起鍋。

LUNCH MENU

WEN.

營養分析

熱量（卡）	蛋白質（公克）	脂肪（公克）	碳水化合物（公克）
683.4	38.0	38.2	53.8

雙豆胚芽飯　主食

食材⇨胚芽米40公克、黑豆20公克、黃豆20公克

作法⇨**1.**將黑豆與黃豆洗淨，分別泡4小時後瀝乾水分。**2.**洗淨胚芽米，放入雙豆一起入內鍋煮，至開關跳起。

營養師小叮嚀！

雙豆胚芽飯富含膳食纖維，能幫助整腸，以及豐富的維生素B群很適合素食媽咪食用，因為將不同豆類與全穀類做搭配組合，能提供最優質的蛋白質互補，提供胎兒建造發展所需。青花椰菜提供豐富維生素A，有利於媽咪與胎兒的皮膚保健；而花枝含有碘與礦物質鋅，是胎兒成長發育不可或缺的礦物質。

青花菜炒花枝　配菜1

食材⇨青花椰菜75公克、花枝45公克、紅蘿蔔片少許、大蒜1瓣　**調味料**⇨植物油、米酒各1大匙、鹽、烏醋、糖各1小匙

作法⇨**1.**青花椰菜洗乾淨切成一朵朵，花枝洗淨後斜切片、大蒜拍碎，備用。**2** 熱鍋，先爆香大蒜，再加入花枝略炒，最後加蔬菜類食材與調味料炒勻。

香芹炒豆乾　配菜2

食材⇨芹菜70公克、豆乾2塊、大蒜1瓣

調味料⇨植物油1小匙、米酒、香油各1小匙、鹽、糖各1/2小匙

作法⇨**1.**芹菜洗淨後去硬梗並切段；豆乾切薄片、大蒜切末，備用。**2.**熱鍋，倒入植物油，先炒香大蒜和豆乾。**3.**再加入芹菜和剩餘調味料，拌炒均勻起鍋。

LUNCH MENU

THU.

營養分析

熱量（卡）	蛋白質（公克）	脂肪（公克）	碳水化合物（公克）
637.1	47.9	26	57

櫻花蝦炒高麗菜飯 主食

食材⇒高麗菜100公克、櫻花蝦20公克、紅蘿蔔片、蒜苗少許、乾香菇2朵、胚芽米飯1碗 **調味料**⇒橄欖油1大匙、米酒1小匙、胡椒粉1/4小匙

作法⇒**1.**洗淨蔬菜類食材，高麗菜撕成片，蒜苗與紅蘿蔔切片，備用。**2.**熱鍋，倒入橄欖油，爆香櫻花蝦和蒜苗，放入飯拌炒至鬆。**3.**加入高麗菜、香菇拌炒，最後加米酒和胡椒粉，翻炒至有香氣即可起鍋。

營養師小叮嚀！

鳳梨中具有可幫助蛋白質分解的酵素，避免有些人吃完蛋白質食物脹氣，而且鳳梨帶酸開胃，適合前期食慾不佳的媽咪吃。櫻花蝦富含鈣質、高麗菜屬高鈣低草酸蔬菜，有益鈣質吸收，除了對骨骼有幫助外，還有益穩定情緒、放鬆肌肉。鯛魚片是一種非常好料理的魚，可以加蔥薑蒜清蒸或是加鹽乾煎，或是與其他青菜一起炒，提供優質蛋白有益於後期寶寶的快速成長所需。

檸檬烤鯛魚 配菜1

食材⇒鯛魚1片（約手掌心大小）、檸檬1/4顆 **調味料**⇒米酒各2小匙、胡椒鹽1小匙

作法⇒**1.**用胡椒鹽和米酒略醃鯛魚，放入烤箱，以180度烤約20分鐘後取出（視家中烤箱火候決定調整），亦可直接放入電鍋蒸，最後擠上檸檬汁食用。

鳳梨炒雞肉 配菜2

食材⇒鳳梨50公克、雞肉60公克、小黃瓜50公克、蛋清1顆、紅椒絲、薑絲適量 **調味料**⇒鹽、太白粉、白糖、胡椒粉少許、醋、橄欖油各1小匙、麻油適量

作法⇒**1.**鳳梨洗淨去皮切塊；雞肉、小黃瓜洗淨切小丁，以太白粉與蛋清抓勻雞丁。**2.**熱鍋，倒入橄欖油，放入雞丁稍微拌炒後，取出盛盤備用。**3.**放進鳳梨、小黃瓜拌炒，再加鹽、白糖、醋、胡椒粉及適量水，最後滴些許麻油略煮起鍋。

LUNCH MENU

FRI.

營養分析

熱量（卡）	蛋白質（公克）	脂肪（公克）	碳水化合物（公克）
637.1	47.9	26	57

營養師小叮嚀！

同樣的配料可以煮多一點，改為添加在飯上吃也是很好的搭配法。還可另外氽燙青菜、白花椰菜、彩椒、蘆筍、菇類一起混搭，讓蔬菜量更多更豐富。亦可使用雞腿肉可做替換，也是很好的蛋白質。冷凍蔬菜不代表營養價值低，其實比冷藏青菜保留更多的營養素，建議不需退冰，因為反而會增加營養素流失，建議以冷凍蔬菜直接做料理即可。

茄汁肉醬義大利麵

一盒完成

食材⇒義大利麵條100公克、豬絞肉80公克、番茄100公克、洋蔥1/4顆、大蒜2瓣、冷凍三色蔬菜30公克　**調味料**⇒番茄醬4大匙（或用整顆番茄的罐頭）、醬油1小匙、橄欖油1小匙、糖&鹽少許

作法⇒**1.**洗淨豬絞肉，洋蔥與大蒜均洗淨後去皮，切末；番茄洗淨切碎，備用。**2.**熱鍋，倒入少許橄欖油燒熱，放入蒜末及洋蔥爆香，加入絞肉炒至顏色變白，再加入番茄、三色蔬菜、調味料及適量水，小火熬煮15分鐘。**3.**備一滾水鍋，加1大匙鹽，放入義大利麵條煮6-8分鐘，撈起。**4.**把煮好的麵倒入淋上步驟2的鍋中拌炒，讓麵條都巴附住醬汁即可。

懷孕中期14～28週

懷孕中期的不可不知

進入第4個月後，害喜不適的狀況慢慢消失囉，媽咪的食慾也會開始變得比較好、此時也正是要讓寶寶有充足營養的時期，因此飲食均衡、多樣化是懷孕中期的課題之一。除了飲食，愛美的媽咪們也可以開始注意皮膚的保濕工作，特別是孕肚的部分。雖然妊娠紋大部分與遺傳有關，但做好保濕仍有幫助、同時也避免乾癢的情況產生。

透過超音波，爸媽可以看到寶寶越來越清晰的人型，此時胎盤，與媽咪緊密相連。於這時期，內臟的形態以及大腦的部分會先發展完成，接著是頭髮、手腳及指甲，待肌肉和神經都更發達了，寶寶的活動力會開始明顯起來，因此媽咪得開始學會如何數胎動。之後五官會發育完成、皮下脂肪累積，寶寶的膚色會變成粉紅，全身長出細細的胎毛來。

進入6個月之後，寶寶學習吸、吐羊水的狀況更好了，此時期也長出眉毛、睫毛，眼睛也會張開，有了可以感知外面世界的聽覺。6-7個月的時候，肚子變大了、媽咪會出現腰痠腰痛、腿部水腫…等不舒服症狀，因此要特別注意母嬰的狀況，以防止早產的情況。

POINT

中期的身體變化

害喜的狀況慢慢減緩了，進入穩定的時期。在食慾變好的這個期間，更要與營養師密切配合，給予寶寶最好的營養成長。另外，也會開始感受到胎動的有趣及驚喜，可以藉此與寶寶開始有互動。

這時期該注意的事

寶寶此時期特別需要鈣質，請從懷孕中期開始就為妳和寶寶先存好骨本，到後期都要持續喔。有流產經驗的媽咪，進入第7個月後，要特別注意寶寶狀況、多休息避免過度勞累，以免早產。

產檢提醒

- 特別建議高齡媽咪要做唐氏症染色體篩檢，以及高層次超音波。
- 第一孕期做過唐氏症篩檢但未通過的媽咪，或是高齡媽咪，此時期要做第二次篩檢。

爸比的陪孕須知

和媽咪一起感受胎動的有趣吧！和寶寶說說話、拍拍或摸摸肚皮，寶寶會給予不同的回應喔。此外，這時期媽咪容易腰部不舒服，於晚上睡前，請幫媽咪按摩或熱敷腿部、腳，以及提醒媽咪側睡並幫她在腰部墊個枕頭，會比較好睡。這時期也可以陪伴媽咪去上媽咪教室，以提前做準備喔。若在懷孕中期要進行性行為時，建議使用保險套，以防抵抗力比較差的媽咪受到感染。

媽咪的狀態…

子宮慢慢變大，會開始壓迫到膀胱，可能會常跑廁所，媽咪要多補足水分並且不要憋尿；腰部酸痛和水腫的情況會變明顯，媽咪們可從飲食和日常生活做改善緩解。之後媽咪的乳房會變大、乳腺發達，有時會分泌一些水狀物或是一點點稀稀的乳汁，是正常現象，**於6個月可以開始學著保養乳房，並且換穿孕婦專用的內衣會比較舒適**。

請教醫師如何數胎動，胎動頻率代表寶寶在肚子裡的狀況，也能協助醫師判斷媽咪的胎盤功能是否正常。等子宮上緣高過肚臍位置後，孕肚就可能開始產生妊娠紋了，所以**懷孕中期做好皮膚保濕非常重要**。此外，有在做孕婦瑜珈的人，要持之以恆的維持運動習慣喔，或是持續做日常運動，以儲備進入第三孕期的體力。如果在此時期，有牙齒相關疾病的媽咪，可以趁機好好做治療，同時也更要多注意牙齒保健。

寶寶的成長…

第4個月

寶寶人形已經十分明顯，手腳會在羊水裡動來動去，所以此時期可以感受到胎動（第二胎的媽咪則於18周可感受胎動）。寶寶嘴巴已有吸吮的反射能力，有時會吸吮手指頭。這時也會**開始練習吞羊水呼吸**，一開一閉的，吞入羊水好讓體內有消化作用。此外，臉部會長出一點胎毛，指甲也會一點一點長出來，後續也會長出眉毛睫毛。

第5個月

進入第5個月時，寶寶的各種感官神經已發展得十分良好，會有聽覺、味覺、嗅覺、視覺，可以隔著肚皮感受外面的世界。此時，胎動也會更加活潑、在肚子裡有各式各樣的姿勢。寶寶身上的脂肪也開始生成、長出汗腺、有指紋，皮膚厚度也慢慢增加了。

第5個月的狀態
胎兒身長20-25公分
體重約300公克

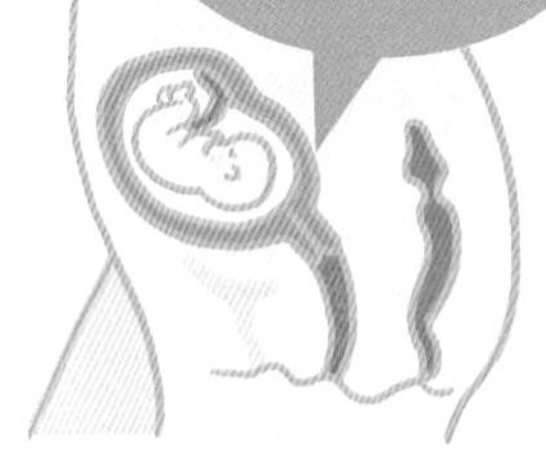

寶寶的生殖器官會繼續發育，女寶寶的卵巢有卵原細胞形成、男寶寶的精巢也逐漸發育。大概進入第18週左右，胎兒身體周圍會形成奶油一般的「胎脂」，能夠保護胎兒皮膚、具有潤滑的作用，也能幫助胎毛附著在在胎兒身上。

第6個月

第6個月的狀態
胎兒身長28-30公分
體重約650公克

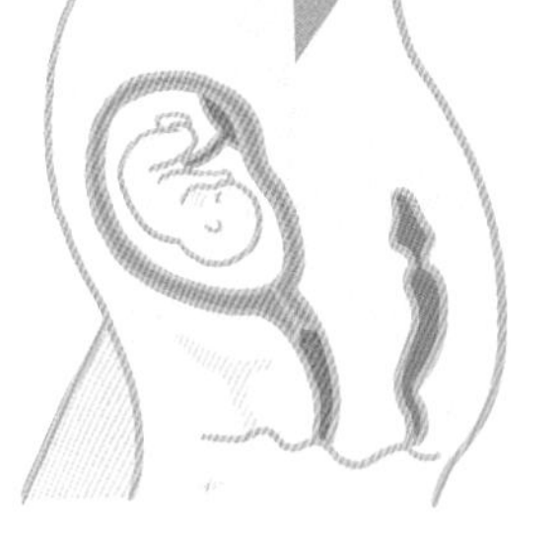

此時期的羊水量更多（還有預防細菌感染的功能、並保持子宮恆溫）、加上有胎脂包覆寶寶，因此**胎動會以各種方式表現，也會打嗝**。在溫暖的羊水裡，寶寶會活動、會醒著也會睡覺，很有精神和活力。這時寶寶的皮膚是帶點透明的粉紅色，血管和皮膚都還是很嬌嫩的狀態。

寶寶在此時期，會先形成內耳，雖然外耳還未開通，但頭會轉向聲音或噪音處。身體的軟骨會逐漸變成硬骨骼，與肌肉一同支撐整個身體，但關節還是柔軟的狀態。

第7個月

第7個月的狀態
胎兒身長35-38公分
體重約1000公克

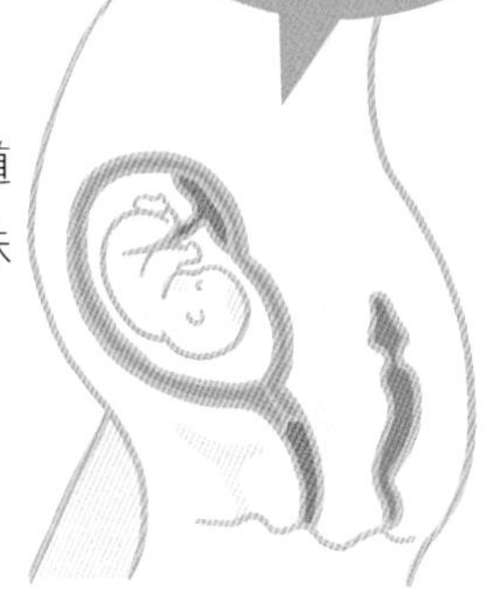

寶寶耳朵的部分會慢慢長完全，待中耳的骨頭變硬，之後就會形成外耳。聽覺變敏銳後，可聽到媽咪的心臟跳動聲、腸子咕嚕嚕的聲音，還有呼吸、外界說話的聲音…等等。此時，寶寶肺部的肺泡數量也正增加中，要為之後的肺呼吸做好準備。

此時，**腦部神經仍發育中，大腦皮質則已發育完成**。在嗅覺的部分，因為鼻孔已經開通，慢慢能感知各種味道了，還包含媽咪的味道。而味蕾也已形成，可以辨認甜味和苦味。

給媽咪的小提醒！中期可做的產檢

產檢項目	產檢時程
羊膜穿刺術 1.傳統染色體檢查 2.基因晶片a-CGH	16-20週
高層次超音波	20-24週
中晚期子癇前症風險評估＊	20週以上
第二、三孕期早產篩檢＊	22週以上
妊娠糖尿病篩檢	24-28週以上
百日咳疫苗	26-32週

註：＊為有疑慮者由專業醫師評估進行；此外，更多關於羊膜穿膜術的詳細資訊請見188頁。

高層次超音波檢查

檢驗方式：做超音波

高層次超音波又稱為「二級胎兒篩檢超音波」，主要針對胎兒器官結構做詳細篩檢，是2D黑白影像。一般常規篩檢會安排在孕期20-24週，在羊水量最適中的狀態下，影像的細節會是最清晰的。高層次超音波的目的，是提前了解胎兒的結構問題，像是水腦、兔唇、心臟異常、橫隔膜疝氣…等問題。有些狀況可以讓醫師在產前就加以治療，有些狀況或許預後不佳，但至少能讓爸比媽咪及醫療團隊可以有應變的時間與空間、在產後就給予適當的處置。

基因晶片檢測a-CGH

檢驗方式：抽羊水

在過去，有些患者可能就算在產前接受了羊水傳統染色體檢查，仍會被遺漏掉，常常都是出生之後才因為發育異常而被診斷（研究顯示，有15-20%的自閉兒、過動兒、發展遲緩、智能障礙的小孩是由於染色體微缺失所造成），如今，基因晶片便可針對這類「微小片段缺失症候群」在產前提供診斷的機會。

「微小片段缺失症候群」的定義即為「一小段染色體片段的遺失，此片段可能包含了數個或數十個基因，但由於片段太小，無法被傳統染色體檢查所偵測出來」。

而在什麼樣的情況下需要進行「基因晶片」檢查？

❶希望進行高解析度染色體檢查以降低懷孕風險者：即使是傳統的染色體檢查加上高層次超音波掃描，寶寶仍然會有千分之八的機率帶有微小片段的染色體異常，這些問題不一定可以在妊娠早期被發現，有些甚至會到出生後才發現發育遲緩等問題，因此可以藉由基因晶片先排除這些問題的可能性。

❷傳統的染色體檢查已經發現異常，但無法確定異常結構發生的位置或有無基因劑量的增減者：例如標記染色體或染色體轉位。

❸胎兒超音波檢查有構造異常，但染色體檢查正常者：受限於傳統染色體檢查的解析度，某些微小片段的缺失或重複不一定可以靠顯微鏡檢測得到，約有1/5的異常超音波可以藉由基因晶片找到致病的原因。

❹有先天性異常的家族史或者是已經生過先天性異常的寶寶，但卻無法由傳統染色體檢查找到原因者：基因晶片的解析度較傳統染色體高出許多，或許可找出導致這些異常的原因。事實上，有2/3的先天性異常或發育遲緩找不出原因，或因為病變的區域太小而無法以傳統染色體檢查找出原因，高解析度的基因晶片可能有所幫助。

如何進行基因晶片檢查&需要多抽取羊水嗎?

完整的全基因體染色體微缺失檢查，目前仍必須透過羊膜穿刺術、絨毛膜採樣或者抽取臍帶血來進行，才能取得胎兒的檢體。一次羊膜穿刺所抽取的20ml羊水檢體，即足夠進行染色體檢查以及基因晶片的分析，不需要額外抽取多的羊水檢體來檢查。

基因晶片檢查沒辦法檢查出什麼樣的疾病?

雖然基因晶片的解析度比傳統染色體檢查高出許多，但是由於基因晶片主要是檢查基因劑量的改變，對於某些種類的染色體構造異常無法偵測得到，例如染色體平衡性轉位或者染色體倒轉…等，這些情況還是得依賴傳統染色體檢查直接檢視其構造才能得知，所以建議染色體檢查與基因晶片檢查一起進行，更能確保寶寶健康。此外，基因晶片仍無法檢查單基因疾病，像是海洋性貧血、脊髓性肌肉萎縮症等，無法透過基因晶片進行檢測，目前仍須個別檢測。

基因晶片的原理

基因晶片只是一個統稱，背後不同的晶片平台非常多樣化，也都有不同的理論基礎與技術支持著。簡單舉一個目前最常用的例子好了，我們在一個類似一般顯微鏡玻片大小的載體上，點上數萬甚至數十萬個小點，而中間每一個小點，都帶有著我們人體二十三對染色體中的某一個小部分，我們稱之為基因探針。

當要做檢測時，我們就可以把待測物的DNA跟這些晶片上的小點來做結合，當這些DNA的區段有某些增加或減少時，我們就可以用後端的基因掃描儀以及生物資訊分析技術把它偵測出來。解析度，可以達到傳統染色體分析的100倍甚至1000倍以上。當然，我還是必須強調，在臨床應用上，過猶不及都是不好的。所以，在臨床基因晶片的使用上，100倍的解析度就綽綽有餘了。

羊水基因晶片一定要做嗎？

畢竟，羊水晶片的檢測還是要透過羊膜穿刺取得胎兒檢體才能夠進行，而羊膜穿刺雖然相當安全，但畢竟還是具有一定的風險。何況，現在非侵入性染色體檢查越來越普遍，能夠進行的項目也越來越多。再加上搭配超音波醫學的層層把關，其實，抽血就可以搞定的事，為什麼一定要冒風險？

所以，我們的建議不外乎是，如果沒有特殊的需求與動機，現今越來越進步的非侵入性基因檢測其實已經相當足夠。但如果已經決定要做羊膜穿刺了，或者在產前其他檢查已經有特殊的疑慮（如胎兒超音波異常， 具有其他單一基因疾病風險等等），選擇加做基因晶片應該是相當不錯的選擇。畢竟，都已經接受羊膜穿刺的風險了，多知道一些訊息，多買個保障，也是相當合理。當然，我還是必須強調，每個人的選擇與考量都不一樣，不能也絕對不需勉強喔。

蘇醫師說！除了產檢，也別忽略流感疫苗

懷孕時因為體內荷爾蒙變化的影響，會使得免疫系統以及心肺功能都受到改變，因此孕婦是感染流感後出現嚴重併發症的高危險族群，也會大幅提高胎兒流產，早產，以及死產的機率。

所以孕婦接種流感疫苗會是最好的預防方式！不僅可以保護自己和肚子裡的寶寶，對出生6個月內的小寶貝還有間接保護的效果喔。更何況直至目前所有研究資料皆顯示，**孕婦接種流感疫苗對本身以及胎兒均無特殊危險及併發症**。所以，不論是世界衛生組織，或是我國衛福部都建議，**孕婦於任何時間點都可以接種流感疫苗**。

當然，溫馨小叮嚀，如果你已知對蛋有嚴重過敏，或是已知對疫苗的成分有過敏，或者過去注射疫苗曾經發生嚴重不良反應，以及發燒時皆不宜接種喔！而如果正巧有發燒或是某種急性疾病當下，也建議等病情穩定後再接種。孕婦打流感疫苗，保護自己又保護胎兒，一兼二顧，還有什麼理由應該要猶豫呢？

妊娠糖尿病篩檢

檢驗方式：口服葡萄糖液＋抽血

懷孕中期時因為賀爾蒙變化使胰島素阻抗性增加，導致媽咪的血糖控制不良、高血糖的情況，稱為「妊娠糖尿病」。妊娠糖尿病的媽咪生產風險比較高，例如生出體重過重的寶寶導致難產、肩難產、早產、剖腹產…等，寶寶出生時也可能有低血糖或是低血鈣的狀況。雖然妊娠糖尿病在產後通常可以自然痊癒，但是許多研究發現，懷孕期間有妊娠糖尿病的媽咪，5-10年後發展出第二型糖尿病的機會是一般人的3-7倍，連寶寶成年後血糖控制不良的風險也都隨之上升，因此媽咪們不可不慎。

妊娠糖尿病的檢測正式來說分為以下兩種：

一步驟完成

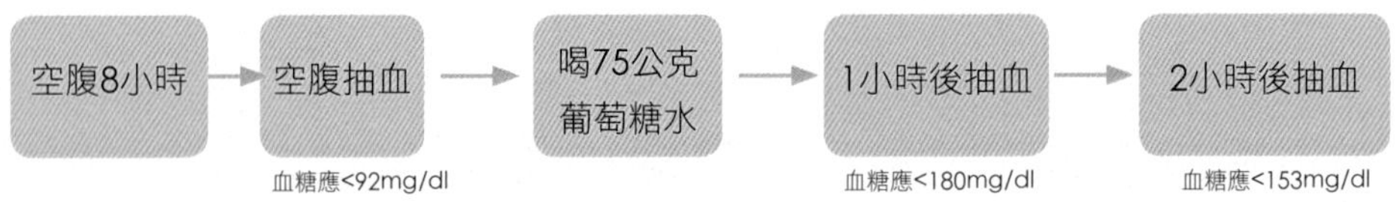

兩步驟完成

步驟1

步驟2

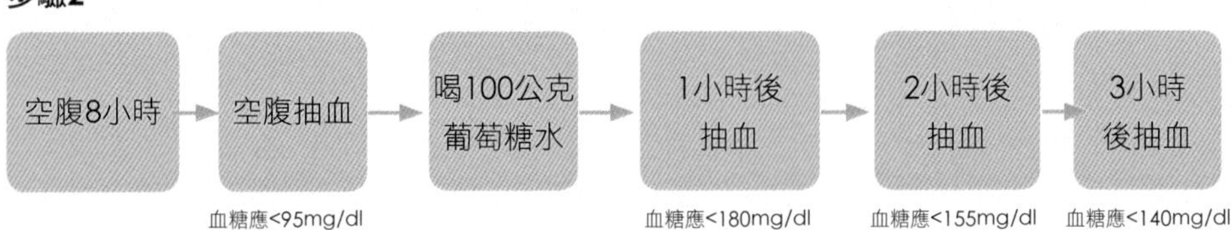

中期要注意的身體變化

懷孕中期是整個孕期中比較穩定的期間，而懷孕的真實感受也會越來越明顯，包括有趣的胎動、妊娠紋的出現…等。

胎動明顯的時期

所謂胎動，就是在媽咪肚子裡的胎兒做出的動作，可能是扭動或轉動身體、踢踢腿…等，甚至是打嗝。第一次感受到胎動，既奇妙又能真實體會到小生命存在的經歷。

在腹中的胎兒並不完全是處於沉睡狀態，也會有其特定作息，除了睡眠之外，也會動來動去的。最早的胎動是從懷孕第8週就開始了，但是這個時期的移動，充其量算是胎兒的反射動作，看來並不協調，而且早期的胚胎非常微小，媽咪還沒有辦法感受得到。

懷第一胎的媽咪大約於20週開始，會感受到胎動，第二胎的媽咪因為有先前的經驗，對於胎動的感受會比較靈敏，大約會提早個2週至1個月，在懷孕第18週左右感受到胎動。

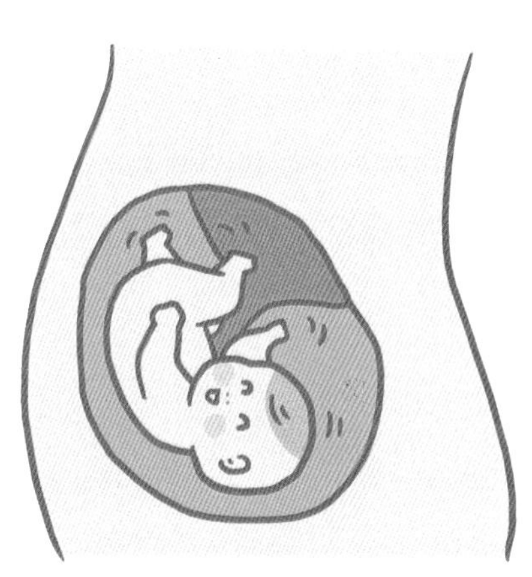

胎動不僅能讓媽咪確實感受到寶寶，醫師也會依此來了解寶寶的健康狀況以及胎盤功能是否正常，特別是高齡媽咪們，更要於懷孕28週後、每天固定時間數胎動。懷孕進入9個月後，有的媽咪胎動的次數會慢慢變少，這是因為寶寶在子宮內的空間變小的緣故。

寶寶的各種胎動

16-20週期間，一開始的胎動並不明顯，一般而言，**媽咪感受到的胎動會出現於下腹部或肚臍附近**，感覺像是腸蠕動或是肚子咕嚕嚕冒泡泡的感覺。但從媽咪發現胎動的現象之後，就會**隨著寶寶尺寸、動作幅度變大而越來越感受得到胎動**。

大約滿20週之後到35週，是胎動最活躍的階段。比較活潑的寶寶，媽咪甚至可以在沒有刻意感受的情況下，1小時內出現數十次胎動。媽咪會感覺寶寶在腹內大展身手，感受胎動的部位可以高至胃部附近，甚至朝向左右兩側擴大。

以運動幅度來觀察胎動，可以分為比較細微的小動作，包括手掌張開、閉合、打哈欠、打嗝等；大幅度的動作則包括翻身、踢腳等等，越大幅的動作越會衝擊到子宮壁，越能讓媽咪感受的到。胎動非常明顯時，還會從肚皮表面看到寶寶用力伸展突出的手或腳。

教妳數胎動！觀察寶寶的胎動頻率

在感受到胎動之後，媽咪會開始對寶寶的存在更有期待感。有的媽咪有時會因為沒有感受到寶寶在動而感到擔心。其實，媽咪可以掌握幾個觀察胎動的法則，每天花一點點心思去留意胎動，就不會常常讓自己坐立難安了。

媽咪在發現寶寶的胎動之後，從以下方式中挑選自己方便的觀察法。

❶ 每天約花1小時專心留意胎動。如果1小時能感受到超過3次的胎動，就算正常。如果第一次沒有測量到，也不要太緊張，因為胎兒的睡眠作息並不像成人般固定。如果一時量不到胎動，可以嘗試進食或喝些湯湯水水後再繼續觀察。

❷ 如果1小時內沒有超過3次的胎動，且在12小時內沒仔細數也完全沒發現胎動的話，則建議即刻就醫。

❸ 胎動頻率與以往相差非常多。

給爸比的陪孕須知！

於胎動明顯的時期，爸媽不妨一起觀察、回應寶寶在肚中的反應吧！有時和寶寶説説話，有時溫柔地撫摸肚子或是輕拍肚子，都是與胎兒良好互動的方式。次數增多後，還會發現寶寶有時也會回應你喔，這代表寶寶的腦神經系統正在發育成長中。

胎動，媽咪的甜蜜負擔

關於胎動，我知道，胎動是很多媽咪的甜蜜負擔，動太少擔心寶寶不健康，動太多又擔心寶寶是不是過動症，或是有什麼特殊問題還在掙扎。媽咪們～深呼吸放輕鬆，好嗎？胎動確實需要注意，但是千萬不要過度焦慮。

基本上是這樣子的，第一，有關感覺胎動的時間，我們的通則是這樣，如果你是第一胎，一般平均是第18-20週左右會開始感覺有胎動，而第二胎以上平均是落在16-18週左右。但還是請注意，這只是通則喔！每個人的情況不一樣，絕對沒有說早點有胎動就很了不起，到了20週沒有感覺到胎動就一定世界即將毀滅。臨床上，我們也碰過許多媽咪要到24週才會有感覺的，啊不然你是要怎樣，對吧～？

第二，胎動的多與少，跟胎兒的健康狀況沒有絕對的關係，這只是給一個臨床上的參考，有時多有時少是非常常見的，有疑慮時請專業醫師幫您確認寶寶的狀況即可，千萬不需要自己嚇自己喔！

幸福印記-妊娠紋照護

媽咪在懷孕期間，**因為體重及腹部變動幅度大，讓皮膚真皮層在短時間內大幅擴張，而在表皮上產生了紋路**。加上懷孕時，體內的荷爾蒙變化，會讓纖維化部分的顏色變深。

妊娠紋多半是粉紅色、紅色或是紫紅色，紋路彎曲，之後會轉變成棕色或是銀白色；產後3個月會慢慢變白、紋路不明顯，但是不會完全自然消失。妊娠紋主要出現在大腿內外側、腹部周圍或下方、臀部、胸部、肩膀與手臂，有時在妊娠紋出現之餘，還會伴隨搔癢。

並不是每位媽咪都會有妊娠紋。有一部分因素與遺傳有關，又或者孕期體重增加過多或是寶寶長太大，這類的媽咪也易有妊娠紋。有些媽咪因為長年維持良好的飲食及運動習慣，皮膚彈性保持得非常好，因此即便懷孕多次，也不曾出現妊娠紋。

為了保養皮膚，避免妊娠紋變得嚴重，應設法滋潤皮膚、做好保濕工作、每天喝足水分，盡量維持其彈性。除了攝取維生素C有一定的幫助外，提早塗抹能增加皮膚滋潤的輔助品，例如凡士林、含有甘油的乳液、妊娠霜…等，雖然沒有醫學證實能獲得完全的改善，但的確可減少皮膚因為乾燥出現的搔癢。

媽咪問！如何保養孕肚肌膚

❶ 扶住孕肚最下方，由恥骨往肚臍的方向往上，溫柔按摩腹部。
❷ 每日塗抹保濕品時，可沿著皮膚纖維縱向塗抹並且做按摩。
❸ 藉由運動鍛練腹肌，減少皮膚因大幅擴張而產生妊娠紋的可能。

媽咪問！好怕產後走樣不漂亮…

普遍來說，媽咪產後最在意的，不外乎是三大類，包含「體重」、「色素」、「鬆弛」的常見困擾。其中妊娠紋就屬於皮膚鬆弛這一項，許多媽咪很擔心肚皮上會留下消除不了的痕跡。

❶ 體重引起的身形難恢復：包含腹部、臀部、大腿、手臂…等部位。
❷ 色素沉澱或蠟黃：乳暈、孕斑、私密處、黃臉婆症候群。
❸ 皮膚鬆弛：全身、乳房、妊娠紋、私密處、漏尿。

針對以上的產後困擾，其實透過現今的產後醫美技術可解決大部分狀況。只要媽咪於孕期中積極控制體重、產後勤加哺餵母乳，再透過安全有效的產後醫美科技輔助，就不用太擔心無法恢復的問題囉。

舉例來說，醫療塑身科技能減少脂肪層厚度或雕塑身型、妊娠紋或孕斑也能藉由雷射淡化或消除；若是產後因為陰道鬆弛而有頻尿、漏尿情形、性生活不協調…等女性，也有免動刀、無傷口、恢復期短的雷射手術可以協助。

唯需注意的是，想嘗試醫美療程的媽咪，需先選擇可信賴的診所和專科醫師，並先了解其醫療單位的專業儀器是否通過認證、醫師如何為媽咪做評估和提供諮詢解惑、療程是否由醫師親自進行操作…等。懷孕期間可先蒐集、比較相關資訊，尋找合適且放心交付的醫師，讓自己產後也能繼續美美的喔。

乳房變大

媽咪在孕期因為荷爾蒙的變化，乳房會變得比較大，乳腺變得較明顯，這可從超音波檢查中得知。乳腺變化正是未來產後乳汁分泌的前奏。大部分媽咪會因此有腫脹不適感，這樣的腫脹感可能持續到生產前。因此可以採取以下措施，調整不適感。

中期的乳房按摩

懷孕滿20週的媽咪可以輕輕按摩乳房，以舒緩腫脹感。可以挑選每天晚上洗完澡後的時間，也就是血液循環比較通暢時，做簡單的乳房按摩。

適度清潔乳頭

部分媽咪可能從懷孕20週左右，乳頭就開始有乳汁滲出。這些少量分泌的乳汁，如果沒有適時清除，久而久之會變為汙垢，讓乳頭看起來黑黑的。因此建議媽咪每天洗澡時應適度清潔乳頭。如果乳頭的汙垢無法去除，不要用力硬摳，以免導致發炎。可以先使用潤膚油或是橄欖油塗抹，讓汙垢軟化後，再以清水洗淨即可。

開始選購媽咪用內衣

為了因應乳房尺寸的變化，媽咪可以開始挑選較大尺寸的內衣。建議挑選可包覆整個乳房的全罩式內衣，前面開扣的內衣還可以沿用至生產後，當作哺乳用的內衣。

按摩乳房的方式（如左圖）：

採用順時針方式，從乳房根部持續往乳頭方向畫圓圈，還可以同步塗抹保濕乳液或妊娠霜，降低妊娠紋引發的乾癢不適。

中期的媽咪在按摩乳房時，動作宜輕柔，如果在按摩時感覺子宮收縮、肚子變得硬硬的時候，應暫停按摩，躺臥休息。並可調整未來乳房按摩的時間或力道。

避免孕期落髮危機

媽咪在懷孕期間，會因為雌激素分泌旺盛，導致生長期的頭髮數量相形較多，終止期的頭髮較少。因此反而頭髮會變得比孕前更加濃密。等到產後，因為體內荷爾蒙恢復平衡到孕前狀態後，就開始容易掉髮，落髮量多的時期大約在產後4-6個月階段。

但是如果媽咪在懷孕期間大量落髮，可能是因為免疫力較差、加上肚子變大，頭髮清潔的工作做得不夠完善所致。建議應盡快就醫，找出落髮原因。

❶ 均衡地從各類天然食材中攝取營養素。當媽咪落髮量大時，應檢視是否攝取足夠的蛋白質、鐵質、海帶、芝麻、堅果、地瓜、雞蛋…等食物，可適量補充維生素B群（包含生物素）。

❷ 避免壓力。過度的精神壓力對任何人而言，都可能導致落髮，建議排除壓力源，常常提醒自己紓壓。

❸ 檢視作息。確認自己是否有充足的睡眠及是否有規律的作息。經常熬夜也是導致落髮的一大因素。

❹ 氣血失調也可能導致落髮過多。坐臥過久的媽咪，應提醒自己有固定運動的習慣，懷孕前沒有運動習慣的媽咪，可以採取散步、伸展等和緩運動即可。

媽咪問！孕期可以染燙髮嗎？

媽咪於懷孕前期應避免染燙髮，因為藥劑畢竟仍是化學藥品，會在染燙過程中直接從頭皮吸收，仍難免對身體造成副作用，建議少接觸為宜。如果愛美的媽咪實在想要染髮，純天然植物染劑會是比較佳的選擇。

此外，從懷孕到產後媽咪的荷爾蒙變動很大，尤其產後4-6個月還會因為雌激素分泌量下降，導致落髮量變大。建議媽咪們還是暫時忍耐，等到生產後再做染燙髮的打算，簡單好整理的髮型也有助於接下來忙碌帶寶寶的時期。

懷孕中期勿忽略牙齒保健

對懷孕中期的媽咪而言，牙齒保健也是非常重要的一件事。**因為一旦進入懷孕期，身體的荷爾蒙變化會使免疫力下降、唾液分泌變少，整個口腔環境因此而改變**。若媽咪此時期的身體抵抗力剛好較差，同時營養攝取上亦不夠留意的話，很有可能會讓牙齒狀況惡化，如引發感染或牙齦發炎。

俗話說:「生一個孩子，壞一顆牙齒」，指的是因為懷孕期間，沒有正確的口腔衛生觀念及習慣，才會導致媽咪發生蛀牙及牙周病的情況。由於懷孕前期，一般媽咪多半有害喜孕吐的狀況，加上味覺喜好的改變，可能會偏好酸性食物、有時想吃零食…等，這些都會讓口腔積聚大量變型鏈球菌，增加蛀牙發生率。**媽咪蛀牙的罹患率，同時也是造成寶寶蛀牙的危險因素之一，所以不得不多加注意牙齒保健的重要性。**

因此，懷孕中期，媽咪需多留意牙齒清潔，尤其進入此階段之後，害喜不適的症狀已經漸漸改善，更應趁此時期好好保護牙齒。如果是孕前就有牙周病的媽咪，建議於孕前就先治療好為宜。

媽咪的日常牙齒保健這樣做！

❶ 三餐飯後或是吃任何食物後，媽咪都請記得要確實刷牙，並使用牙線，甚至是齒縫刷，請爸比也從旁提醒妳一下。

❷ 平日飲食多攝取含豐富鈣質的食物，為自己多存一點鈣質。

❸ 基礎清潔時，選用較小刷頭的軟毛刷並溫柔刷牙，避免牙齦出血。

另外，有鑑於懷孕期牙齒保健的重要性，國民健康署已於新增「懷孕婦女牙結石清除」項目，讓媽咪能間隔3個月多一次洗牙的照護，可多善加利用。

4-6個月是牙科疾病的治療黃金期

有些媽咪覺得懷孕不適合服藥，於是諱疾忌醫，即使牙齒不舒服也不願意看醫生，但其實懷孕中期可安心接受一般治療，以免症狀變嚴重、導致懷孕後期或產後臨時需要治療反倒更麻煩。

研究資料顯示，患有牙周病的媽咪，早產的風險是牙齒健康媽咪的3倍，如果有重大的不適，還是要前往醫院檢查，以免影響寶寶。即便孕期時突然發生智齒發炎疼痛，也請勿忽略拖延或不敢就醫。

另外有些媽咪覺得牙科檢查總免不了X光攝影檢查，擔心會影響到寶寶健康，**其實牙科X光的輻射量非常小，一般胸部電腦斷層輻射量是牙科X光的35萬倍，對胎兒影響不大**。媽咪應將狀況交由醫師判斷，並讓牙醫師知道自己已經懷孕，至於疾病的處理，就應相信醫師專業判斷，安心治療即可。

什麼是子宮收縮？

所謂宮縮，就是子宮收縮。是一種在懷孕過程中，必然發生的現象。頭一次懷孕的媽咪，會比較緊張，擔心宮縮對懷孕過程是一個不好的象徵，其實並非如此。

對於前期懷孕的媽咪而言，前3個月胚胎還非常小，就算是出現了宮縮，也可能不太會意識到它的發生。每個人對於宮縮的感受不大一樣，有的人覺得肚子變硬、有的人則覺得腹部悶悶痛痛的，有的人覺得肚子有東西頂住的感覺…等。

宮縮的發生原因，包括壓力、精神緊張、下半身長時間受到壓迫等等，如果宮縮在休息之後能夠獲得改善，就不需要太擔心。反之，如果宮縮頻率有愈來愈高且有規則、且伴隨疼痛或出血時，就應盡速就醫檢查。

	子宮收縮	胎動	陣痛(生產前兆)
發生時機	整個孕期都有可能出現，但媽咪會從中期開始才較感受得到。	第一胎約20週才較能感受得到；第二胎開始，會比較早。	37週以上，臨盆之前。
肚子的感受	肚子硬硬的，被撐起來。	肚皮軟軟的，不會有被撐開的感覺。但內部有物體滑來滑去的感覺，或肚皮某個角落突然撐出、凸起來。	肚皮緊繃且疼痛。
頻率	不規則，且會經休息後改善。	不規則，也有些媽咪在孕期並不常感受到胎動。	規則，且頻率愈來愈高，間隔時間愈來愈短。
出血與否	通常不出血。	不會出血。	1出血量有愈來愈多的趨勢。 2有時會伴隨破水。

蘇醫師說！各位媽咪，宮縮絕對不等於早產！

很多媽咪會擔心孕期子宮收縮的問題，其實以專業的角度來看，我們比較擔心的是早產的問題。

而重點來了，早產絕對不等於收縮喔！其實子宮收縮是一個非常常見的現象，所以我們有一個名詞，叫做「假性收縮」。基本上，**只要是屬於不會劇烈疼痛、沒有規則3-5分鐘就會來一次的子宮收縮，譬如說走路走太久，或是吃太飽就會引起的子宮收縮，大概就是屬於這種假性收縮的範疇**。

當然，每個人的感受不一定相同，如果您還是覺得搞不清楚，或是真的對收縮這件事還是存有很大疑慮的時候，其實對於真要分辨是否屬於會引發早產的子宮收縮，瞎擔心絕對無法解決事情！

依照國際醫療準則，我們就會建議您接受一種fFN檢測，fFN是一種高分子的細胞外間質糖蛋白，主要作用在胎膜與子宮的黏合，也有人把它稱作滋養母細胞層的黏膠（trophoblast glue）。

早在1996年就有文獻報告指出，在正常懷孕22至35週之間，在陰道分泌物中是測試不到fFN的，只有當胎膜有一些剝離的情形時（當然也意味著早產風險），fFN才會被釋放到陰道分泌物中。

所以當檢測到fFN陽性時，早產的風險就隨之上升，但孕婦們也不必擔心的太早，因為經過適當的休息與治療，胎膜有可能再黏合回去，不一定發生早產；反之，若fFN檢測是陰性，再搭配子宮頸測量，長度有2.5cm以上，那早產風險是很低的，可以減少不必要的安胎藥物使用。

好了，這樣就不會太過擔心了吧？

中期常見的不適及緩解

與懷孕後期相比，懷孕中期的不適雖然有，但是輕微許多，媽咪先了解以下可能出現的狀況，一些小方法能讓妳的孕期更舒適。

水腫、腳抽筋

邁入懷孕中期的媽咪開始有浮腫的問題。這時隨著胎兒的成長，子宮也隨之變大，對下肢的壓迫也越來越沉重，因而影響血液迴流。當媽咪有水腫問題時，必須找出原因確實改善。當媽咪貧血或血液循環不佳、體內電解質不夠、鈣質不足時，都有可能導致抽筋。

如果是腳抽筋，當下應該先伸直雙腿、腳掌往上勾，儘可能讓腿部肌肉伸展。

必須就醫的水腫徵兆

當媽咪的水腫問題，出現以下變化時，有可能為病理性的水腫，建議應盡快就醫。

❶ 從懷孕前期就開始出現的水腫。

❷ 兩腿腫脹的部位不對稱，甚至只有單腳水腫，甚至水腫的肢體冰冷或異常發燙。

❸ 腫脹的部位已不限於下肢，往上延伸至腹部、臉部，甚至全身。

❹ 休息之後，腫脹無法消除。

媽咪這樣做有助改善！

舒緩水腫的瑜珈動作：抬腿運動

❶ 朝左側躺。讓整個身體的側面邊線順勢貼伏在地上。左邊肩胛骨下沉，抬起上臂，以左手掌撐頭，讓耳朵與肩膀的距離盡量拉開。雙腳輕鬆地呈微彎狀態。讓骨盆與地板呈垂直狀態，避免壓迫到肚子。

❷ 右腳從側邊向上延伸，吐氣時抬腳，吸氣時放下腳。抬腿的速度也不用太快，角度不用太高（不超過45度）。以此種步調做6-8次抬腿。

❸ 完成最後一次抬腿時，把腳停留在空中，以腳尖轉圈畫圓。約轉8-10下。這個動作可以促進末梢循環。整組動作完成後，就改朝右側躺，繼續同樣的動作。

這一套動作不僅能改善水腫，還能舒緩骨盆腔的壓迫感，對於未來的生產也相當有幫助。

營養師說！水腫時，可檢視蛋白質攝取量

媽咪在懷孕時常有水腫狀況，這時可檢視飲食中蛋白質是否足夠，因為沒有攝取足夠的蛋白質也會造成水腫。

階段一：孕期時的蛋白質簡易計算需求
60公斤的孕媽咪，蛋白質需求為6＋2=8；70公斤的孕媽咪，蛋白質需求為7＋2=9。

階段二：孕期有「水腫」的蛋白質簡易計算需求
60公斤的孕媽咪則蛋白質需求為6＋4=10：70公斤的孕媽咪則蛋白質需求為7＋4=11。

蛋白質1份怎麼算？
魚、肉、海鮮生重35公克（熟重30公克）=牡蠣、蛤蜊3湯匙=雞蛋1顆=豆漿240ml=傳統豆腐2小格=嫩豆腐半盒=豆包2/3個。

當水腫改善時，就再恢復為階段一的蛋白質設計，更詳細的蛋白質需求可諮詢營養師。需留意火腿、培根、肉鬆、絞肉食物（貢丸、水煎包、餛飩…等）都非屬於優質蛋白質，是肥肉多不是蛋白質多，不列在每份蛋白質的食物計算中。

媽咪可以每完成單側動作後，稍事休息約20秒，再換邊進行。每天只要大約做10分鐘，水腫的現象就能漸漸獲得改善。

從飲食改善孕期水腫

❶ 太鹹的食物會導致水腫，因此當媽咪有水腫現象時，建議檢視飲食中是否攝取過多的鹽分。

❷ 每天晚上用溫水泡腳，或是用乳液輕輕按摩浮腫部位，以舒緩腫脹。

❸ 引用排水利尿的飲品，例如玉米鬚茶、黑豆水等等。至於薏仁雖具排水利尿的效果，但以中醫立場而言，則建議不要食用。亦曾有動物實驗指出大量食用薏仁，會促進子宮收縮，恐怕有早產及流產的可能。

側腹酸脹感

懷孕中期的媽咪，有時下腹兩側會有酸脹不適的感覺，**是因為子宮內膜增厚，內部的胎兒逐漸長大，造成子宮兩側的圓韌帶短時間快速擴張所導致的**。

在子宮的左右兩側，各有一條圓韌帶與骨盆腔側壁相連接，圓韌帶經過腰側，通往腹股溝，最後來到大陰唇外側。隨著孕期的增長，媽咪的子宮逐漸變大，圓韌帶會隨之拉長增厚，但是當圓韌帶的增長跟不上子宮的增大速度，就會受到強力拉扯，於是引發媽咪腰側、下腹部、大腿根部，甚至腹股溝刺痛。

圓韌帶拉扯的疼痛感通常為抽痛，而且並不一定是對稱的疼痛，有時為單邊抽痛，有時同時疼痛，這時媽咪可採取左側躺的姿勢稍事休息。左側躺可以避免對下腔靜脈造成的壓力，也比較不會影響對胎兒的供血量。

因圓韌帶引起的刺痛，是懷孕期身體變化過渡期的正常現象，等到再過一段時間後，就會改善或是適應。有抽痛問題的媽咪，在進行增加腹壓的動作前，例如咳嗽、大笑，建議稍微彎腰，避免過度拉扯肌肉，稍加避免抽痛的發生。

需特別注意的是，圓韌帶引發的抽痛，不會伴隨其他症狀發生。當腹部抽痛伴隨了子宮收縮、發燒、腹瀉、出血、嘔吐等狀況時，應盡快就醫。

媽咪這樣做有助改善！

鍛鍊骨盆底肌（圓韌帶）的動作

為避免懷孕中期圓韌帶抽痛的問題，媽咪可以從12週開始做簡單的動作，不僅有助於順產，對於體態維持也有相當大的幫助。

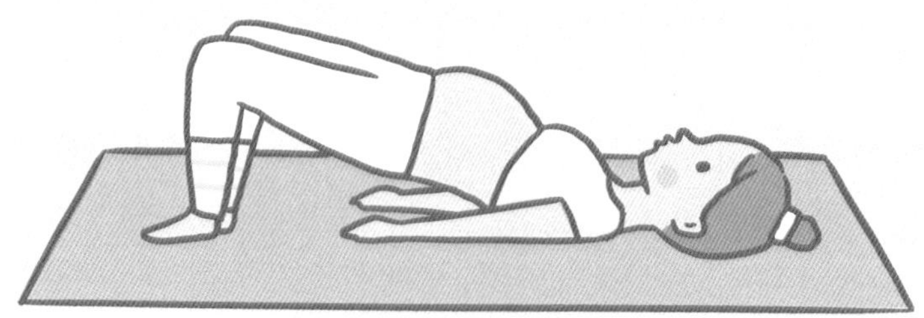

肩膀酸痛

懷孕中期的媽咪，還會開始出現肩頸痠痛的問題，主要是因為懷孕期間血流量增加，增大的子宮壓迫到下腔靜脈，在下腔靜脈血流不夠順暢的情況下，會導致屬於末梢循環的肩膀血液循環不順暢。如果媽咪又常常維持固定姿勢或是姿勢不良的話，就很容易常常肩膀痠痛。

媽咪這樣做有助改善！

媽咪應隨時提醒自己不要維持同一姿勢太久，大約20分鐘就活動一下肩頸。尤其是在使用電腦和手機時，身體會很容易不由自主地僵硬起來。感到痠痛不適的時候，可以用溫熱的毛巾熱敷肩頸，或是輕輕按摩，放鬆肌肉後，就會比較舒適。

容易疲倦

懷孕面臨的是整個身體的大變動，媽咪的身體孕育著腹中的胎兒，寶寶的營養吸收及成長都仰賴著媽咪，因此身體的負荷可想而知。尤其在面臨第二孕期，子宮逐漸變大，會更容易感到疲倦疲勞，如果媽咪得在外工作，辛苦程度就更大了。這時媽咪不妨藉由飲食還改善疲倦的狀況。

媽咪這樣做有助改善！

媽咪可檢視自己在維生素B群和鐵質攝取是否足夠，因為欠缺維生素B群和鐵質不足，都會較容易感到疲倦。中午休息時間時，可以稍微小睡一下；晚上睡前泡個足浴，讓腿部和腳的血液循環好一點、早一點休息睡覺。

腰部酸痛

懷孕中期的媽咪因為在短時間腹部變大太多，導致腰部壓力急速增加、加上荷爾蒙分泌的緣故，會讓骨盆關節和韌帶鬆弛，而轉弱了支撐孕肚的力量，就可能引發腰痛。有輕微腰痛的媽咪，**睡覺時可在大腿和膝蓋中間墊一個抱枕，並改為側躺的姿勢會比較舒適**。此外，媽咪不要因為疼痛而逃避運動，因此才會建議在孕前就要培養運動習慣、好讓背肌和腹肌更有力氣；孕期間要提醒自己伸展身體肌肉，以免疼痛越發嚴重。

媽咪這樣做有助改善！

日常的簡單舒緩：

平常做家事時，盡量讓工作台提高一點、減少過度彎腰；坐在椅子上時，要挺直背脊、保持正確姿勢，亦可放個抱枕墊住背部。

簡單運動舒緩：

媽咪可上瑜珈課、水中有氧課，藉由伸展和肢體訓練舒壓和鍛練肌力。當然平時的走路或做以下的體操，也能讓腰痛緩解一些。

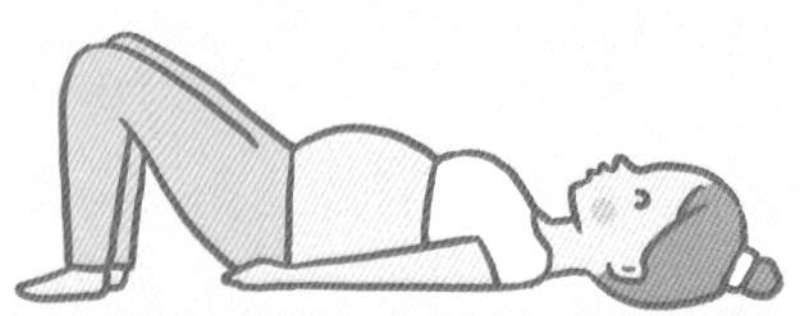

❶媽咪平躺在鋪有軟墊的地上，彎屈膝蓋，身體正面朝上。

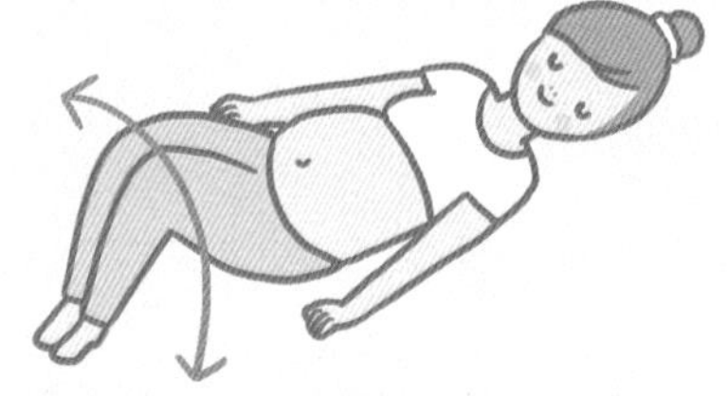

❷緩緩吐氣，扭轉腰部，讓雙膝先倒向一邊，再換另一邊，如此重複。

❶媽咪雙膝跪在鋪有軟墊的地上，雙手雙腳撐住地，一邊吐氣，並讓背部彎成拱形，彎的程度要能看到自己的肚臍位置。

❷吸氣，再緩緩吐氣並抬起頭，挺胸，再把身體重心往前移動，背部挺直，如此重複。

夜間失眠

部分媽咪到了懷孕中期，開始有失眠的問題。一方面是因為荷爾蒙的影響，或者是中後期若體重增加太快、平躺時易覺得胸悶或呼吸不順頻尿、胎動，而使得睡眠品質不佳。媽咪於睡前可做一點簡單的伸展運動，或是聽點輕柔平靜的音樂、搭配乳液按摩手腳，讓身體放鬆一些；以及從以下的飲食方式做一點改變。

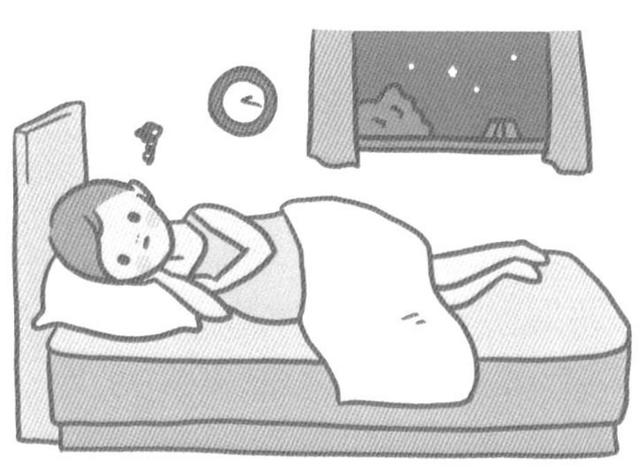

媽咪這樣做有助改善！

❶多吃色胺酸食物。色胺酸能和緩神經、幫助入睡，有「天然的助眠劑」之稱。富含色胺酸的食物包括：紅肉類、黃豆製品、香蕉、牛奶、堅果類。

❷檢視鈣質攝取量。鈣質可促進神經傳導，並達到舒緩效果。當身體缺乏鈣質，導致骨質流失時，會導致肌肉緊繃痠痛，睡眠品質也會變差。富含鈣質的食物包括奶類、小魚乾、深綠色蔬菜、芝麻、海帶…等。

❸注意鎂與鈣質攝取都要足夠，例如食用堅果類、豆類，皆有助於放鬆肌肉、穩定情緒。

❹若晚餐太晚吃，易導致胃食道逆流、脹氣，很多媽咪會因此要坐著睡。

媽咪問！懷孕中後期，晚上睡覺會打呼…

媽咪在懷孕期間，若是短期內快速變胖的話，較可能會有打呼的問題。這是因為身體變胖之後，肺活量不足所導致，晚上可改為左側臥睡，不過，有打呼問題並不代表就有呼吸中止症候群。萬一打呼狀況越來越嚴重、白天又嗜睡的話，就可能是媽咪血中的氧氣不夠、也會讓血液收縮壓上升，這時就需要尋求醫師協助或是進一步檢查原因。

正確認識超音波

對於孕程中的爸媽來說，是每個月最期待與寶寶的約會。但是爸媽們真的了解超音波是什麼嗎？又可藉此檢查出什麼樣的內容呢？

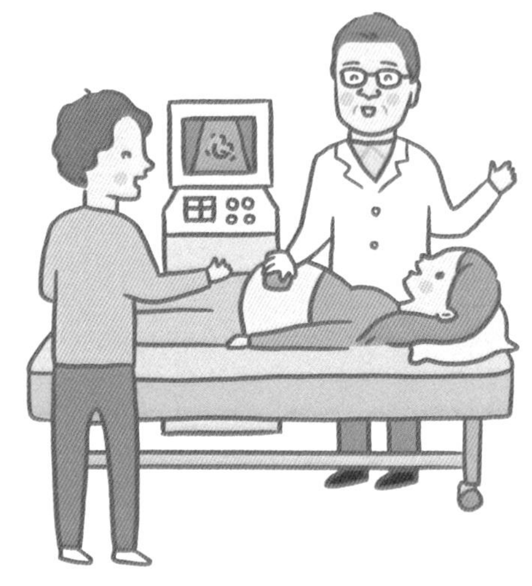

從超音波檢查了解寶寶成長

為了解寶寶在子宮內的狀況，醫師們會透過十分安全的高頻聲波，也就是超音波，來觀看胎兒的成長情形。在懷孕的每個時期，藉由超音波需要了解的事不太相同，大致如下：

週數	超音波檢查重點
5-6週	確認胚胎的著床位置、是否子宮外孕。
7-8週	確認胚胎的心跳、身長、卵黃囊。也能藉由胚胎的大小來判斷排卵時間以及預產期。
11-13週	量測胎兒頸部透明帶厚度，以篩檢唐氏症。
16-18週	做羊膜穿刺或是母血唐氏症篩檢時，需超音波協助。
20-24週	1觀看胎兒器官發育狀況。比如心肺腸胃、泌尿系統的構造、中樞神經系統是否異常（腦部相關，例如水腦）、神經管是否有缺損、重大的肢體缺失…等狀況。 2檢查胎盤著床的位置以及臍帶是否結構異常…等狀況。
28-32週	評估胎兒的發育情形。特別是媽咪有糖尿病或是高血壓者更需特別注意，比方胎盤功能低下會讓胎兒發育遲緩。
36週至產前	評估胎兒的大小以及位置，以判斷自然產或剖腹產。

做超音波檢查前，媽咪可先吃點東西，因為血糖下降、寶寶的活動力也會比較弱。檢查時，如果寶寶的活動力佳，更有助於醫師從各角度清楚觀看寶寶在子宮內的狀況。

做超音波檢查之目的，是希望能盡早發現胎兒異常的狀況、及早做診治，特別是在20-24週，最能看清楚胎兒器官並做評估的時期。雖然醫師透過超音波能檢查許多項目，但是超音波仍有一些異常無法檢測出來。比方：

❶ 胎兒姿勢不佳、活動力弱，看不清楚欲檢查的部位。

❷ 媽咪的羊水量不足，或是肚皮脂肪層太厚。

❸ 胎兒持續成長，有些問題在中後期才顯現出來；或是在懷孕後期、產後才出現的臟器疾病…等。

超音波的診斷率會因為胎兒姿勢、羊水的位置而受到影響。有一些超音波照不到的地方（例如無肛症、耳道、女寶寶的子宮卵巢、胎記或血管瘤的皮膚疾病…等），以及胎兒期無法表徵的疾病也不易顯現出來（例如智力、聽力、視力和代謝性疾病…等）。

萬一超音波檢查異常時務必請醫師做更進一步的檢查評估。如果已經確診，除了定期密集追蹤，在必要時刻，妳的婦產科醫師會與小兒科、小兒外科醫師一起商討，如何為出生後的寶寶做第一時間的治療照顧。

蘇醫師說！新時代媽咪，不可不知超音波醫學

超音波醫學與基因醫學在21世紀的長足發展，可以說整個顛覆了我們母胎兒醫學的照護邏輯！過去，總是要到事情快發生了，或者已經發生了的時候，我們才來緊急應變。

舉一個最簡單的例子，大家越來越熟知的「子癇前症」，或者叫做「妊娠毒血症」，對媽咪或醫療人員來說，經常是恐怖的不定時炸彈，一旦發生，非死即傷。

但是，透過最先進的篩檢模式，我們已經可以在14周以前將95%的高危險孕婦篩檢出來，並施與有效的預防性治療，誰說，我們不需要這樣的改變？

超音波如何估量胎兒大小？

醫師通常會看胎兒頭徑、腹圍、大腿骨長度來判斷體重、和現階段的發育狀況是否正常。

CRL
頭臀徑

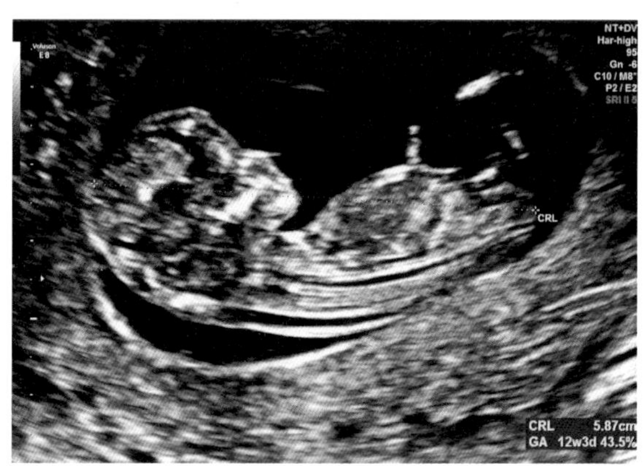

BPD
胎兒頭骨橫徑

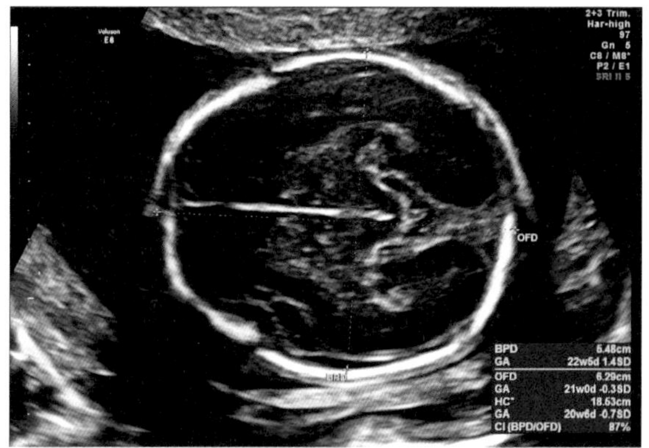

FL
大腿骨長度

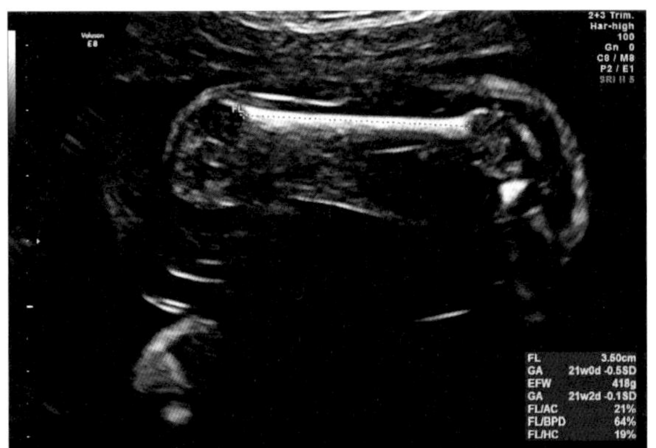

AC
胎兒腹圍

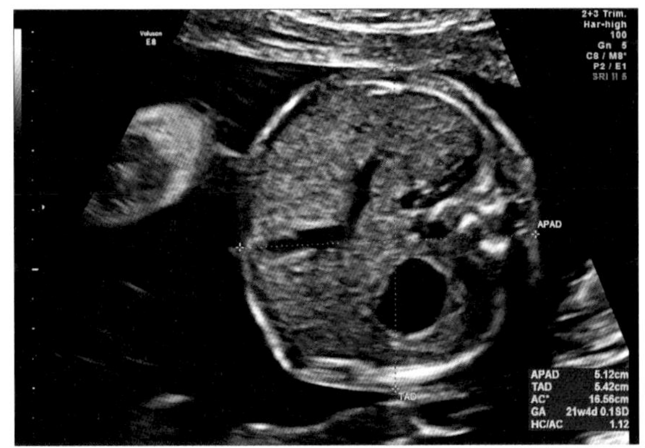

高層次超音波

建議約20週時，可進行高層次超音波檢查，確認寶寶發育是否正常。此時子宮內羊水量適中，胎兒各方面發展也漸趨完整，是最適合做確認的階段。

如果在懷孕週數太小時檢查，胎兒的心臟血管影像細節會不夠清晰，尤其4個月大的胎兒容易蜷曲於媽咪的骨盆腔，不利於檢查。若超過24週檢查，胎兒骨骼開始鈣化，被骨骼圍繞的器官會被遮蔽而無法確認，且較大的胎兒因為活動空間不夠，易因為姿勢不佳而提昇檢查困難度。

高層次超音波又稱為二級胎兒篩檢超音波，初級超音波檢查是較簡略的檢查，測量項目包括胎兒大小、心跳、胎盤與羊水量的評估，高層次超音波則較為詳盡，會針對胎兒器官結構，包含心臟隔室、腎臟和其他器官構造，進行從頭到腳的詳細篩檢（例如數手指腳指、測動脈血流）。篩檢時，有時寶寶姿勢不佳，醫師會請媽咪起來走動一下，以利看到欲檢查的器官。

Q高層次超音波等於3D超音波嗎？

所謂高層次超音波是利用2D影像做各種切面檢查；3D超音波是將無數2D影像利用電腦經過計算而重組出立體影像；如果再加上時間軸的動態畫面，就是4D超音波了。換句話說，3D和4D超音波則是產檢超音波的影像組合，並不能做為醫學診斷依據。

一般民眾容易被3D或4D的數字而迷惑，以為數字越高，精密度和準確度就越高，這是錯誤的。以成人疾病舉例，當一個成人做健康檢查，希望確認體內是否有腫瘤，這時他需要的是電腦斷層掃描或核磁共振檢查，用於確認他身體在每個切面剖析之下，是否有問題，而不是類似照相的3D超音波或是類似錄影的4D超音波。

不過，能做3D/4D的超音波為要重組影像，一定必須具有優良的二維影像解析能力，而且是高階等級儀器才辦得到，因此，這也是可以當作判斷超音波品質操作的重要參考依據。此外，3D/4D超音波同時也是讓爸比媽咪提早與寶寶見面的立體動態影像工具，產檢時可依據個人需求做選擇。

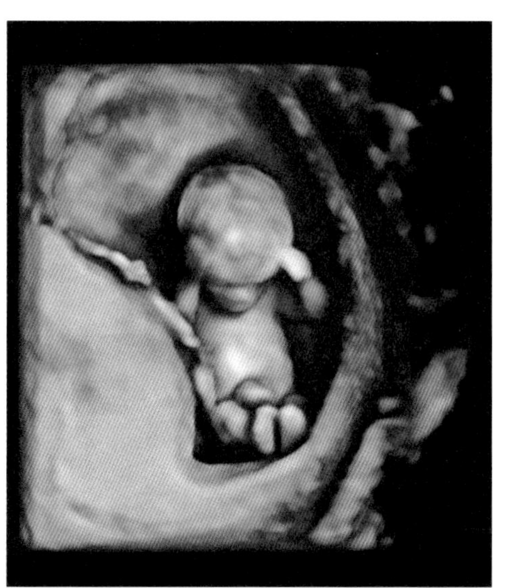

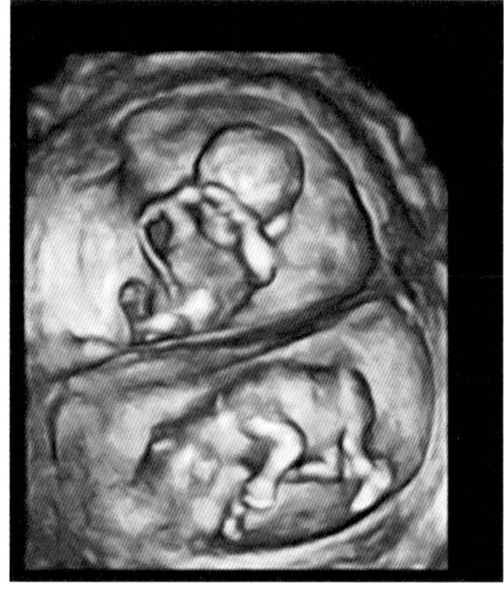

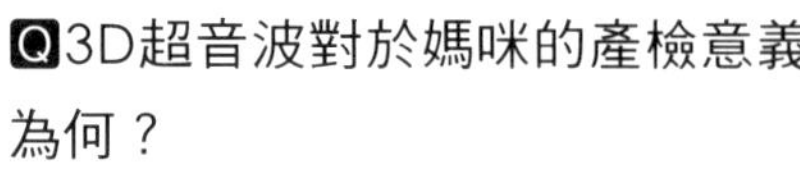

Q 3D超音波對於媽咪的產檢意義為何？

一般傳統的2D超音波，只看平面，或許產檢當下的感覺不夠強烈深刻。但透過最先進的3D或4D超音波，能讓媽咪更清楚了解胎兒的形體。產檢時，透過螢幕能產生情感上的聯結，對許多媽咪來說，對於寶寶寶的出生更增添期待感。

Column 蘇醫師問答！

媽咪先了解！產檢更輕鬆，超音波常見Q&A

超音波是每次媽咪產檢最熟悉的檢查之一，究竟透過超音波可以看出什麼呢？而醫師又如何透過超音波來檢查媽咪肚子裡的小生命呢？讓醫師來告訴你。

Q超音波檢查怎麼估算預產期的？

A在妊娠12週以前，我們會利用超音波去量測胎兒頭臀圍，也就是寶寶頭頂到屁股的長度。此時，胎兒發育都是非常規律的，所以我們就可以利用這個頭臀圍來校正胎兒的生長週數，以此來推估比較正確的預產期，這樣比單純用最後一次生理期來估算要來得準確喔，畢竟許多人排卵的時間常常不一定是那麼規律與準確的。

Q懷孕5個月內若超音波檢查都沒問題，就可放心？

A基本上，胎兒是一個不斷成長的個體，所以絕對不可能在某一個階段就可以斷定不會有任何的問題發生。不過以經驗值來說，在妊娠20週左右，胎兒器官結構大致上完成，如果此時超音波沒有發現什麼問題，風險自然大幅降低，但還是必須強調，標準的後續產檢持續追蹤還是很重要的！

Q是不是每次產檢一定要做超音波檢查？

A這是見仁見智的問題喔。理論上，每次產檢利用超音波來做檢測當然可以發現最多的問題，但礙於許多醫院預算設備上的限制，無法提供在每次門診有超音波的服務，自然有現實上還有費用上的考量。還是一句老話，如果本來就沒有問題什麼不必做也不會有事，如果真的有問題，當然是越早發現越好，所以這還是要由媽咪來決定啦！

Q超音波可以檢查出早產跡象嗎？

A可以的喔。目前我們可以利用超音波來量測子宮頸長度，只要子宮頸長度大於2.5公分以上，或是子宮內口沒有軟化開口情形，基本上早產的風險就大大降低。

Q超音波大約於懷孕第幾週可看出寶寶性別？

A依照一般標準，在超音波檢測下，大約在妊娠16週之後，分辨寶寶性別的準確率幾乎接近100%，如果寶寶姿勢不夠配合，當然確定的時間就可能往後推延。

在另一方面，由於高解析度的超音波越來越普遍，目前大約到了妊娠12週，對於寶寶性別的鑑別率，大概也可以達到90-95%喔。不過我還是必須強調，這還是在許多條件必須配合的情況下才能達到，會有個體上的差異。

Q超音波檢查也能診斷胎兒唐氏症嗎？

A我們可以利用超音波的一些軟指標來偵測唐氏症，包括了利用頸部透明帶，鼻骨，靜脈導管阻力，以及三尖瓣逆流等等來進行評估，當然最好還是搭配某些特殊生化值指標的檢測，大約可以達到9成的檢出率喔。

Q超音波檢查能看出心臟方面的疾病嗎？

A在最先進的高層次超音波技術下，大約80-85%的胎兒先天性心臟病可以被偵測出來，當然，絕對不可能達到百分之百，畢竟這還是有科學上的限制。

至於看出來了，能夠做什麼處置，這又是另外一個層次的問題了。在現今心臟矯正手術日新月益的發展之下，治療成功率越來越高，許多胎兒先天性心臟病可以透過早期偵測。在預先得知的情況下，在出生的第一時間就由小兒心臟科團隊接手處置，可以得到最佳的治療效果，絕對比過去父母及醫療團隊在完全不知情的情況下，被迫面對這個問題而措手不及，來的好上許多。

Dr. Su's Column

胎兒治療，生命的另一種可能

還記得，這對爸媽來到我門診的時候，是懷孕20幾週的事了，來的時候在超音波下診斷並不複雜，是「胎兒雙側乳糜胸合併胎兒水腫」，複雜的是如何治療。

在這種情況下，如果不在子宮內積極進行治療，基本上是沒有機會存活直至出生。即便可以撐到出生，此時長期間胎兒水腫所造成的多重器官傷害，也會讓後續治療沒有了可以樂觀的空間。爸比告訴我，他們徵詢了好多位醫師之意見，都搖頭建議請他們放棄。但是，他們就是捨不得，希望再給孩子一個機會。所以，在經過多次溝通與諮詢討論之後，我們決定嘗試進行漫長的胎兒治療。

在過程中，說實話，我也一度絕望，當每次治療完過幾天淋巴液又滿出來，那其實是很讓人心碎的。終於，在第三次的療程結束後，一切恢復了正常。

出生後，和健康新生兒一般的哇哇大哭，沒有任何後續治療必須再進行。最近滿一歲了，爸媽帶著孩子回來，告訴我們，很慶幸當初下了這個賭注與決定。我們，撿回了一個差點就被放棄的美好新生命。這不是特例。這只是我們在胎兒治療領域中的其中一項工作。

診斷與治療經常是一體的兩面，沒有診斷基本上就很難有良好的治療，但另外一種在醫學上的遺憾，就是有了診斷但仍然無法被治療。

在母胎兒醫學裡，**現代超音波醫學的發展，扮演了推動診斷不斷前進的那一雙手，超音波是產科醫師雙眼的延伸，透過超音波影像，我們才得以一窺胎兒在子宮內的全貌**。舉凡胎兒異常、前置胎盤、胎位不正以及胎兒生長遲滯…等狀況，皆可透過超音波得到有效的偵測。

在母胎兒醫學的領域裡，我必須承認，很遺憾的，有一類的疾病是沒有辦法被治療的。舉例來說，我們所了解的唐氏症，或是許許多多的不同型態染色體異常所引起的問題，這的確是無解。

此外，有一類的疾病。則是出生後可以被矯治的。譬如說，如心臟方面的疾病、橫膈膜疝氣、或是大家熟知的兔唇顎裂…等。如果在胎兒時期能夠被及時偵測出來，即便在產前無法做任何改變，但是在實務處理上，絕對有利於醫療團隊提早預作準備，而不至於措手不及或手忙腳亂，以及有充分的時間，讓父母做好心理上的接受與準備。

至於我們所提到的，要利用到胎兒治療的這一類疾病，則又是屬於另一類的範疇領域了。這一類的情況，常常都是一旦你放著不去處理它，基本上癒後結果都會很糟糕。但是，如果可以在產前胎兒的時期，積極介入進行治療，則常常都可以得到很好的治療成果。

生命，有時會迷路，但有時我們可以幫他找到回家的路，多美好，是吧！？

認識羊水與胎盤

大家都知道未出生的寶寶是在羊水裡成長、發育的，它不僅是讓寶寶得以生存的奇妙物質，更能讓醫師藉由它做許多相關的分析、篩檢，例如染色體異常。而胎盤，則是母嬰之間的重要相連，能輸送養分與氧氣給寶寶，胎盤功能的好壞也深深影響生產時的風險。一起來認識這兩者對於寶寶和媽咪的關聯性吧！

羊水是水還是尿？

羊水，是在羊膜囊內的液體，而寶寶就是被溫暖的羊水包圍著而一天天長大。16週之前，**羊水是由母體羊膜細胞先分泌的，是組織液的一種，而胎兒的呼吸道、皮膚、胎盤及臍帶表面也都會分泌出液體**。而在懷孕16週之後，胎兒的小便也會成為羊水的一部分，許多液體會全部混合在一起。待寶寶滿16週左右，會開始學習呼吸、吞嚥羊水，吸收營養後再經由腎臟過濾後排出來。

因為羊水內有許多游離細胞，因此會透過抽取羊水來分析染色體，以篩檢是否有唐氏症、海洋性貧血、血友病…等，這類基因異常的疾病。不僅如此，羊水量和其狀態，也能協助醫師了解寶寶是否有喝羊水，以及健康功能良好與否。

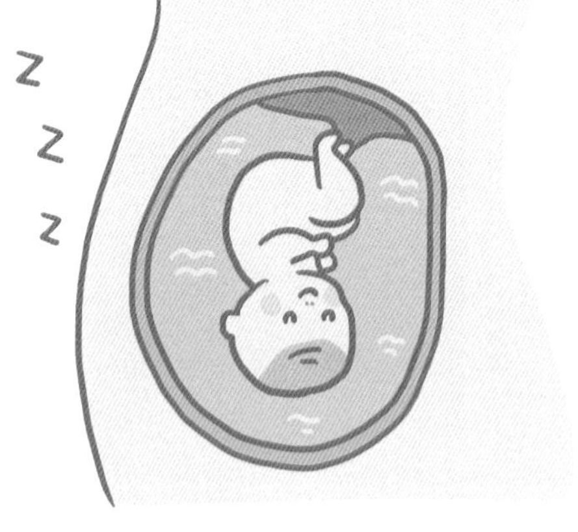

觀察羊水量

羊水能夠保護胎兒、避免外部撞擊力道，是能保護母嬰的緩衝物，還能降低胎動所造成的不適。生產時，羊水還能清洗產道，也讓寶寶更順利的產出。透過超音波檢查羊水深度，就能得知羊水量正常與否，一般來說，懷孕38週的羊水量約1000ml，足月時為800ml，羊水過多與過少，對媽咪和胎兒都是必須留意的狀況。

羊水量過多時…

媽咪的羊水量會在36週時達到最高點。大約為1公升左右，如果超過2公升時稱為羊水過多，

羊水過多時，必須確認媽咪及胎兒是否有任何病變。常見的胎兒問題，包括消化系統阻塞、脊柱裂、肺部發育不全等等。此外雙胞胎妊娠、媽咪患妊娠糖尿病、胎盤過大都是可能的原因。

此外，有些狀況是媽咪攝取過多甜食和精緻糖類，導致胎兒尿量多，胎兒的尿量就等於羊水量，尿量多就等同於羊水量多。羊水量多的媽咪，如果檢查後確認沒有任何特殊疾病時，可持續觀察。當羊水過多時，並伴隨著腹部持續緊繃、異常水腫等症狀時，媽咪的腹部負擔會因而加重，早產風險會較高。

羊水量過少時…

羊水過少時，胎兒在發育過程中的空間會受限，子宮空間不足，以致寶寶發育不良、四肢畸形，還有影響肺部的發育；另外也可能使得胎盤早期剝離，或是寶寶的腎臟、泌尿系統出現異常問題…等多種原因。

此外，羊水不足還會導致胎兒無法獲得足夠的保護，尤其在子宮收縮時，會影響到胎盤和臍帶循環，造成供氧不足，嚴重時可能釀成胎兒窒息。應配合醫師進行檢查，以確認媽咪及胎兒是否有異常現象，如無問題，可在醫師指導下增加飲水量。

胎盤的功能是什麼？

正常胎盤在子宮的上半部，藉由胎盤，能輸送養分及氧氣給寶寶，是非常重要的存在。如果在懷孕後期，有「前置胎盤」的情況時，就會使得子宮頸擴張時，胎盤就會因此被扯到甚至是破裂出血。

何謂前置胎盤？

所謂前置胎盤，指的是胎盤的邊緣延伸，蓋住子宮頸內口或是非常接近子宮頸內口，其程度依據遮蓋的情況而分為以下4種。

❶**完全前置胎盤**：胎盤完全覆蓋住子宮頸口。

❷**部分前置胎盤**：延伸的胎盤已覆蓋住部分的子宮頸口；

❸**邊緣性前置胎盤**：胎盤邊緣已相當接近子宮頸口。

❹**低位性前置胎盤**：胎盤位置較低，但離子宮頸口尚有一段距離。

胎盤過低的發生率，在懷孕24週以前是28%；24週時是18%；至足月時是3%。可見胎盤過低的情況還不能過早斷定，通常是等到30週才會確定為前置胎盤。

前置胎盤的典型症狀，是無痛的陰道出血。原因為子宮頸口擴張使得覆蓋於其上的胎盤血管被拉扯而導致出血。對於媽咪而言，風險在於無法控制的大量出血，可能會導致休克。對於胎兒而言則有可能導致子宮內生長遲滯、胎兒貧血或胎死腹中等等。有前置胎盤狀況的媽咪，要特別當心是否有出血狀況、輕微宮縮，平日要避免從事激烈活動並避免行房，有一點異常就需趕緊就醫。

由於現今超音波技術相當發達，媽咪會在產檢時得知自己是否有前置胎盤的風險，與醫師密切配合追蹤，或許懷孕後期的胎盤仍可能恢復至正常位置。有前置胎盤問題的媽咪，做內診前先提醒醫護人員，以避免因誘發大量出血而造成的傷害。

一般來說，前置胎盤的狀況若到足月都未改善，剖腹產的機率就很高。其中，「低位性前置胎盤」的症狀比其他種類的前置胎盤輕微，所以仍有自然產的機會。

媽咪問！羊水太少怎麼辦呢？

醫師除了會提醒媽咪多喝水、補充水分之外，必要時，會以生理食鹽水這類溶液灌注羊膜腔。此外，懷孕後期，媽咪若感覺持續有水水的分泌物（但非黏稠狀），此時需至醫師檢查，是否為破水的狀況。但最重要的，仍是讓醫師先判斷原因，找出是羊水製造不足（胎兒異常、胎盤功能不佳…等）還是羊水流失太多的情況。

低位性胎盤

部分前置胎盤

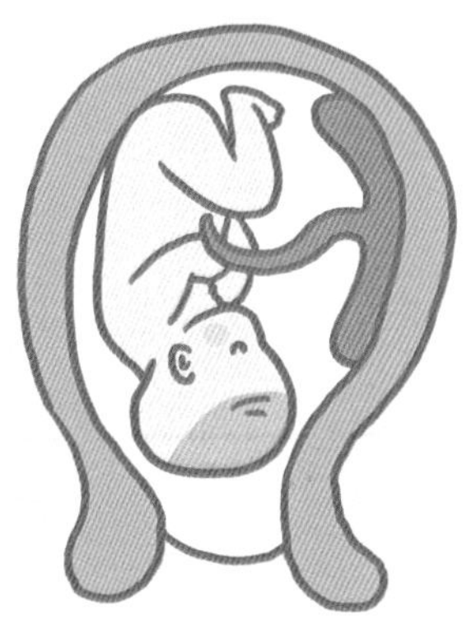

正常胎盤

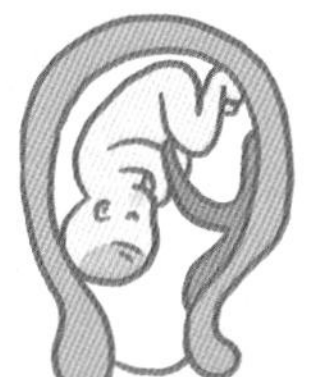

邊緣性前置胎盤

完全前置胎盤

蘇醫師說！若羊膜穿刺於20週後才進行

很多人以為，羊膜穿刺只能在16-20週進行，其實這個觀念是不正確的。基本上這就只是個通則，會建議在這個週數間施行羊膜穿刺，最主要還是考量到如果太晚進行，到時結果出來如果有染色體異常，胎兒週數可能會太大，導致臨床上不好處理。

但如果真的不巧，在20週以後才發現有胎兒異常的疑慮，建議進行羊膜穿刺來進一步確認是否具有染色體的異常，其實在實務上都是可以的。只要是在臨床上判斷這項檢查是有幫助的，即便超過20週，在任何時點都可以考量喔！

更何況超過24週以後，如果擔心羊水細胞會有老化的現象、不易培養進行傳統染色體檢查，我們還有臍帶血採樣術以及羊水晶片等選項可以當作備援呢，交給專業的來，就對啦！

認識侵入式檢查

一般媽咪對於「侵入式檢查」多有擔心或存疑，主要是因為不了解箇中的內容，讓我們在產檢前，先了解一下不同的侵入式檢查有哪些吧。

羊膜穿刺術

在超音波導引之下，將一根細長針穿過孕婦的肚皮、子宮壁，進入羊水腔，抽取一些羊水的過程稱為羊膜穿刺。懷孕16-18週左右是羊膜穿刺最佳的時機。小於14週的話，羊水量較少，羊膜穿刺的困難度較高；而週數太大的話，例如超過22週以後，則診斷出來的時候可能胎兒的懷孕週數太大，萬一要中止懷孕的話，會造成較多的困擾；此外，週數太大時抽取出來的羊水細胞老化，細胞培養也較不易。

Q「羊膜穿刺」可以檢測哪些項目？

羊膜穿刺是要從抽取出的羊水中找到胎兒脱落的細胞，在細胞培養後方能進行染色體或基因突變分析，大約有95%的個案，抽取羊水是要分析胎兒的染色體組成，其中最重要而常見的是唐氏症。有些單一基因疾病，例如海洋性貧血，血友病等，亦可透過檢驗羊水細胞內的基因而診斷。隨著科技之演進發展，還能利用未培養之極少量羊水細胞來進行基因晶片檢測，以達到更快速更準確之分析，進一步彌補傳統染色體解析度不足的限制。

Q「羊膜穿刺」有什麼風險？

懷孕中期進行羊膜穿刺時，抽取20ml左右的羊水，佔整體羊水量不到5%，而且羊水是胎兒的尿液，胎兒之後會再製造尿液，因此不會對胎兒造成影響。根據美國婦產科醫學會臨床指引指出，和羊膜穿刺相關導致胎兒流產的機率約為千分之二。

Q「羊膜穿刺」有什麼限制？

很多人都會以為，應該接受羊膜穿刺之後，如果報告正常，胎兒就不會有問題了。但事實上，大約有3%的新生兒會具有某些先天缺陷，有許多問題其實跟染色體無關，是沒有辦法利用羊水分析診斷出來的。

Q做完「羊膜穿刺」後要注意什麼？

羊膜穿刺之後，在扎針的地方可能有些疼痛。極少數孕婦有一點點的陰道出血，或者分泌物比較多一點，這些現象通常在稍微休息，或幾天之內就會自然消失，基本上也不需要服用任何藥物，而日常活動也不需要做任何限制，只是稍微注意不要太過勞累即可。但是如果有激烈的腹痛或發燒，明顯的破水，應趕快就醫。

絨毛取樣術

經腹部採樣時，媽咪只要平躺在檢查床上，醫師將一根細長針穿透媽咪的肚皮和子宮壁，進入胎盤採集絨毛。建議檢查的時機為懷孕10週後。此外，做完絨毛膜採樣後，要注意的事項與羊膜穿刺幾乎相同。

Q絨毛採樣有什麼風險？

利用絨毛採樣可檢查胎兒的染色體異常和單一基因疾病。基本上，絨毛採樣可以檢查的疾病項目跟羊膜穿刺的差不多，但是施行的時機比羊膜穿刺早，對於已知有基因疾病帶原的家庭而言，可以較早得知胎兒是否為患者。但必須負擔比羊膜穿刺術多一些些的流產風險（平均統計風險約1%）。

臍帶血穿刺術

利用超音波的導引，將一根細長的針刺入胎兒臍帶的血管，以抽取血液的技術，稱為臍帶血穿刺。週數太小的胎兒，其臍帶血管很細，要抽到血液是相當困難的，一般而言，懷孕22週以後至足月，都可以抽取胎兒臍血。

Q臍帶血穿刺可以檢測哪些項目？

利用臍帶血可以檢查從血液表現出來的胎兒疾病，因此能診斷的疾病包羅萬象。目前使用最多的情形是，懷孕20週以後的高層次超音波檢查已發現胎兒異常，這時可利用臍帶血進行快速的染色體或基因診斷。此外，若懷疑有胎兒感染、胎兒貧血等情形，亦可以藉由臍帶血穿刺進行診斷或治療。

Q臍帶血穿刺有什麼風險？

抽取胎兒臍帶血之後，受到針刺的血管會產生管壁的收縮而止血；另外臍帶血管的四週都圍繞著一層Warton膠質，也有助於止血。因此抽取臍血之後，隨後就止血，胎兒之流產率也不會超過1%。

到底這些技術可以幫助我們進行些什麼樣的檢查呢？

❶傳統染色體檢查

染色體檢查，或者更專業之說法為「細胞遺傳學檢查」，是遺傳學中最重要之基礎與支柱之一，最主要的分析標的，就是細胞中所謂的染色體。

❷基因晶片

新英格蘭醫學雜誌（NEJM，醫學第一名期刊），於2012年12月06日發表由美國國家衛生研究院（NIH）主導的計畫，研究4406個孕婦，結果發現胎兒接受高層次超音波檢查有異常，晶片比傳統染色體檢查可以多找到6%的異常，如果單純只是高齡，有1.7%可能發現是微缺失異常，第一或第二孕期唐氏症篩檢異常，透過晶片檢查有1.6%的機會發現有微缺失。

註：關於基因晶片詳細資訊，請見153頁。

胎盤功能不良時

胎盤負責傳遞媽咪的營養和氧氣給寶寶，也幫助排除代謝廢物，並肩負起保護寶寶的重責大任。當生命之源的受精卵在子宮內著床後，橋樑便開始漸漸築成，受精卵的絨毛像柔軟的觸手般深入子宮內膜，相結合形成了胎盤。寶寶健康成長所需的養分，從此就能透過它，從媽咪那裡得到源源不絕的愛和能量。

胎盤與子癇前症的關係

由於胎盤是寶寶成長的重要關鍵，一旦它的功能減退，會造成胎兒缺氧、營養不良、甚至生長遲緩、影響腦部發育。

而孕婦也會受到胎盤功能不良的影響，而引起「子癇前症」，即妊娠毒血症，對於媽咪來說，是影響最大的產科併發症。其症狀是媽咪在懷孕期間，發生高血壓、蛋白尿、水腫等現象，嚴重的則會發生中風、腦水腫、上腹痛、肝功能上升、凝血功能降低…等。不僅如此，子癇前症會使胎兒生長遲緩或胎盤早期剝離，危及媽咪寶寶的生命安全。

子癇前症中晚期風險評估

為減少這樣的風險，建議在懷孕的中晚期，可做子癇前症中晚期的風險評估，透過檢測胎盤生長因子（PIGF）和可溶性血管內皮生長因子受體1（sFlt-1）的比值，提前評估中晚期是否可能發生子癇前症。

一般來說，會借助媽咪血液中sF1t-1／PIGF的比值判斷胎盤功能不良的程度，如果<85，代表媽咪未來一個月內發生子癇前症或相關併發症機率極低。相反的，若>85，則建議媽咪依醫師指示做後續治療。

子癇前症中晚期風險評估流程

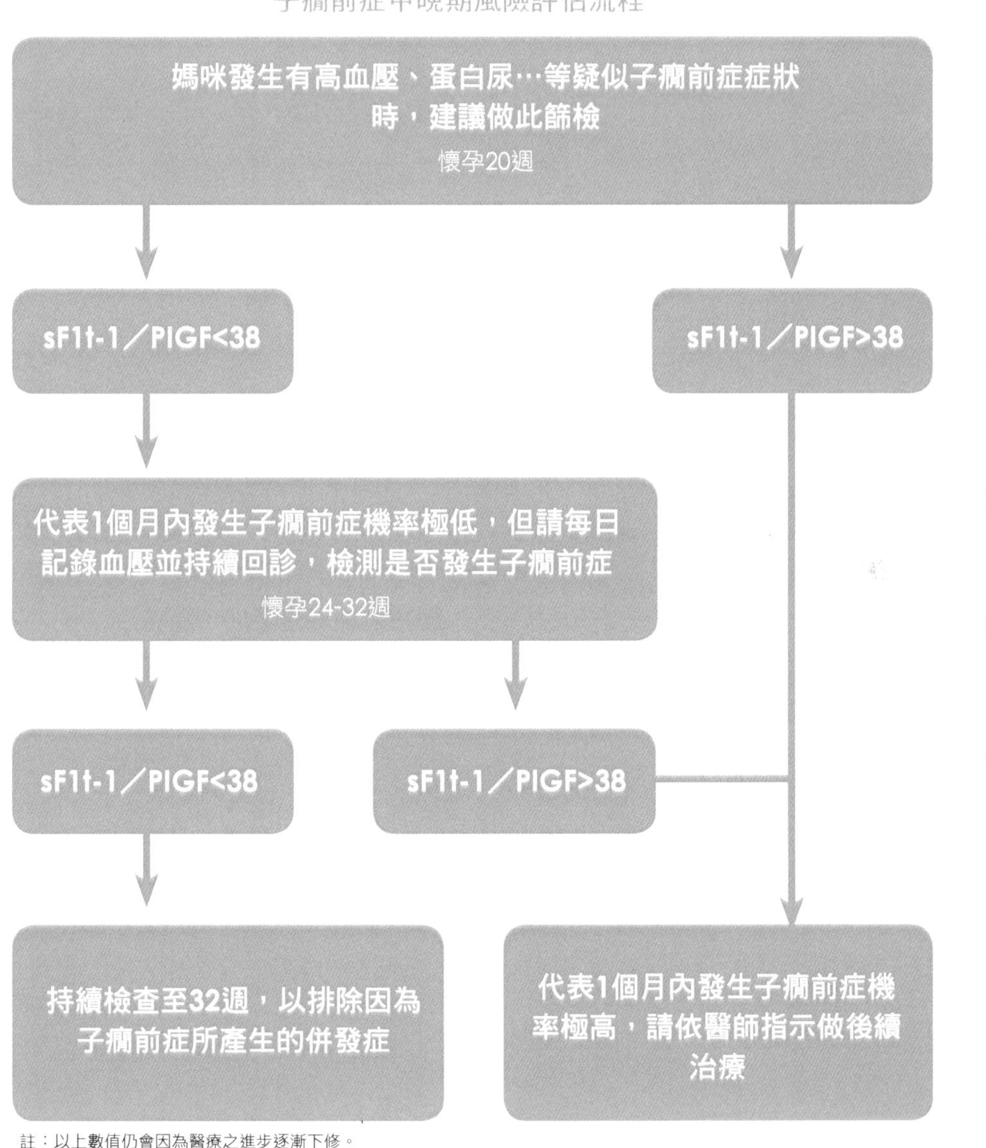

註：以上數值仍會因為醫療之進步逐漸下修。

Q 子癇前症中晚期風險評估於何時檢測呢？

如果媽咪錯過了子癇前症早期風險評的時間，即懷孕的$8\text{-}13^{+6}$週，會建議於20週之後，做子癇前症中晚期風險評估。如果媽咪懷孕中後期發生了高血壓、蛋白尿或水腫…等情形，更需特別留意進行此項檢測喔。

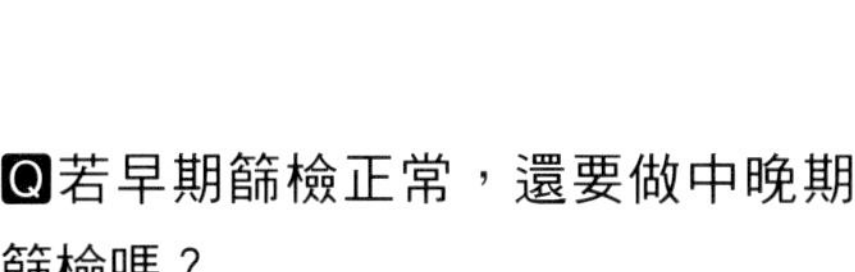

Q 若早期篩檢正常，還要做中晚期篩檢嗎？

若子癇前症早期篩檢正常，除非媽咪在懷孕中晚期發現有高血壓、蛋白尿、水腫或寶寶體重比正常值小超過兩週…等情形，才建議以中晚期篩檢來判斷是否為子癇前症。

Q 若篩檢結果為高危險群，要怎麼處理？

由於子癇前症會使媽咪產生全身水腫、頭痛、視力模糊、肝功能異常、肺水腫，嚴重時甚至可能中風，影響媽咪的生命安全；同時，會使寶寶發育遲緩，或產生子宮內生長遲滯，對寶寶的影響亦很大。因此，若經篩檢為高危險群，請媽咪和家人依照醫師指示，儘速就醫喔。

Q 每一胎都需要做檢測嗎？

建議每一胎都做檢測之外，更強烈建議有某些特殊情況的媽咪要特別注意，例如生第一胎、懷雙胞胎、前胎發生過子癇前症的媽咪們。而本身有紅斑性狼瘡、抗脂質症候群…等疾病之患者，也很需要做子癇前症風險評估，讓醫師來協助您渡過安心孕期。

Q有方法可預防子癇前症嗎？

建議高風險的媽咪服用低劑量阿斯匹靈預防，但生活中仍能透過一些方式或習慣改變，降低子癇前症發生的機會：

增加維他命C、維他命E、鈣質的攝取，改善胎盤氧化的情形：例如櫻桃、芭樂、奇異果、葡萄、番茄、柑橘類、青椒、甜椒、花椰菜…等蔬菜水果皆富含維他命Ｃ；燕麥、地瓜、堅果類、深色蔬菜含維他命Ｅ，建議媽咪可適量補充攝取，保護胎盤，預防氧化。

少吃油炸和過鹹的食物：油炸類食物、太鹹的食物，都會影響血壓變化。因此，減少過多油類、鹽分的攝取，不僅避免身體負擔，同時可控制媽咪體重。

適量增加每日活動量，或用溫熱水泡腳：每天散步或走路20-30分鐘是很好又簡便的運動方式。因為適量活動可減少浮腫，改善下肢血液循環及子宮動脈血流。若媽咪沒有固定運動習慣，也可在家做伸展操、動動身體，每天以溫熱水泡腳10-15分鐘，讓身心舒緩舒適。

定期回診，每天紀錄血壓：定期產檢，依照醫師指示回診很重要。讓醫師透過檢視媽咪的健康狀況、寶寶發育情形、運動頻率及每日血壓紀錄…等，給予媽咪孕期的建議。

關於早產

寶寶早產是媽咪們會很心痛不捨的狀況，導致寶寶早產的原因有許多面向及可能原因，媽咪要多加注意並配合診斷治療加以預防。

早產對寶寶的影響

懷孕週數滿20週、但寶寶未滿37週就出生的狀況，稱為早產，發生率約為10%。

早產兒的出生體重若低於2500公克稱為低體重，出生體重低於1500公克者稱為極低體重。出生體重越低，寶寶和其家屬會面臨的問題也會比較多，除了死亡機率增加，還有伴隨早產而來的各種急性和慢性問題。

據統計資料顯示，約有一半以上的極低體重早產兒，需要靠呼吸器維持呼吸，而其他早產兒合併症，包含了高黃疸血症、敗血症、呼吸道疾病、失明或顱內出血所遺留的神經系統的傷害，以及腦性麻痺…等。有鑒於此，關於早產風險的評估就得多加重視。

早產徵兆注意

如果媽咪有以下身體不適狀況時，請儘早諮詢醫師，讓專業醫療協助做判斷，有利於早期發現並受到妥善的醫療處置。

❶ 有不正常的出血狀況或破水。
❷ 持續性下背痛或是腰痠感一直有。
❸ 腹部有下墜感或陰道有壓迫不適的感覺。
❹ 出現規則且持續性的早期陣痛，以及每10分鐘就子宮收縮。

早產的原因很多，有一部分的早產與媽咪本身的生活行為有關，而絕大部分是因為母體先天的身體狀況、孕期疾病、胎兒狀況不佳所導致的。為避免早產情況的發生，在懷孕期間與醫師密切配合是非常重要的。

容易早產的母嬰狀況

分析	原因
胎盤狀況	前置胎盤，胎盤功能不佳或胎盤早期剝離。
子宮狀況	子宮畸形，例如：雙角子宮或子宮肌瘤造成胎兒成長空間狹小；子宮頸閉鎖不全，或是接受過原位癌之子宮頸錐狀切除或流產手術。
胎兒問題	1. 先天畸形：例如食道閉鎖不全，造成羊水過多。 2. 子宮內生長遲緩：胎兒特別的小，懷孕時照超音波可以發現 3. 雙胞胎或多胞胎：雙胞胎有一半的機率會早產，三胞胎的機率更大，以此類推。 4. 胎兒過大：媽咪本身子宮無法負荷，子宮便會提早收縮，造成早產。
母體本身	1. 妊娠高血壓：常會合併胎盤早期剝離，或不適合繼續懷孕而必須及早引產。 2. 妊娠糖尿病：可能會產下巨嬰，子宮不能負荷便會提早宮縮。 3.孕期感染：例如，泌尿道及生殖系統的感染，容易使細菌跑到子宮內，造成胎盤內絨毛膜及羊膜發炎，造成刺激而提早宮縮破水。 4. 孕期腹部急症：例如盲腸炎或是卵巢扭轉、腹膜炎，發炎組織會刺激宮縮。 5. 母親年齡：超過40歲而懷孕早產比率較高，18歲以下則是因為社會壓力及本身未發育完全，也容易早產。 6. 不良生活習慣：抽煙、喝酒及濫用藥物都會造成早產。 7. 孕期體重：超過 80 公斤或小於40公斤。

資料來源整理：財團法人早產兒基金會

媽咪問！子宮頸閉鎖不全會導致早產？

有一部分的媽咪，其子宮頸閉鎖力不夠，就像是一個束口包的袋口，無法確實被綁起來，使得媽咪在16-18週，甚至20週時，日漸增加的羊水袋壓力使得子宮頸撐開，而導致早產的情況。

當子宮頸被撐開時，媽咪不是先陣痛，而是相反的先破水才開始陣痛，子宮頸閉鎖不全這種特殊疾病的發生機率大約1-2%。因此先前懷孕有此狀況的媽咪，孕前務必提早告知婦產科醫師，於下次孕前先做妊娠早期子宮頸環紮術，避免子宮頸閉鎖不全的情況再度發生。

爸比媽咪一起上雙親教室

懷孕不再只是媽咪與寶寶的事，若能在懷孕中期，爸比媽咪就一起去上「雙親教室」課程的話，將有益於夫妻同心面對孕期及生產。

爸比如何協助懷孕媽咪

關於懷孕，建議所有即將成為人父的男性，都應該與另一半事先熟悉雙親教室的課程。透過雙親教室的講師說明，雙方可以提前預習即將面臨的各種孕產狀況，而其中最重要的就是，**爸比學習如何協助生活面和分娩陪產**，讓媽咪更放心、安心地懷孕至足月，一起等待寶寶誕生。

雙親教室有哪些課程？

· 孕期營養需求
· 生產減痛（拉梅茲呼吸法）
· 產後母乳哺餵
· 產後的新生兒照護
· 嬰兒按摩

若以生產減痛課程來說，爸比所需了解的，是如何在對的時刻，從旁改善媽咪面臨子宮收縮痛的不適，以及全心接受這些正常狀況，包含生產強烈疼痛時會不自覺尖叫、太快速的呼吸…等不利於待產時的生理反應。

針對以上生理反應時，講師會教導爸比陪媽咪一起做的肢體活動，減緩媽咪對於疼痛的注意力。舉例來說，可以讓媽咪站立並靠在爸比身上放鬆，然後如同跳雙人舞般擺動身體…等這類姿位改變的活動，並引導媽咪跟著呼吸，以幫助寶寶胎頭容易下降迴轉。

除了接受媽咪分娩前的生理狀況、知道怎麼應對外，爸比還需具備適時鼓勵媽咪的能力，是陪產時重要的精神支柱。這些學習與陪伴提醒，會增加媽咪對於疼痛的忍受性，同時消除不安和疼痛感，還能減少不預期性的剖腹產情況。

爸比若能多付出一些心力，與媽咪正向看待、多學習孕產相關的事，生產過程中的壓力與害怕，相信就能夠減輕許多。

體重夠不夠？補媽咪或寶寶？

懷孕中期的媽咪，應特別留意孕期體重增加過多時，妊娠糖尿病、高血壓的風險也會隨之增高，建議認真檢視體重增加的速度。

當媽咪過重時…

體重過重的媽咪的飲食三不！

❶不健康的食物。所謂不健康的食物，指的就是即使是一般人，也不建議食用的，就是你不該吃的。

❷不多吃精緻甜食。例如熱量高的糖果餅乾、高糖甜點、糕點。

❸從天然食物中均衡的攝取各類營養，不要過度進補。

但如果已經很謹慎地執行均衡飲食，卻還是過重的媽咪，建議向營養師諮詢。專業營養師會協助你檢視三餐飲食，找出你飲食習慣的盲點，了解媽咪是吃了太多肉，還是吃了太多水果？把飲食不均衡的重點找出，體重控制就有眉目。

對於體重增加過多的媽咪，會先釐清是否寶寶也同步變胖。如果確認為「寶寶瘦，媽咪胖」的狀況，則會朝向血管及胎盤功能不佳，養分輸送給寶寶出了問題。但是媽咪也不要太過緊張，因為每個寶寶的成長進程不同，一週的大小，都是可以接受的程度；當生長發育相差2週以上時，應正視這個問題。

營養師叮嚀！過重媽咪如何改善血管及胎盤功能？

孕期體重增加過多的媽咪，卻發現寶寶體重卻低於標準過多時，可以從胎盤功能檢查中確認胎盤及臍帶血流功能。一旦確認後，應設法改善胎盤及臍帶血流功能。胎盤及臍帶血流功能健康，寶寶就能順利藉由胎盤吸收到養分，順利地健康發育。媽咪可以從以下方式進行改善。

平時多吃蔬菜及抗氧化食物，抗氧化食物可以讓扁平的血管恢復彈性、收縮正常，血液流通順暢後，寶寶的吸收能力就會正常。

媽咪過輕時…

對於體重增加太少或體重過輕的媽咪，醫師及營養師會先衡量寶寶的體重，如果寶寶體重正常增加，就不需要太擔心。

當超音波發現寶寶體重不符合週數時，建議媽咪重新檢視「我的餐盤MyPlate」飲食不均衡時，營養難以有效率的轉移到寶寶身上。檢視飲食後，每位媽咪的問題點不同，有的人可能是吃得不夠、蛋白質缺乏；有的人可能是少了醣類、蛋白質利用率不高，變成尿素排出體外；也有人是鐵質缺乏，長期貧血的狀況導致寶寶生長遲滯。

無論如何，對症下藥才能突破飲食上的盲點。如果重新檢視餐盤後還是無法發現問題，建議媽咪諮詢專業營養師，了解如何提高每餐的營養價值，加速寶寶的成長發展。

Q甘蔗汁養胖可行嗎？

網路上瘋傳「喝甘蔗汁寶寶大的快」的說法，有很多媽咪認同並且身體力行。甘蔗汁無異於蔗糖水，升高血糖的速度跟喝糖水一樣，血糖飆高後形成類似「妊娠糖尿病」的狀況，寶寶吸收到大量的糖分，結果當然像

一般大人狂灌超甜珍珠奶茶一般，使得體重直線上升。這樣的方法，不僅讓媽咪暴露於妊娠糖尿病的高風險環境下，更有越來越多研究指出，懷孕期間的高糖分飲食可能改變胎兒的代謝模式，增加寶寶未來得到慢性病的風險。

其實寶寶的體重在正常標準範圍內就好，大隻寶寶不見得健康，請媽咪們審慎斟酌入口食物，並且尋求專業建議，避免誤信謠言，反而引發日後更多的疾病！

Q代糖比較健康?

許多嗜吃甜食的媽咪好奇懷孕期間是否可以使用代糖，避免攝取過多糖份和熱量。代糖分為人工甜味劑和醣醇兩種，目前使用在懷孕婦女均無不

良反應的報告出現，但是人工甜味劑畢竟是加工食品，而醣醇大量使用時也可能有腹瀉的情況，雖然兩種代糖少量使用均健康無虞，但是培養清淡口味，學習享受食物的自然甘甜，才是常保健康的養生之道。

Q吃糖怕胖，吃蜂蜜比較不易胖？

蜂蜜熱量比糖的熱量稍低一些，100公克的方糖熱量為385大卡，蜂蜜的熱量為308大卡，但是蜂蜜的甜度比糖低，很容易讓媽咪不經意地過度食用，因此在添加蜂蜜時仍應留意分量，免得弄巧成拙。

蘇醫師說！媽咪胖得多，胎兒不見得頭好壯壯

各位，請問有誰覺得媽咪吃得多、體重增加的越多，寶寶就會更健康的，請舉手？

我必須說，依據現今的研究，絕對絕對沒有媽咪體重增加越多、胎兒就越健康這回事。

我完全可以理解，或許你本身並不想這麼做，但來自婆婆媽咪的叮嚀與轟炸，一定讓你很有壓力，對吧？其實這真的不能怪他們，在過去的環境裡，由於營養來源相對是不足的，所以要孕婦多吃一點確實是有其時代背景。

但在二十一世紀的現在，您相信在臺灣還有人會營養不良嗎？

在這件事的思考裡面，基本上有兩個面向。第一，媽咪胖得多，小朋友就會比較大嗎？第二，胎兒比較大，就會比較健康嗎？說實話，這些都不是正確的。

在第一個面向裡面，孕婦胖的太多，反而會大幅增加罹患糖尿病及高血壓的風險，而且如果不幸真的胎兒因此養太大了，甚至更會增加難產的風險。但真正的重點是，很悲傷的，媽咪胖得多，胎兒不見得會比較大！基本上，我認為這種行為跟自殘其實沒有差多少了。在第二個面向裡，答案其實也很簡單。**新生兒的健康，只跟「週數和成熟度有關」，跟大小其實並沒有完全的相關喔。**

好了，如果媽咪同學看完了這篇，還是執意把自己吃的很肥，希望讓小朋友不要輸在起跑點而讓為娘的內疚的話，我，就真的要抓狂了，不要逼我，好嗎？

餐間點心怎麼吃？

懷孕中期後，三餐之外可以加進點心，讓中後期的理想體重再多加300卡，以滿足母嬰需求。以下有幾項原則前提，讓媽咪們選擇好食物來健康增重。

媽咪如何健康吃點心？

只要抓準熱量及份量，媽咪一天可以吃1-2次的點心，特別是懷孕中後期。但建議選擇**「營養素多元」**、**「天然食材」**、**「減少加工品」**這三個原則來挑選點心品項為宜。對於熱量和份量不太會計算的媽咪，諮詢妳的營養師，可以得到更個人化的幫忙喔。

選擇孕期點心5原則

❶ 天然食材，避開加工品。

❷ 少熱量和高糖分，儘量低鹽少油。

❸ 不吃空熱量又無營養的零食。

❹ 減少選擇精緻糕點。

點心300卡怎麼算？
無糖優格（240ml）＋玉米1小截（約140公克）
低脂奶1杯（240ml）＋香蕉1根
吐司1片+小蘋果1個＋水煮蛋1顆
雜糧麵包1.5片＋柳丁汁1杯（3顆柳丁榨原汁）
餛飩湯1碗（6顆小型的）
地瓜1小條＋無糖豆漿1杯＋草莓10顆
核桃1匙＋無糖優格1杯240ml＋香蕉1根
富士蘋果1顆＋水煮蛋1個＋全脂牛奶1杯240ml
茶碗蒸1個＋水煮玉米1條
紫米紅豆湯半碗＋豆漿1杯 240ml
媽媽奶粉1杯240ml

除了以上原則，有什麼樣的食物可以當作媽咪的午晚點呢？

澱粉類　地瓜、五穀雜糧饅頭、黑麥堅果麵包、水煮玉米。

鹹食　蔬菜關東煮、不額外加醬的蔬菜和肉片加熱滷味、茶碗蒸、水煮或荷包蛋、山藥蓮藕湯。

甜品　紫米紅豆湯（不要加湯圓喔）、低糖綠豆薏仁、枸杞白木耳桂圓湯、無糖優格。

飲品　豆漿、牛奶（新鮮或是沖泡均可）。

零嘴　無鹽堅果、水果切片、高纖蘇打餅乾、低鹽杏仁小魚乾。

如果真的很想吃市售商品當點心的媽咪，選擇和搭配技巧就很重要，例如1個菠蘿麵包或是包卡士達醬的甜麵包，可能小小個就超過300大卡，但是營養素卻少的可憐，這時不如選擇一杯低脂牛奶和堅果脆片隨身包會是較佳選擇，可以幫助寶寶身高IQ都高人一等喔！

Column 爸媽一起看！

營養品補充品雜問 Q&A

有些媽咪會偷懶想從營養品補充不足的營養素，有些媽咪則是不了解營養補充品怎麼吃，專業營養師要告訴妳相關知識。

Q 家中長輩一直要我吃補品…

A懷孕中期的媽咪會接收到許多滋補食品的資訊，例如滴雞精、燕窩、膠原蛋白飲品，這些食品適合孕期食用嗎？其實現代的媽咪吃得很好，該留意的應該是礦物質和維生素，平日飲食應該不缺主要營養素，不必攝取額外高熱量的營養品。

如果是體重過輕的媽咪，倒是偶爾可運用一下滋補食品於飲食中。例如，偶爾用滴雞精煮湯麵、用於炒飯、煮白飯…等，都是不錯的烹調方式。

已是體重比較重的媽咪，則需避免食用滋補食品。因為體重一旦增加太快，會影響新陳代謝，長出來的會是脂肪，而不是肌肉。尤其是如果孕前有大量運動習慣的媽咪，懷孕之後運動量減少的話，脂肪就增加很快。

Q 益生菌和酵素怎麼選？

A益生菌和酵素都有許多功能，包涵的菌株和內容物也不盡相同，媽咪在選購時儘量選擇成分單純，不含大量未知植物及中草藥萃取物，並且不添加甜味劑和調味劑、色素或是香精、香料的產品。而有些酵素纖維粉含有蘆薈、番瀉葉、苦橙萃取物等，亦不建議孕婦食用，而常見的葡萄籽萃取物、綠茶萃取物（兒茶素、綠茶多酚）、綠藻萃取物等，目前安全性未知，也是不建議使用。選擇產品時最好諮詢營養師後再行購買。

Q 綜合維他命需要嗎？

A 對於常常外食的媽咪而言，中期可以開始每日補充一顆綜合維他命。主要是因為外食媽咪的營養比較難以兼顧，服用一顆綜合維他命，可以稍微彌補其不足。一般市面上的綜合維他命鈣質和鐵質含量不一，媽咪在挑選綜合維他命時，可以檢視成分表，額外斟酌補充鈣質和鐵質食物。

Q 我的營養品要飯前吃還是飯後吃？

A 每種營養品的劑型和劑量都不一樣，普遍來說，有油脂的（例如魚油、卵磷脂）一般建議於飯後使用，其餘錠劑和粉劑的營養品則視它的包膜、壓錠、製程和添加物等，決定它的使用方式，通常包裝上會詳細說明，也可以諮詢營養師，了解如何正確使用營養品。

Q 吃魚油有什麼好處？

A 魚油可以降低發炎反應，發揮緩和情緒的效果。魚油對整個孕期都相當重要，尤其在懷孕中後期間，魚油的DHA確實有助於寶寶腦部和視網膜發育。**魚油是一種相當優質的不飽和脂肪酸，流動性及延展性極佳，可以成為細胞膜之間的通道**，讓神經突觸流動性更好，訊息跑得快，反應也會較快，影響了認知發展，這也就是大家常說魚油變聰明的原因。

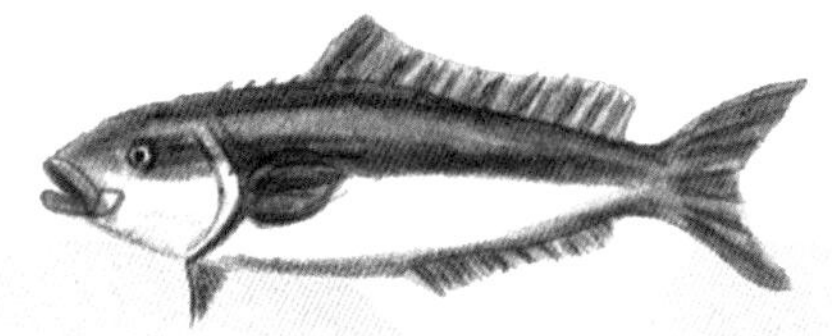

營養師建議！
寶寶爸媽一起吃

中期篇

懷孕中期開始，需要著重寶寶發育以及胎兒體重增加至一定程度，所以這時的營養份量就會比較多，甚至吃一些點心也沒問題，只要是天然食物即可。

懷孕中期的營養筆記

在每個孕期，都有特別需加強的營養，書中將依前中後孕期需要的各項營養分別做介紹，讓營養師來告訴媽咪，妳可以從哪些食物中獲得給寶寶最好的養分。

POINT1

鈣質 ➡ 為媽寶存好滿滿骨本（1000mg）

來源｜牛奶、乳製品（乳酪）｜深綠色蔬菜｜乾豆類、黑芝麻｜小魚乾、帶骨魚｜鈣質強化之食品

烹調注意

鈣需要有維生素C、D及乳醣、其他營養素一起，才能提昇吸收率。咖啡因或高脂肪飲食、植物性食物裡的植酸及草酸，則會抑制鈣質吸收。

中期是開始補充鈣質的好時機。寶寶骨骼的鈣化從24週開始進入高峰期，因此高層次超音波要趁著24週前，骨質還未鈣化完全時儘快完成，才不會影響檢測的準確性。24週後，媽咪們就可以開始努力的為寶寶存好骨本，也預防自己未來骨質疏鬆的情況。

如何從食物中補充足夠的鈣質？成人每日營養素攝取量建議一天應攝取1000毫克的鈣質，相當於4杯牛奶。不過從國人飲食習慣來看，要每日飲用4杯牛奶的量相當困難，因此建議至少每天喝2杯牛奶，以攝取500毫克的鈣質，其他可從綠色蔬菜、魚類中攝取；又或者1杯牛奶（240ml）加1片起司，和1碗菠菜以及1匙黑芝麻。

值得留意的是，豆漿雖然是優質的植物蛋白質來源，但是鈣質含量卻不高，一杯豆漿的鈣質含量是同樣牛奶量的1/10。如果是全素食的媽咪，飲用豆漿時，可添加適量黑芝麻粉，或是優質堅果，以補充鈣質攝取量。

POINT2

維生素B群 ➡ 以利紅血球形成

來源｜小麥胚芽、全穀類、麥片、堅果種籽、內臟及瘦肉、大豆製品（維生素B_1）｜牛奶及乳製品、蛋肉類、深綠色蔬菜、強化穀類（維生素B_{12}）｜奶蛋魚肉類、堅果類、酵母、胚芽、深綠色蔬菜（維生素B_3，即菸鹼酸）

烹調注意

維生素B_1是水溶性、易代謝也易受高溫破壞，烹煮時要縮短時間以保留營養，常見於優質澱粉中。維生素B_2易受光照破壞，因此保存要留意，例如牛奶。而菸鹼酸是穩定性相對好的維生素，不論烹調或儲存都不會大量流失。

維生素B_1、B_2都是讓能量進行新陳代謝的關鍵營養。如果飲食熱量比較高或碳水化合物吃比較多時，**媽咪需多攝取維生素B_1，能減壓及安定情緒，更是維持心臟及神經系統的重要物質**。維生素B_2則能修復皮膚與增生血球、預防嘴角發炎，有助於寶寶口腔細胞、皮膚指甲的生長。菸鹼酸能維持神經系統健康和腦部發育良好，也可保護皮膚及呼吸道健康。

POINT4

維生素C ➡ 健全寶寶的腦部功能（110mg）

來源｜各種水果（例如芭樂、番茄、柑橘類…等）｜深綠色蔬菜

烹調注意

維生素C無法靠人體自行合成，所以每天都要攝取足夠的量。維生素最怕加熱，以及接觸空氣後就對氧化，會受到相當程度的破壞。所以烹調溫度不宜太高、若是打果汁或切水果的話也要趁新鮮吃完。

維生素C是水溶性、會經尿液排出，故懷孕期間就要補足，有利於寶寶大腦發育。**建議媽咪餐後可吃一份新鮮水果，除了補足維生素C，也促進非血基質鐵的吸收率、讓鐵質吸收更好**。許多蔬菜的維生素也很豐富，建議用蒸煮的方式，留住維生素C，其抗氧化力還能提昇胎盤功能。

但如果是血糖已過高的媽咪，就需諮詢營養師做份量調整。而維生素不足的媽咪，除了日常飲食，可透過營養師建議，適度服用錠劑。

POINT3

Omega-3脂肪酸 ➡ **有助於神經細胞發育（200-300mgDHA 0-200mg EPA）**

來源｜海鮮類（例如秋刀魚、鮪魚、鯛魚…等）｜部分油脂類（例如亞麻仁油、堅果類）

烹調注意

Omega-3脂肪酸怕高溫、較不穩定，因此要減少油炸和油煎，可改以烤或蒸的方式。

Omega-3脂肪酸是由DHA、EPA、ALA組成的多元不飽和脂肪酸，是生長發育必需之物質。Omega-3**脂肪酸的確實攝取，有助於懷孕中期的寶寶腦部神經及視網膜細胞、神經組織的發育**。不僅如此，它能促進血液循環、有助於降低妊娠併發症的發生率（妊娠高血壓、妊娠糖尿病、憂鬱症…等）。

由於Omega-3脂肪酸大多在深海魚類，如果擔心重金屬汙染的媽咪，就避免大型魚類，例如劍魚、鮪魚、旗魚…等。但較小型的新鮮魚種，像是鮭魚、鯖魚、土魠魚、秋刀魚…等，可以每週吃1-2次，大約手掌大小的份量。

POINT5

蛋白質 ➡ **讓寶寶長壯長肉（約70g，請諮詢營養師個人需求量）**

來源｜魚肉蛋豆奶類（瘦肉、低脂者更佳）

烹調注意

不適合過度的烹調，比方高溫油炸、燒烤…等，以及要避開含鈉量高的加工品（香腸、肉鬆、熱狗、鹹蛋…等）。

蛋白質能建造修補體內組織，深刻影響胎盤發育、羊水生成，對於子宮及乳房也有相當程度的益處。特別是將來想親餵母乳的媽咪，更要好好攝取優質蛋白。懷孕中後期，每天可多補充10公克的蛋白質，例如1顆水煮蛋、1杯牛奶、半盒豆腐、1兩瘦肉（大約4根手指頭寬）。**蛋白質每天適量攝取即可，過量會造成肝腎負擔**，建議可吃動物性蛋白質（可去皮或少油烹調）及植物性蛋白質各半的量，這樣就能避免熱量太高的疑慮。

營養師食譜！

懷孕中期的一日三餐這樣吃

懷孕中期開始，需要著重寶寶發育以及胎兒體重增加至一定程度，所以這時的營養份量就會比較多，甚至吃一些點心也沒問題，只要是天然食物即可。

註：烹調時請依食譜份量實作，才能達到營養均衡及體重控制之效果，圖中份量僅為拍攝參考

Day1 BREAKFAST 早餐

營養分析

熱量（卡）	蛋白質（公克）	脂肪（公克）	碳水化合物（公克）
664	19.6	15.2	112.2

糙米鮭魚三角飯糰

食材⇒鮭魚30公克、香鬆少許、糙米飯1碗

調味料⇒鹽1/4小匙、油1小匙

作法⇒1.鮭魚洗淨後擦乾水分，兩面均勻塗抹鹽，醃漬10分鐘。2.熱鍋，加入油，放進鮭魚煎至兩面金黃後取出放涼，用叉子刮鬆（可用乾淨無水分的瓶子密封保存，每次取所需的量使用）。3.將香鬆及鮭魚肉加入煮好的糙米飯中拌勻，填入三角壽司盒，或直接壓緊手捏成飯糰形狀，依個人喜好可加上海苔包住一起吃。

雙果藍莓汁

食材⇒奇異果1顆、蘋果1/2顆、藍莓少許、優酪乳1瓶（約200ml）

作法⇒1.奇異果、蘋果皆洗淨，去皮切小塊，放進果汁機。2.加入藍莓與優酪乳放入果汁機中，攪打均勻即可。

營養師小叮嚀

外食早餐大多使用加工火腿、培根…等，不如改為自己用新鮮鮭魚做快速飯糰，其含有ω-3脂肪酸，提供寶寶腦部神經、視網膜神經、神經組織的重要成分，是讓寶寶發展很重要的營養素。此為1碗飯的熱量，需要熱量調整者，可先調整飯量，半碗飯為140卡（各餐次通則），其次可調水果份量，請勿減少魚的份量。

Day1
LUNCH
午餐

營養分析

熱量（卡）	蛋白質（公克）	脂肪（公克）	碳水化合物（公克）
610.9	39.1	18.6	72.4

營養師小叮嚀

懷孕中後期開始每天需要再增加10公克的蛋白質，建議選擇低脂優質的蛋白質，如蝦、雞胸肉，更有利於孕期體重管理。此外，食用適量的新鮮蝦子，並不會讓寶寶過敏，可安心食用。此外，甜蝦的肉比較少，若是大隻的蝦就可減量。

燕麥飯

食材⇒燕麥20公克、白米60公克（約半杯米）

作法⇒稍微清洗白米，和燕麥、適量水一起入電鍋煮。

番茄炒高麗菜

食材⇒番茄半顆、高麗菜70公克、黑木耳20公克

大蒜1瓣

調味料⇒鹽、糖少許、油2小匙

作法⇒1.剝下高麗菜葉片、洗淨，切成片狀；番茄洗淨，切塊。2.紅蘿蔔、大蒜也洗淨去皮，均切成薄片。3.熱鍋，加適量油，放入蒜片及紅蘿蔔先炒香。4.續入番茄炒軟，再放高麗菜拌炒至熟軟，最後加調味料炒勻即可。

清蒸鮮蝦

食材⇒鮮蝦10尾、蔥1支、薑1小片

調味料⇒米酒1/2小匙

作法⇒1.蝦子全部洗淨並挑除腸泥，排入盤中備用。2.蔥與薑均洗淨切絲，撒在鮮蝦上，淋上米酒，放入蒸鍋中，以中大火蒸5-6分鐘即可。

滑蛋雞片湯

食材⇒雞胸肉40公克、黃豆芽50公克、蛋1顆、蔥花少許

調味料⇒鹽少許

作法⇒1.雞胸肉切成薄片，黃豆芽洗乾淨，另外打一碗蛋花，備用。2.備一滾水鍋、放入黃豆芽、雞胸肉煮至快熟，再倒入蛋花，最後加點蔥花。

Day1
DINNER
晚餐

營養分析

熱量（卡）	蛋白質（公克）	脂肪（公克）	碳水化合物（公克）
715.4	33.4	32.2	73.0

營養師小叮嚀

懷孕中期所需的熱量、蛋白質都會增加，而且需要維生素B群幫助代謝，因此建議主食選擇以五穀雜糧為主，會比白米含有更豐富的維生素B群與纖維含量。

蒜茸茄子

食材⇒茄子50公克、大蒜2瓣、九層塔適量

調味料⇒醬油1湯匙、香油1茶匙

作法⇒1.大蒜和茄子皆洗淨，大蒜切成蒜茸、茄子則對半切，再切成3公分小段。2.備一滾水鍋，放入茄子滾水燙一下，撈起放涼。3.將調味料調勻，再加入蒜茸，最後淋在茄子上面。

芥蘭炒牛肉絲

食材⇒芥蘭70公克、牛肉50公克、紅椒30克、大蒜2瓣

調味料⇒油1小匙、Ⓐ醬油、米酒各1小匙、太白粉、糖少許、Ⓑ鹽、胡椒粉少許

作法⇒1牛肉切片，加入A料拌勻，醃漬20分鐘備用。2.大蒜洗淨去皮，切薄片；芥蘭菜洗淨，斜切成小段，放入滾水鍋汆燙，取出、瀝乾備用。3.熱鍋中，倒少許油爆香蒜片，先放入牛肉片炒散，再放進芥蘭菜及B料快速炒拌均勻。

蘿蔔排骨湯

食材⇒白蘿蔔60公克、豬小排80公克、香菜5公克

調味料⇒鹽少許

作法⇒1.白蘿蔔洗淨切成滾刀塊，備用。2.備一滾水鍋，放入豬小排汆燙去血水後，撈起。3.將白蘿蔔和豬小排放入電鍋內鍋中，倒入蓋過食材的水量，按下開關煮。4.待食材煮熟後調味，最後撒上香菜末即可。

紫米飯

食材⇒紫米20公克、白米60公克（約半米杯）

作法⇒1.白米稍微清洗備用，紫米洗淨後泡水30分鐘，瀝掉水分。2.浸泡過的紫米、白米、適量水一起入電鍋煮。

Day2
BREAKFAST
早餐

營養分析

熱量（卡）	蛋白質（公克）	脂肪（公克）	碳水化合物（公克）
392.3	20.3	3.9	69.0

毛豆糙米鯛魚粥

食材⇨毛豆30公克、鯛魚60公克、糙米60公克（約半米杯）、紅蘿蔔20公克

調味料⇨鹽、白胡椒粉少許

作法⇨1.紅蘿蔔洗淨切小丁，毛豆也洗淨，備用。2.糙米洗淨後，浸泡1小時；鯛魚切片，備用。3.將所有食材和水一起入電鍋煮熟至軟爛，之後再加鹽與白胡椒粉調味。

營養師小叮嚀

除了此粥品，另需加進1盤或1份水果（以當季水果為主，特別是芭樂、蘋果、柳丁都不錯）。毛豆與鯛魚皆是優質蛋白質，鯛魚含有ω-3脂肪酸，而毛豆營養能媲美動物性蛋白質，並且還能提供纖維有益於腸道健康。

Day2 LUNCH 午餐

營養分析

熱量（卡）	蛋白質（公克）	脂肪（公克）	碳水化合物（公克）
604.3	29.9	25.9	62.9

銀芽豆干

食材⇨五香豆干2塊、紅蘿蔔10公克、綠豆芽80公克、大蒜2瓣

調味料⇨鹽少許、白胡椒粉少許（可不加）、油1匙

作法⇨1.備一滾水鍋，先汆燙五香豆干，撈起放涼。2.紅蘿蔔洗淨切絲，綠豆芽洗淨後去掉頭尾；豆干切絲，備用。3.熱鍋，倒入油，先爆香大蒜末，放入紅蘿蔔炒至半熟。4.接著放進綠豆芽炒一下，再放豆干絲，加一點水讓蔬菜變軟並拌炒，最後調味即可起鍋。

彩椒雞丁

食材⇨黃椒20公克、紅椒10公克、青椒10公克、雞胸肉30公克、大蒜2瓣、蛋白1/2-1顆

調味料⇨鹽少許、白胡椒粉少許、太白粉少許、油2小匙

作法⇨1.黃紅青椒全洗淨切小塊，大蒜切片，備用。2.雞胸肉切成小丁，放入小碗中，以太白粉、鹽、白胡椒粉、蛋白液抓醃一下。3.熱鍋，倒入油，先爆香大蒜片，放入雞丁拌炒後盛起。4.接著放入黃紅青椒拌炒至熟，再倒進雞丁拌勻，最後加鹽調味即可。

地瓜飯

食材⇨地瓜60公克、白米30公克

作法⇨1.地瓜洗淨，削皮切塊或小丁。2.白米稍微清洗，與地瓜、水一起入電鍋煮。

營養師小叮嚀

彩椒及青椒皆含有豐富的維他命C，是很重要的營養素。若媽咪於孕期中缺乏維他命C，會使寶寶大腦中負責儲存記憶的海馬體受到影響，因此需攝取足夠的量。

玉米排骨湯

食材⇨玉米1根、軟排1塊、香菜少許

調味料⇨鹽少許

作法⇨1.備一滾水鍋，放進軟排汆燙去血水後，撈起備用。2.玉米洗淨切塊，放進另一個有水的鍋中，再放軟排一起煮滾。3.關火後加鹽調味，最後可撒上香菜末。

Day2
DINNER
晚餐

營養分析

熱量（卡）	蛋白質（公克）	脂肪（公克）	碳水化合物（公克）
760.5	43.9	28.8	87.3

營養師小叮嚀

糙米含有豐富的維生素B群，能幫助身體代謝；而馬鈴薯、豌豆苗、茼蒿都含有維他命C，加熱烹煮後雖然會流失一點營養素，但不會全面流失掉。

糙米飯

食材➡糙米80公克（約2/3米杯）

作法➡糙米先浸半小時，瀝掉水分，再與適量水入電鍋煮。

和風馬鈴薯肉

食材➡馬鈴薯1/2顆、里肌肉片80公克、蒟蒻30公克、洋蔥30公克、紅蘿蔔80克

調味料➡日式醬油1湯匙、味霖1湯匙、油2小匙

作法➡1.備一滾水鍋，放入里肌肉片快速汆燙一下，撈起備用。2.馬鈴薯、紅蘿蔔洗淨去皮，與洋蔥皆切成小丁。3.取一鍋子，倒入油，先炒香洋蔥，再加進紅蘿蔔、馬鈴薯拌炒。4.倒入日式醬油、味霖燜煮一下，最後放蒟蒻、肉片煮至入味即可起鍋。

蝦仁豌豆苗

食材➡豌豆苗70公克、蝦8隻、薑2片

調味料➡鹽少許、油2小匙

作法➡1.豌豆苗洗淨切段，蝦洗淨去殼腸泥，備用。2.熱鍋，倒入油，先爆香薑片，放進蝦子煎至半熟，撈起備用。3.放進豌豆苗炒一下，倒入蝦子拌炒，最後調味即可起鍋。

茼蒿豆腐湯

食材➡茼蒿70公克、板豆腐1塊

調味料➡鹽少許

作法➡1.茼蒿洗淨，豆腐切塊備用。2.備一滾水鍋，加入茼蒿、豆腐煮熟後調味即可。

Day1
DESSERT
點心

營養分析

熱量（卡）	蛋白質（公克）	脂肪（公克）	碳水化合物（公克）
388	12.7	15.6	49.2

麥片牛奶粥

食材⇒麥片20公克、全脂牛奶300、蜂蜜20公克（或不加）、綜合堅果1湯匙

作法⇒先以熱水泡開麥片，依個人喜好加蜂蜜與溫牛奶攪拌均勻，最後撒上堅果即可。

營養師小叮嚀

麥片、蜂蜜含有豐富的維生素B群與水溶性膳食纖維，而牛奶含有維生素B2，有助於寶寶和媽咪的皮膚健康（牛奶亦可和媽媽奶粉代換）。需熱量控制者，可改低脂鮮奶，熱量約差60卡，而蜂蜜20公克（約兩湯匙）則是70卡。

芝麻糙米甜粥

食材➾黑芝麻粉2大匙、糙米10公克、紫米10公克、黑糖10公克。

作法➾1.糙米、紫米洗淨，各加水浸泡半小時後，瀝乾水分。2.糙米與紫米放入電鍋，加水蓋過多三個手指頭高度，外鍋2杯水煮至開關跳起，外鍋再放1杯水，並黑芝麻粉煮至開關跳起，加糖燜30分鐘。

營養師小叮嚀

黑芝麻含有人體需要的必須脂肪酸，其中的芝麻素具有很好的抗氧化能力。此外，這三種食材不僅有維生素B群，纖維含量也高，能自然調整腸道健康。

Day2
DESSERT
點心

營養分析

熱量（卡）	蛋白質（公克）	脂肪（公克）	碳水化合物（公克）
211.1	6.1	9.8	28.3

懷孕後期 29～40週

懷孕後期的不可不知

進入第8個月後，即為懷孕後期，讓媽咪既辛苦卻又期待寶寶出生的到來。媽咪的肚子會像吹氣球一樣變大很多，而且胎動也十分明顯；而胎盤也隨著寶寶一同成長。媽咪可以開始與爸比或家人們討論孕後的生活，而有益於生產的運動習慣請一直保持以及飲食均衡，特別是鐵質、優質蛋白得充分攝取，以應付產程及產後哺乳的需求。

第8個月的羊水量是最多的，進入第9個月後就會慢慢減少。而在羊水裡快速長大的寶寶，其骨骼已發育得差不多，五感很發達了，大腦也能傳遞訊息及活動。正常發育的寶寶，於第9個月時，一般約有2600公克了。此外，頭部位置也會在9個月的時候慢慢地往下降、身體呈現準備出生的姿勢。

越接近預產期，需注意是假性陣痛或是規律收縮的陣痛。為讓生產更順利安心，練習呼吸、事先擬定生產計劃、預先了解陣痛發生時如何因應…等都很重要。

POINT

後期的身體變化

懷孕後期媽咪不適的狀況比較多，例如胃部不舒服、呼吸不順、分泌物增加、下肢水腫、腹部緊緊的、支撐子宮的肌肉被拉扯的感覺、頻尿或有時漏尿…等，都是常見狀況。

這時期該注意的事

懷孕後期的營養需求，主要包含鐵質、鎂、DHA都得多多補充，尤其鐵質對於即將生產的媽咪很重要；此外水分也要足量攝取。

篩檢及生活提醒

· 媽咪要做乙型鏈球菌的篩檢、檢查胎盤功能。
· 產前運動非常重要，別因為肚子變大就偷懶喔！適當的產前運動能增強肌力和練習骨盆底端肌肉和核心肌群，讓媽咪生產能正確用力。
· 24週時可開始思考生產計劃、思考產後的家中事務、了解生產方式、母乳哺餵…等重要事項。
· 產後可施打HPV疫苗。

爸比的陪孕須知

媽咪常會感到腰酸、晚上難入睡、大腿根部痠痛…等，因此爸比的的體貼在此時期特別特別重要。除了幫忙家事、提重物、和媽咪和寶寶的密切互動，都能讓安心感提昇，像是剪指甲或入浴時的協助、睡前為她在腹部下墊個枕頭…等。此外，在擬定生產計劃或討論產後生活時，多一份關懷與耐心，同時擔任和家人間溝通的橋梁更是不可或缺。

媽咪的狀態…

進入第8個月後，孕肚會大得很明顯、常覺得緊繃，行動也會比較吃力一些，或是晚上不好入眠。懷孕後期，因為子宮隆起到心窩左右的位置，一方面壓迫到胃而使得胃不舒服；一方面則是覺得呼吸比較困難或不順。此外膀胱也會受到壓迫，媽咪要提醒自己多喝水、勤跑廁所，充足水分也有助於排便、避免便秘。

後期媽咪腹部負擔較大，有時會腳抽筋、水腫、恥骨疼痛，可多做伸展動作或緩和按摩，若能維持運動習慣至產前，更有利於生產。懷孕後期是容易血壓高的危險期，請密切與醫師配合、飲食均衡並少量多餐。待足月之後，胃部不適會減少，飲食可以比較正常了，但腹脹感會持續；以及，需要注意產兆的出現。

寶寶的成長…

第8個月

寶寶的五感更發達了，特別是聽覺和視覺，對肚子外的聲音會有不同反應喔，還能分辨聲音的高低與大小。而視覺的部分，能感受到肚子外面的光線，有時睡有時醒。胎毛開始減少，而皮下脂肪慢慢開始形成。

寶寶身體很柔軟，會在肚子裡做各種動作，有時也會摸臍帶或是纏著玩一下。此外，大腦中樞神經系統、心肺腎…等臟器皆持續成長，骨髓也大致發育完成。

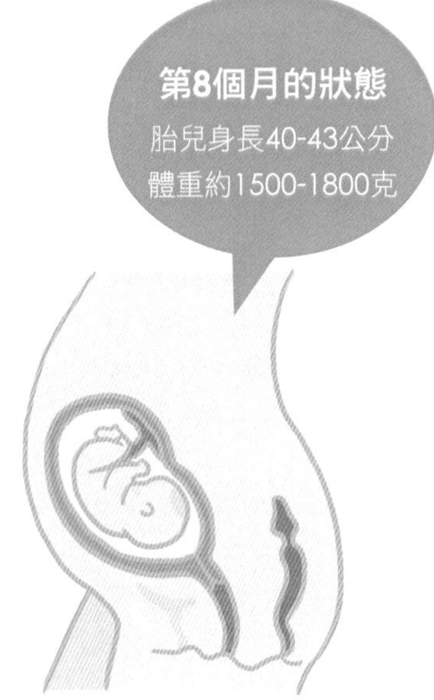

第9個月

寶寶皮膚變得豐潤，皺紋消失，臉上的表情也越漸明顯清楚。頭髮和指甲也慢慢長長了，胎脂變得更厚實。此時期的寶寶肺功能於35週已發育完全，肺以外的內臟機能也成熟了。以及，生殖器官全已形成，能辨認性別。

腦部記憶是十分發達的狀態，因此能夠記住媽咪的聲音；頭部也會開始朝下，轉成正常胎位。

第10個月

胎脂減少，充足的皮下脂肪讓寶寶身體呈現很圓潤的狀態，此時肌膚會有紅潤光滑的粉色。此時期腎臟功能發達之外透過胎盤，寶寶會吸收來自母體的抗體。此時寶寶大概是四頭身的體型。

為了等待出生，寶寶會開始做準備，慢慢下降至骨盆、胎動次數也減少。而下巴會靠向胸前、用屈膝的方式，等待出生與爸媽見面的那一刻。

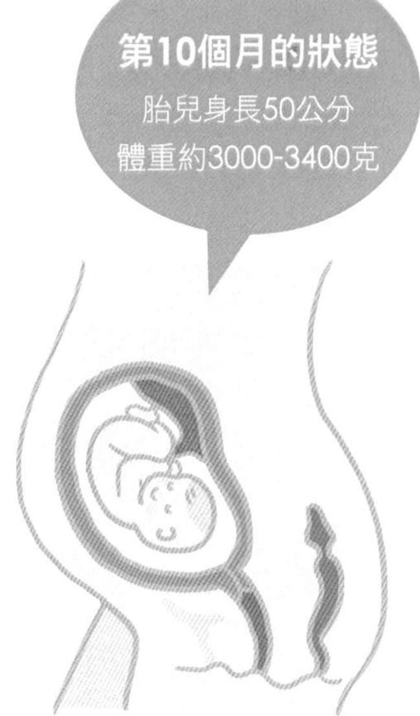

給媽咪的小提醒！後期可做的產檢

產檢項目	檢查時程
乙型鏈球菌（GBS）篩檢（IC47,48,49）	35-37週
ACTIM破水鑑定試驗＊	
胎心音監視器	

註：＊為產檢有疑慮者由專業醫師評估進行。

乙型鏈球菌篩檢

檢驗方式：沾取檢體

乙型鏈球菌是一種存在孕婦陰道內的菌株，據統計有20-30%的媽咪們有乙型鏈球菌。它會經由生產過程，使新生兒受到感染，造成新生兒敗血症、肺炎、腦膜炎、關節炎、局部骨髓炎、蜂窩性組織炎…等。由於乙型鏈球菌未治療的話，寶寶的死亡率很高，同時也可能讓媽咪感染，故需先做此篩檢。

進行方式為，醫師會使用專用棉棒沾取外陰部及肛門口的檢體，之後再送檢。若結果呈陽性反應，需於住院待產時施打預防性抗生素，施打抗生素後的4小時，就能保護新生兒。但若未治療或治療不足4小時，新生兒出生後就需檢查或施打預防性抗生素。此外，不管是生第幾胎，都需做此項重要篩檢。

百日咳疫苗

方式：施打疫苗

百日咳是百日咳菌附著於呼吸道上皮細胞後釋放毒素，而引起發炎的一種急性呼吸道傳染疾病，由於發炎反應，導致呼吸道分泌物增加，而為了排除這些分泌物就產生劇烈咳嗽現象。典型百日咳是陣發性的咳嗽症狀，患者不咳嗽時不會感到不舒服，但是一旦開始咳嗽，就會出現連續性、非常激烈的咳嗽，咳到臉紅脖子粗甚至引發嘔吐。

雖然寶寶一般於出生後，會被施打注射百日咳疫苗，但在那之前會有一段空窗期，而且百日咳的抗體很容易消失，因此世界衛生組織建議，媽咪在第三孕期應該接種百日咳疫苗，避免自身感染百日咳，懷孕生產後，就不會因為感染而將菌傳染給寶寶。同時，透過施打百日咳疫苗，這些被動的保護抗體可透過臍帶或母乳來增加寶寶的抵抗力，這樣才能給寶寶足夠且全程的保護。

後期要注意的身體變化

過了比較輕鬆的第二孕期，進入第三孕期，即懷孕後期時，身體不舒服的症狀又慢慢變多了，加上孕肚重量快速增加，遇有以下症狀的媽咪要多注意。

肚子緊繃

很多媽咪到了第三孕期，會發現肚皮常常有被撐得硬硬的緊繃感。有些媽咪會緊張地問：「這是不是早產的預兆？」其實就這個階段而言，是相當普遍的現象，不需要太擔心。

肚皮緊繃的感覺並不等於產兆，也不會導致早產，僅有肚皮緊繃感。只要子宮沒有收縮，寶寶是不會因此被擠出來的，基本上，懷孕37週以上的腹部緊繃與生產沒有相關連。

由於子宮是肌肉組成，因此媽咪緊張或活動時，腹部突然地收縮緊繃，特別是懷孕後期的子宮壁擴張變薄，一點點刺激，子宮收縮就會引起胎動，是很正常的現象。緊繃感可能的原因大致如下：

❶ 與胎兒的姿勢有關

此時期寶寶是背部朝外、以背部靠在媽咪肚皮上的姿勢，他可能正用背部往外撐，媽咪的肚皮自然會感覺緊繃。

❷ 媽咪有脹氣的問題

因為脹氣嚴重，導致肚皮往外拉扯，所以肚皮緊繃了起來。

有些媽咪因為肚皮撐得太緊，甚至有肚皮抽筋的問題。建議媽咪可以泡泡40度以下的溫水浴、隨時提醒自己放鬆、做瑜珈都是很好的調適方式。

腹部緊繃其實是生產的前置準備，寶寶會因此慢慢位置下降，屆時子宮口也會張開，待寶寶發育成熟後，才會有真正的陣痛出現。媽咪若遇到腹部緊繃時，大部分只要坐下休息，緊繃感會漸漸消失。如果靜養後未緩和，或是緊繃變頻繁時、有疼痛及出血，這時就要趕緊尋求醫師診斷。

後期出血

在寶寶長大之後，於懷孕中期，有時媽咪動作比較大，這時會拉扯到胎盤或子宮壁，導致子宮少許內膜剝落，因而有少許點狀出血的狀況，並不用過度擔憂。

要注意！懷孕後期的出血可能與處置

時間	出血狀態	可能問題	常見處置方式
懷孕後期（28週-40週）	伴隨腹痛，出血量依情況而有不同。例如前置台盤多為無痛性出血。	❶前置胎盤 ❷出血量會因胎盤遮蓋子宮頸內口的情況而有不同。如果是「完全前置胎盤」的出血量最大，可能一次性出血就造成休克。	當有嚴重出血無法安胎時，必須立刻剖腹，否則對母體與胎兒而言都有相當大的生命危險。
	點狀出血伴隨腹痛。	可能與早產與關聯，應前往就醫。	醫師會進行內診及胎兒監視器檢查，以防早產發生。

但如果媽咪在前期、中期都沒有點狀出血的問題，到了懷孕後期反而出現點狀出血時，就應儘速就醫。

什麼是點狀出血？

極少量的子宮內膜黏液剝落時，造成的微量出血，稱為點狀出血。以粉紅色、暗紅色型態出現。

除了點狀出血，懷孕後期的分泌物顏色也需留心觀看，以提早發現是否為早產可能。媽咪若有乳酪狀的分泌物又加上異味和搔癢感，可能是陰道炎，這時就需提早做治療；如果是宮縮又伴隨著紅色、咖啡色的出血，則可能是胎盤或子宮頸有異常…等。

萬一胎位不正

懷孕28週以前，胎兒是在羊水中漂浮的狀態，姿勢的變動較大。此時期對胎兒而言，子宮內的空間比較寬裕，大約到了32週以上，腹中寶寶逐漸長大，子宮內的空間相對變小，加上子宮形狀呈現倒梨型，子宮下方即子宮頸的部位相對較小，於是寶寶自然而然順著子宮形狀調整位置，讓頭部位於空間較窄的骨盆腔，臀部和腳部位於空間較大的上段子宮頂。到了懷孕晚期，寶寶的胎頭會逐漸下降，落到媽咪的骨盆腔，做好順利生產的準備。

但是有些寶寶並沒有隨著這樣的變動，胎頭並沒有降到媽咪的骨盆腔，這種情況即為胎位不正。胎位不正的種類大致如下：

❶ 臀位

胎兒的臀部在下，頭部在上，像是坐在媽咪的肚子裡。臀位、足式臀位、伸腿臀位等情形。此為胎位不正中最常見的類型。

❷ 橫位

胎兒的身體朝向產道，呈平躺姿勢。此種胎位必須直接採取剖腹產方式。

❸ 其他胎位不正的狀況

胎兒雖然是頭下腳上的形式，但卻不是頭頂朝向子宮頸，而是臉部朝向子宮頸的「顏面位」、額頭朝向子宮頸的「額位」，或是枕骨（後腦杓）朝向子宮頸的「枕後位」等狀況。此種狀況多半是在自然產時，胎頭進入骨盆腔時才發現，由於也是不正的胎位，會造成產程遲滯的問題，因此有必須採取緊急剖腹產的需要。

統計數據指出，大約35%的7個月媽咪有胎位不正的問題；到了懷孕8個月時，胎位不正問題會降為20%；懷孕9個月時則僅剩3%。有部分原因是子宮肌瘤、子宮畸形、多胎妊娠、前置胎盤…等狀況所引起的。

胎位不正的狀況，於接近預產期時可能會早期破水。破水後，因為寶寶的頭不是向下的，所以無法防止羊水流出，而可能有臍帶脫出的現象，而使得寶寶陷入缺氧的危險狀態。此外，胎位不正時的生產，先出來的是屁股或是腿，此時產道還沒足夠擴張，頭部要通過產道時，臍帶會卡住而讓血流停止。

在懷孕後期，若因為胎位不正而必須剖腹產的媽咪，醫師會在36-37週時，做出評估及建議，讓媽咪先做好接受剖腹產的心理準備喔。

枕骨前位

此為正常胎位。

橫位

胎兒橫躺，身體朝向產道。

臀位

胎兒臀部在下，頭部在上。

▲正常的胎位，應為枕骨前位。應為胎兒臀部在上，頭部朝下在骨盆入口處，後腦杓對著媽咪的肚皮，臉部朝向媽咪臀部的方向。

Column 爸媽一起看！

可改善胎位不正的動作！

有一些姿勢可以輔助胎兒比較好活動，每天早晚各做一次即可，但前提時需要經過醫師的指示建議，以及家人陪伴在旁。做這些姿勢時，媽咪請著寬鬆舒適的衣服，若覺得腹部脹脹的，就不要勉強進行。

膝胸臥式

1. 動作開始前，先解尿排空膀胱。
2. 採取跪姿，胸部貼地趴在地上，頭側向一邊。
3. 雙腿打開與肩同寬，大腿調整為與地面呈垂直的角度，盡量將臀部抬高。
4. 維持這個姿勢10-15分鐘。若覺得辛苦，也可做5分鐘就休息一下。

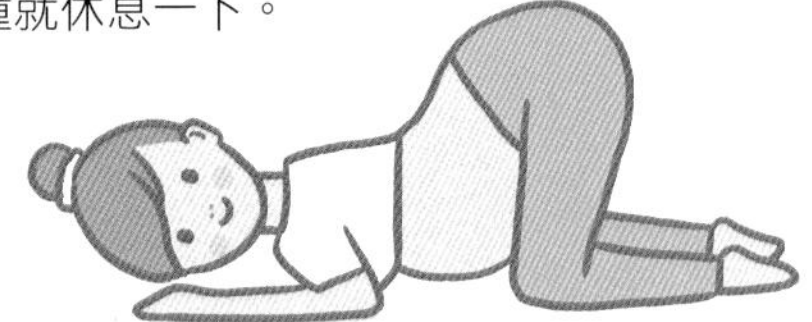

補充說明：

膝胸臥式需在醫師建議下才開始進行，從7個月起持之以恆地做，過程中如有頭暈、下腹疼痛等不適症狀，就應立即中止。此姿勢時會使子宮空間隨之倒轉，讓落入骨盆內的胎兒腳部或臀部往上浮，逐漸轉正胎位。不過，如果媽咪的子宮不穩定，就不適宜做膝胸臥式。

側臥式

1. 做完膝胸臥式後，採右側臥或左側臥（躺哪一側需先請教醫師）。
2. 此動作能讓寶寶背部朝上，以此姿勢靜止休息10-30分鐘。

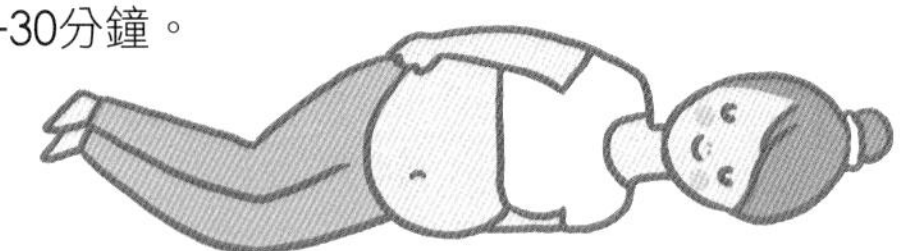

補充說明：

側臥式主要為讓寶寶背部朝上方，好讓寶寶可以活動、轉動，

媽咪問！胎位不正調不過來的話，一定要剖腹嗎？

由於胎位不正可能會對產程造成影響，如果媽咪進行膝胸臥式也無法調整胎位的話，對媽咪和寶寶而言有一定的風險，因此對於胎位不正的媽咪，醫師會依據媽咪的狀況、胎兒大小，胎位不正的種類進行分析，並與媽咪提出建議。

後期常見的不適及緩解

在懷孕後期，因為肚子變大的速度很快，所以不適的症狀就會漸漸浮現。大部分的不適症狀，在確實休息後都能獲得緩解。但如果不舒服的現象加重，就需尋求醫師的專業診斷與協助

夜裡不好睡

對懷孕中後期的媽咪而言，此時期子宮增大，會逐漸浮出骨盆腔進入腹腔。此時位於腹腔左側的乙狀結腸會推擠到子宮，使得子宮往右旋轉。當媽咪站立時，子宮尚有腹壁支撐，但平躺時，子宮會依附在脊柱上，容易壓迫到背部右側下腔靜脈血管，會使胎盤血流量降低，也影響胎兒的營養攝取，故**採取左側睡姿或找尋其他舒服的睡姿，不僅會睡得較舒適，還可避免壓迫脊椎、膀胱**，還能降低背痛、痔瘡的機率，好處多多。

建議媽咪在採取左側睡姿時，在**兩腿膝蓋處夾一個枕頭以減輕腰椎壓力**，或是一般枕頭亦可，或選購孕婦專用長形枕。

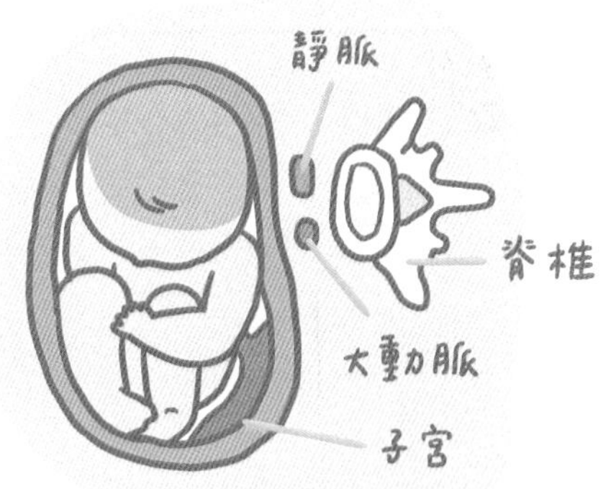

▲媽咪側臥時，寶寶重量不會直接壓迫脊椎。

頭痛

媽咪在懷孕後期，會因為荷爾蒙變化的關係而引發頭痛，其一原因可能是電解質或水分攝取不足。這時可以補充電解質，將運動飲料與熱開水以1比1的比例調和後飲用。補充了適量水分和電解質之後，便能夠舒緩腦部血管收縮，改善頭痛症狀。

如果媽咪在上述兩項都已做調整，而且確實影響作息生活，建議可以求助醫師，開立懷孕時適宜的止痛藥，適度舒緩頭痛。此外，**放鬆心情、多運動有益血液循環，是遠離頭痛的根本之道**。

手腳麻麻的

對於手腳感覺麻麻的媽咪，除了嘗試改變睡姿，**飲食上則補充適量的維生素B群及維生素C**。這兩種營養素都可以促進神經傳導，對於血液循環有幫助。

此外還可以檢視日常活動量。如果媽咪是長期坐姿的工作，或是長期躺臥，循環較差，手腳麻木感是必然的。建議增加活動量，每天安排散步活動，或是手腳冰冷泡溫水、做按摩都能促進血液循環。

頭暈

懷孕後期的媽咪，頭暈的常見原因為荷爾蒙、姿勢性血壓等的調節出了問題，建議媽咪在出現頭暈症狀時，行動上稍微和緩些，不要太急迫，以免重心不穩或跌倒。

在懷孕後期另一個常見的原因為貧血。如果媽咪出現頭暈現象，**請確認自己是否貧血**，如果確認為貧血，不妨多吃含鐵豐富的食物或用鐵劑加強補充不足之處。

水腫

孕前就容易有水腫現象的媽咪們，在孕後更要特別留意，包含**持續運動及飲食控制都能有助於改善水腫現象，以免水腫現象持續到生產前**。

❶為了讓血液循環通暢，手腳容易感到腫脹的媽咪，在孕期要提醒自己多多活動，或做些抬高腿部的活動，讓心臟的血液輸出量增加。

❷習慣重口味的媽咪，如果有水腫的問題，建議降低鹽分攝取量，避免因血液濃度過重，循環不良的問題發生。

❸每天以溫熱水泡腳、保持下肢溫暖、足浴後稍加按摩，也都是改善水腫的好方法。

❹平時利用時間伸展腳尖，並舒緩腿部肌肉；或白天穿彈性襪，輔助支撐雙腿。

❺請營養師協助確認每日蛋白質的總攝取量是否足夠，以維持良好的滲透壓平衡。

靜脈瘤

當媽咪因為血液循環不通暢，大腿和小腿的血管便會形成類似蜘蛛網狀的突起，這就是靜脈曲張，又稱為靜脈瘤。靜脈曲張的改善方式與水腫類似，可以溫水泡腳或是做足底穴道按摩（需諮詢專業中醫師或按摩師建議）。

恥骨疼痛

媽咪恥骨疼痛的問題，主要還是因為子宮變大，腹部壓迫的關係。這個問題在生產後會改善，**可以使用托腹帶，緩衝腹部變大所造成的壓力**。使用托腹帶時，需將其固定在低一點的位置，以安定骨盆、並稍微提起一點寶寶的重量。

耳鳴

有些媽咪會在懷孕後期有耳鳴的問題，其實這是因為血壓問題以及小血管收縮所造成的，其他類似視力模糊、頭痛、流鼻水、鼻塞，都有可能是同樣原因造成。這樣的問題會在產後逐漸改善。

因懷孕引發的耳鳴通常相當輕微，是媽咪可以容忍度過懷孕期的程度，因此醫師多半不會特別處理，除非耳鳴狀況嚴重，擔心造成媽咪跌倒等傷害時，才會積極治療。

但在懷孕中後期之後，耳鳴現象還伴隨頭暈、眼花、心悸、水腫或高血壓等情形時，則應就醫確認是否為妊娠高血壓。

心悸、胸悶、呼吸困難急促

由於寶寶日漸長大，子宮會讓橫隔膜往上提昇，因而壓迫到心肺，所以有時媽咪會覺得呼吸不易。此外，因為血流量的增加，會讓心臟負荷量變大、心跳加快，甚至感到心悸不適。建議媽咪有以上情況時，需要多加休息，若狀況一直沒有改善，就需就醫確認是否為或其他原因。

肩膀僵硬

懷孕後期，因為乳房變大，其重量有時會造成肩膀負擔，媽咪會感到肩膀痠或是僵硬。**建議媽咪不要一直久坐或維持某一姿勢太久**，提醒自己不時聳聳肩、或是轉動肩膀、做一點伸展運動…等，必要時可考慮專業的孕婦按摩舒緩肩頸。

爸比一起看！讓臨盆媽咪更愛你

越接近足月，媽咪的心情也會漸漸變緊張，此時，另一半也就是爸比的角色就格外重要，適時、多陪伴聊天，讓彼此多點交流，寶寶也能感覺到喔！

日常陪伴及舒壓

❶隨時保持正面心情

即將迎接寶寶到來的階段，媽咪會感到格外不安，對於即將面對的分娩，也會有恐懼感，這時爸比務必抱持正面愉悅的態度，隨時做好心理調適，扮演為媽咪加油打氣的角色。

❷安排好未來的家庭分工

寶寶即將出生了，除了生活作息會有大變動之外，此外還有一連串的經濟、家務等壓力，這時不妨先做好未來育兒的生活計劃，例如請褓母或長輩帶的準爸媽，打算由誰負責接送？家中的採買工作由誰負責？趁著寶寶還沒出生，先做好分工，就不會手忙腳亂了。

❸夫妻一起採買寶寶用品

趁著媽咪身體比較舒服的時候，一起將寶寶需要的生活用品準備齊全，嬰兒床、衣物、棉被、尿布等等。在做這類準備工作時，爸比和媽咪的心情也會溫柔起來。

❹幫媽咪分攤家務

懷孕後期，媽咪肚子已經越來越大，有時會有行動不便的問題，這時如果有準爸比的貼心服務，還可促進夫妻的感情。例如當媽咪無法彎腰碰觸腳趾時，可以幫媽咪剪腳趾甲、綁鞋帶，這些貼心小動作，會讓媽咪很開心。

❺為媽咪按摩身體、腿部

懷孕後期的媽咪容易有腰痠背痛的問題，這時準爸比不妨主動為媽咪服務，舒緩痠痛。可利用保濕乳液、凡士林、天然香氛的保濕品，按摩腿部或是易水腫的部位，按摩過程中還能增加對話機會、討論接下來的新生活。

❻為生產做準備

準爸比可以研究生產時，產程中會面臨的疼痛與困難，以及陪產者應協助的細節，還可以陪伴媽咪上媽咪教室的課程，了解緩和疼痛的方式。

懷孕後期的乳房按摩

在懷孕後期，媽咪的乳房會開始分泌乳汁，這時可以適度地按摩乳房，以疏通乳腺，讓乳汁分泌旺盛。

乳暈按摩

❶手指正對著胸部，以拇指、食指及中指捏住乳暈。

❷三根手指向中央靠攏，施力壓迫乳暈。

❸以乳頭為中央，變換按壓的位置，讓乳暈的每個角落都按壓過。

乳頭按摩

❶以拇指與食指捏住乳頭，一面用指腹施壓，一面扭轉乳頭。

❷施壓和扭轉的位置做360度變換，讓乳頭每個角度都被按摩到。

乳房按摩

❶雙手朝上直立，手心對著乳房側面。

❷雙手向中央推動，以同樣的力道按壓乳房。

❸雙手手掌心向上，疊放在一起。

❹手掌托住乳房，向上推動乳房。

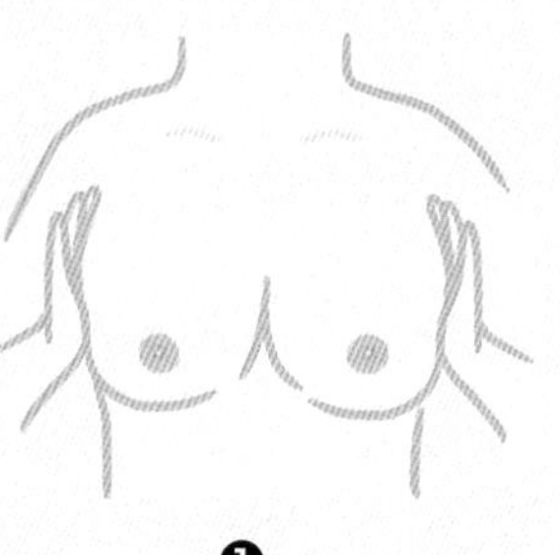

❶

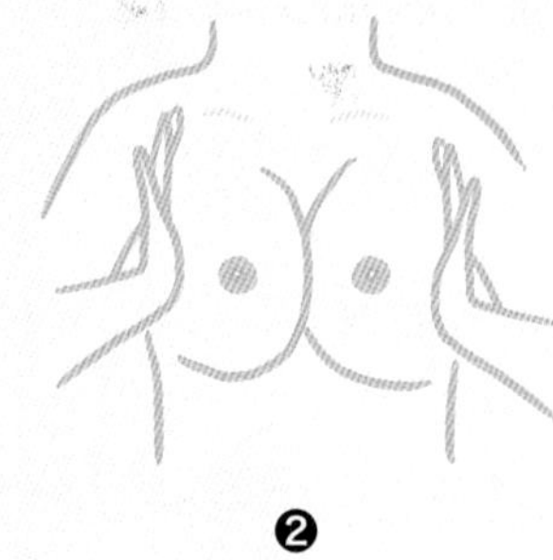

❷

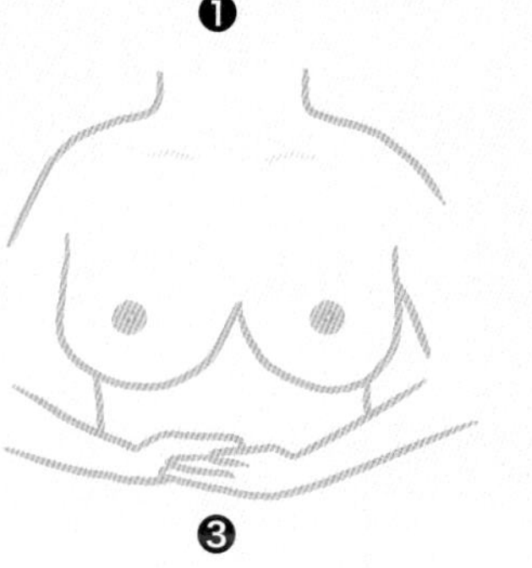

❸

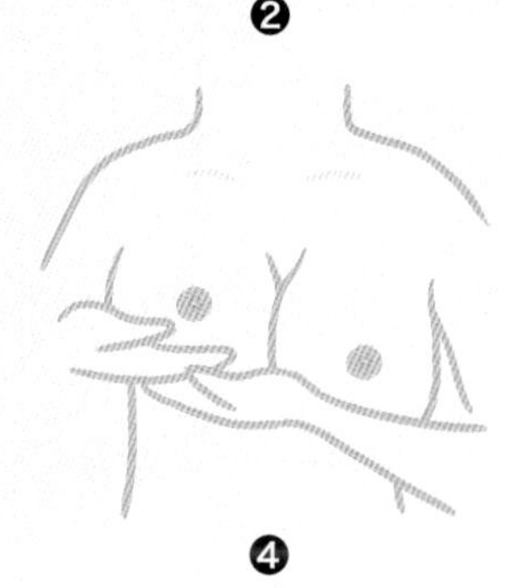

❹

29~40週 後期

Part 3 產後

幫助順產的運動練習

許多媽咪在意孕期飲食大過於孕期時的運動，但其實，適當的產前運動，能幫助媽咪增加肌力、讓身體足以支撐懷孕後期的體重，是非常重要的一環。做運動時，若爸比也能一動一動就更好囉！更詳細的孕期運動流程，可見附錄。

產前運動前的準備及注意！

❶運動前先確實排尿。

❷身著寬鬆吸汗的衣服。

❸在堅硬的床上或地板（可鋪軟墊）做才有效果。

❹次數由少漸多，以不疲倦為原則。

❺環境需溫暖而且通風。

腿部運動

目的：加強骨盆附近肌肉及會陰彈性

頻率：早晚各做5-6次

怎麼做➡手扶住椅背，右腿固定，左腿做360度轉動劃圈，做完後回到原來位置，換另一腿繼續做。

雙腿抬高運動

目的：❶促進下肢靜脈之回流。❷伸展脊椎骨及臀部肌肉張力。

頻率：每天反覆數次

怎麼做➡平躺仰臥，雙腿抬高，足部抵住牆壁靠著，維持3-5分鐘後再放下。

蹲踞運動

目的：保持身體平衡及強壯骨盆肌肉的張力，有助生產。

頻率：每天數次

怎麼做➡手扶住椅背，兩腳分開與肩同寬，腰挺直，使肩、腰、臀成一直線，慢慢由上往下蹲，再慢慢起來。

產道肌肉收縮運動

目的：❶增加陰道與會陰部肌肉的彈性。❷避免分娩時大小便失禁。❸減少陰道的撕裂傷。

頻率：隨時可做

怎麼做➡姿勢不拘，可於站、坐、臥或走路時，皆可利用腹壁之收縮，緩緩下壓膀胱部分如同解大小便一樣，提醒自己儘量收縮會陰部之肌肉。如同忍住大小便一般，使尿道及肛門處肌肉收縮，默數4秒後放鬆。

腰部運動

目的：❶減少腰部之痠痛。❷幫助生產時，增強腹壓及會陰部彈性，以利生產。

頻率：每次做5-6下

怎麼做➡於懷孕6個月後才做，手扶住椅背，慢慢吸氣，同時手臂用力，讓身體重心及力量全集中於椅背。腳尖立起，使身體抬高，腰部挺直，然後慢慢吐氣，手臂放鬆、腳回到原來位置。

其他運動

除了以上的日常運動，水中運動也是非常適合懷孕後期媽咪的選擇，其他還有專為媽咪開設的水中有氧、水中瑜珈、水中飛輪、水中彼拉提斯課程，都是可以嘗試的選擇。其中，孕婦瑜珈是可以讓媽咪們藉由專注運動、冥想練習，進而了解、發現身體有哪些改變，靜下心來和寶寶共處或對話。

但需留意的是，瑜珈分很多種，不是每一種都合適媽咪做，故需諮詢專業的孕婦瑜珈老師。比如，熱瑜珈的溫度太高，易造成寶寶過生長發育不良；第一孕期不適合太激烈的動作，特別是核心肌力的部分；以及，需避免過度的扭轉動作…等。但是，正確的瑜珈練習，能幫助媽咪鍛練大腿肌肉、部份核心肌群、伸展全身肌肉…等，對於孕產婦來說是很好的運動選項之一。

營養師建議！寶寶媽咪的營養**衝刺期**

在懷孕後期，是媽咪寶寶營養衝刺的重要階段，為了迎接足月後的生產準備，媽咪們不能因此而鬆懈喔，請繼續諮詢專業營養師此時期該怎麼吃最好。

懷孕後期的營養筆記

在每個孕期，都有特別需加強的營養，書中將依前中後孕期需要的各項營養分別做介紹，讓營養師來告訴媽咪，妳可以從哪些食物中獲得給寶寶最好的養分。

POINT1

鐵質 ➡ 造血的重要基礎（45mg包含食物）

來源｜肉類，特別是紅肉｜深綠色蔬菜｜動物內臟及海鮮｜豆類及穀類｜海藻類

烹調注意

鐵質來源最大宗是紅肉、動物肝臟，烹調時請儘量以清蒸、烤、水煮的方式，以免在懷孕後期攝取太多熱量或油脂。適量維生素C可促進鐵吸收，因此飯後可等新鮮水果或吃芭樂、柑橘，特別對茹素的媽咪格外重要。

鐵質會影響血紅素的形成以及氧氣供應，特別是**懷孕期間得供應寶寶足夠營養和維持一定的血流量，加上生產時也需要大量血液以供身體使用**，所以攝取足夠鐵質非常重要。充足的鐵質還能避免媽咪貧血、寶寶出生體重過輕或缺鐵性貧血的狀況。

懷孕後期每日所需之鐵質約在45mg，其中又以動物性食物中的血基質鐵對人體比較好吸收。另外，咖啡、茶、乳製品、未精製的穀類…等食物，會抑制鐵質吸收，避免與含鈣量高的食物一起吃或餐後飲用含有咖啡因或牛奶的飲品、食物（若是餐後錯開2小時再飲用就可以）。

POINT2

DHA ➡ 有助於腦部及視力發展（200-300mg DHA 0-200mg EPA）

來源｜新鮮魚類｜魚油｜堅果類（間接來源）

烹調注意

若是吃新鮮魚類，大型魚類的食用次數需留意；若是透過營養補充品，則需注意重金屬和環境汙染物的危險。而吃素的媽咪，可選用海藻油，或增加食用核桃、奇亞籽、亞麻仁籽的攝取，將ALA由肝臟合成DHA以供利用。

DHA能夠提供胎兒腦部發育及神經傳導物質所需的營養，特別是在後期。新鮮魚類對於媽咪的幫助也相當大，可以減緩媽咪孕期容易憂鬱焦慮、心律不整的問題，還能降低早產機率。**DHA在懷孕前期是對媽咪本身有好處，但對寶寶腦部或眼睛發育影響較小；但懷孕後期是可以補充的。**

一般來說，仍建議以新鮮魚類以獲得DHA為佳，據研究發現，若是選擇深海魚，還能降低慢性的發炎反應。但若對魚的味道敏感、不喜歡的媽咪，可選擇魚油保健食品。挑選時，應留意各國風土民情不同，建議劑量也有所差異。例如美國人普遍魚類攝取不足，魚油保健食品的建議劑量較大，所以挑選國外品牌時，宜諮詢營養師劑量，以免攝取過多。

POINT3

維生素D ➡ 亦能促進鈣吸收（10ug或400IU）

來源｜高油脂的魚類｜魚油（需營養師建議）｜蛋黃｜菇類（日曬過的尤佳）

烹調注意

避免用高鹽分、高油分的方式做烹調。

維生素同樣能促進鈣吸收，特別是對寶寶的血清鈣有一定程度的影響，同樣也有助於寶寶有比較好的代謝鈣質之能力。若要服用魚油來攝取維生素D，務必先諮詢營養師的建議，以服用適當的劑量。**而吃素的媽咪，則透過烹調菇類（特別是日曬過的）來獲得維生素D。**

POINT4

維生素A ➡ 有助於皮膚及視覺健康（600ug RE=1980IU=3600ug）

來源｜肉蛋奶類｜深綠色蔬菜｜深黃色蔬菜及水果類｜動物內臟｜魚｜雞蛋

烹調注意

β-胡蘿蔔素是脂溶性，若用油烹調則更利於人體吸收利用。

維生素A對於寶寶的皮膚細胞、黏膜細胞、骨骼牙齒、視覺健康都有相關影響，故懷孕後期需要足量攝取，以天然食物為最佳攝取來源。此外，大家常聽到的β-胡蘿蔔素是維生素A的前驅物質，可在體內轉化成人體需要的維生素A。

建議媽咪多從不同的食物攝取維生素A和β-胡蘿蔔素，不管是動物性食物或植物性食物。從天然食物中攝取維生素A和β-胡蘿蔔素的好處，就是即便攝取得多，也不會對身體造成影響或產生毒性，反倒會儲存在體內、等待需要時使用。若是想服用魚油或綜合維他命來補充維生素A的媽咪，就需專業營養師建議，以免過了攝取量上限。

POINT5

鎂 ➡ 利於鈣吸收（355mg）

來源｜深綠色蔬菜｜胚芽、堅果種籽類｜含麩皮的全穀類（例如燕麥片、蕎麥）

烹調注意

食物中含的鎂易經由浸泡、高溫加熱後流失，所以烹煮時間不宜過長。

構成寶寶骨骼與牙齒的主要成分除了鈣之外，還有鎂才能相輔相成，同時它也能幫助代謝、維持肌肉與神經正常發育。媽咪若吃了含鈣的食物，也得吃進差不多量的含鎂食物，因為身體若缺乏鎂，鈣質是會隨著尿液排出的喔。

鎂和鈣還有另一個好處，就是能安定神經、放鬆肌肉，讓媽咪情緒佳、晚上好入眠，同時這兩者也能讓寶寶發育更加良好。

Column 請問營養師！

懷孕後期這樣吃OK嗎？

看了這麼多的營養素，媽咪應該還是有些問題有疑惑，讓專業營養師為妳解答，在懷孕後期的黃金時期，這樣吃到底可以不可以。

Q：醫師說我的寶寶太小，體重低於懷孕週數，怎麼辦？

A 體重比懷孕週數輕的寶寶（例如體重差距兩週以上），稱為SGA（small for gestational age）。SGA的原因很多，例如母體本身子宮胎盤血液循環不量、胎兒染色體異常、多胞胎等因素。必須經由醫師檢查確認原因後，再尋求改善之道。

如果確認為媽咪營養攝取不足所造成，可以運用「我的餐盤」概念，確認是否有營養不均衡的問題。以均衡飲食適量搭配媽媽奶粉、足夠蛋白質，應該可以逐漸改善這個問題。

Q：如何讓懷孕後期的營養均衡沒問題？

A 在臺灣，一般媽咪攝取澱粉類、水果醣分的機會最多，一不小心就超標了。建議媽咪可以記錄每日所食、提高蛋白質和蔬菜量，並和營養師做討論，讓營養更多元均衡。此外，用餐順序是先吃蔬菜、再吃肉類，最後吃飯，確保自己當餐最重要營養的攝取量。

Q：懷孕後期，飲食想要解禁一下可以嗎？

A 部分媽咪會以為懷孕後期是在幫助寶寶長肉，加上自己已經通過糖尿病檢驗，應該不用太擔心，所以在生產前的最後階段可能比較放鬆心情吃，但其實這個時期也相當重要，一不小心的話，血糖仍容易上升，會使寶寶體重一下子衝太快，應格外謹慎。

Q：我對某些食物過敏，這樣會影響寶寶嗎？

A其實，媽咪只要避開自己會過敏的食物食用即可，只要是特定食物於孕期間吃了會過敏的，那吃過一次後就要避免喔。

但在一般情況下，如果媽咪攝取的食物種類多元，對寶寶本身的影響是很好的，因為寶寶對於媽咪吃過的食物就有經驗、過敏機率變小。據研究指出，包含產後餵母乳時，媽咪吃過的食物愈多，寶寶接受食物種類也變多、比較不容易挑食。

Q：我的寶寶體重落後太多，喝媽媽奶粉有幫助嗎？

A如果寶寶於懷孕後期（28週後）的體重實在不夠，在營養師諮詢並配合飲食的情況下，適時補充媽媽用的高蛋白奶粉或使用滴雞精、鱸魚精、雞精…等滋補食物，能有助於增加蛋白質、熱量…等營養素，做最後的衝刺。當然，正確增重不能單靠補充品，除了一般正常飲食外，可少量加些午、晚點，或是喝新鮮果汁，以及適時補充維他命等營養品。

Q我不太會抓食物份量，有簡單計算法嗎？以及如何替換？

A媽咪們可以用「一個掌心大」、「一隻手掌大」、「飯碗」來簡易計算。

比方說DHA，一週需吃進「2隻手掌大的深海魚」，可以是鮭魚、秋刀魚、竹莢魚、鯖魚擇一。而維生素D一天需攝取100ug，等同「一個掌心大」的鮭魚再加1顆蛋。

若是維生素A，一天需攝取600ug，約「半個飯碗」地瓜或胡蘿蔔，也可換成半碗菠菜或1碗青江菜。而鎂一天需攝取355mg，等於是「1個飯碗」的菠菜加上「半個飯碗」的紅蘿蔔以及1匙黑芝麻。

建議不太會抓食物份量的媽咪，多多諮詢營養師，以了解更多的份量拿捏和代換喔。

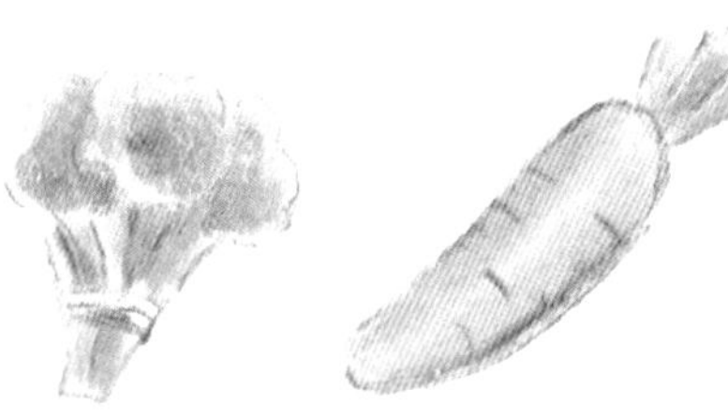

營養師食譜！

懷孕後期的一日三餐這樣吃

針對懷孕後期的營養所需，媽咪也要認真看待！請爸比在最後時刻，提醒媽咪仍要好好吃、營養吃，因為寶寶健康不容忽視，三個人一起同心衝刺吧！

註：烹調時請依食譜份量實作，才能達到營養均衡及體重控制之效果，圖中份量僅為拍攝參考

Day1 BREAKFAST 早餐

營養分析

熱量（卡）	蛋白質（公克）	脂肪（公克）	碳水化合物（公克）
612	24	32.5	57.5

註：蜂蜜的熱量未含

九層塔煎餅

食材⇒九層塔10公克、蛋1顆、低筋麵粉50公克

調味料⇒鹽1茶匙、油1湯匙

作法⇒1.九層塔洗淨切碎放進大碗，加入低筋麵粉，逐次加水調勻再加鹽。2.熱鍋，倒入鍋，放進麵糊煎成餅，至金黃兩面，最後打蛋放在上面。

胚芽牛奶

食材⇒小麥胚芽粉1小匙、鮮奶300ml、蜂蜜少許（可不加）

作法⇒所有材料放入杯中攪拌均勻即可。

營養師小叮嚀

攝取足夠的鈣質，有益於寶寶的骨骼及牙齒健康，建議每日飲用牛奶250-500ml。而脂肪含量則依媽咪本身熱量需求來選擇，亦可用媽媽奶粉來代替。

Day1
LUNCH
午餐

營養分析

熱量（卡）	蛋白質（公克）	脂肪（公克）	碳水化合物（公克）
598.5	37.0	24.0	66.8

三豆飯

食材⇨黃豆、米豆、黑豆各5公克、白米40公克（約1/2米杯）

作法⇨1.黃豆、黑豆、米豆洗淨；黃豆、米豆加水浸泡60分鐘、黑豆浸90分鐘。2.白米稍後洗淨，加進瀝乾的三種豆類和適量水入電鍋煮。

金針炒肉絲

食材⇨豬肉絲40公克、無硫金針乾10公克、金針菇20公克、紅蘿蔔15公克、薑絲少許

調味料⇨鹽1茶匙、醬油1茶匙、香油數滴、大白粉少許、油2/3湯匙

作法⇨1.以適量醬油、香油、太白粉抓醃豬肉絲，備用。2.紅蘿蔔洗淨切絲，金針乾泡發後，擠去水分，備用。3.熱鍋，倒入油，先放薑絲炒香肉絲後盛起，接著放進紅蘿蔔拌炒至半熟。4.加入金針、金針菇拌炒，再放進肉絲炒，最後調味即可起鍋。

菇菇雞丁炒綠花椰

食材⇨綠花椰60公克、去骨雞胸肉50公克、美白菇20公克、大蒜1瓣、蛋白1/2-1顆

調味料⇨鹽少許、白胡椒粉少許、太白粉少許、油2小匙

作法⇨1.美白菇洗淨，大蒜洗淨切片；綠花椰去除粗莖，洗淨並切小朵，備用。2.雞胸肉切片，放入小碗中，以太白粉、鹽、白胡椒粉、蛋白液抓醃一下。3.熱鍋，倒入油，先爆香蒜片，放入雞肉片炒起半熟撈起，備用。4.接著放入綠花椰拌炒，加入少許水，加鍋蓋燜煮1分鐘。5.加入美白菇快速拌炒，最後放入雞肉片炒，最後調味即可起鍋。

營養師小叮嚀

自己做南瓜濃湯比外食的成分單純，加上南瓜含有草酸較低且好吸收的植物性鈣質，可適度攝取；而豬肉含有豐富鐵質，若媽咪缺鐵容易造成流產或是早產，因此孕前就已缺鐵質的女性，懷孕時更要積極攝取。

南瓜濃湯

食材⇨紅蘿蔔30公克、南瓜200公克、青豆仁（可不加）

調味料⇨奶油或橄欖油2小匙、鹽少許、白胡椒少許

作法⇨1.紅蘿蔔、南瓜洗淨去皮，切成小丁，先蒸熟放涼。2.熱鍋，以奶油或橄欖油炒香紅蘿蔔及南瓜丁，煮軟後，取2/3攪打成泥，留1/3於鍋中。3.將南瓜泥倒回湯鍋煮滾，可視個人喜好加點青豆仁煮熟，最後調味即可關火。

Day1
DINNER
晚餐

營養分析

熱量（卡）	蛋白質（公克）	脂肪（公克）	碳水化合物（公克）
493.4	17.0	22.2	59.3

營養師小叮嚀

不管是玉米、蘆筍都含有豐富的維他命A與β胡蘿蔔素，一餐中再搭配進海鮮食材，其礦物質「鋅」能幫忙β胡蘿蔔素轉換為維生素A，以利被身體利用吸收。

玉米飯

食材⇨新鮮玉米粒2大匙（可用罐頭）、白米50公克（比半米杯再少一點）

作法⇨白米稍微洗淨，與玉米粒入、適量水入鍋煮。

山藥甜豆炒肉片

食材⇨甜豆莢60公克、山藥30公克、紅蘿蔔10公克、里肌肉片40公克、大蒜1瓣

調味料⇨鹽少許、醬油少許、油2小匙

作法⇨1.山藥洗淨削皮，切長方形片狀；甜豆撕除老筋、洗淨，備用。2.紅蘿蔔、大蒜均洗淨切片，里肌肉片稍微抓醃，備用。3.熱鍋，倒入油先爆香蒜片，放入紅蘿蔔、肉片炒軟，再加入甜豆、山藥拌炒，可加點水燜煮至熟，最後調味即可起鍋。

中捲炒蘆筍

食材⇨蘆筍50公克、花枝50公克、枸杞1小匙、大蒜1瓣、薑1片

調味料⇨米酒1小匙、鹽少許、油2小匙

作法⇨1.蘆筍洗淨削皮，切成斜段；去掉內臟的花枝洗淨切花，備用。2.枸杞洗淨加水泡軟，瀝去水分；大蒜洗淨去皮，與薑皆切成末。3.熱鍋，倒入油，先爆香薑蒜，放入蘆筍略炒一下，加水1/4杯煮滾。4.接著加入花枝拌炒至熟，最後放進枸杞煮熟後調味即可。

蛤蜊冬瓜湯

食材⇨蛤蜊100公克、冬瓜90公克、薑3公克

調味料⇨鹽1茶匙

作法⇨1.蛤蜊洗淨後吐沙，冬瓜洗淨削皮切塊，薑則切成絲，備用。2.備一滾水鍋，加入冬瓜先煮，再放進蛤蜊煮至開，最後調味。

Day2
BREAKFAST
早餐

營養分析

熱量（卡）	蛋白質（公克）	脂肪（公克）	碳水化合物（公克）
563.1	21.8	18.9	79.4

芝麻米漿

食材⇒糙米10公克、小米10公克、熟芝麻10公克

＊另搭配水果1份＋水煮蛋1顆＋五穀雜糧麵包1-2片

作法⇒將浸泡過的糙米、小米先入電鍋煮熟後，稍微放涼，倒入果汁機與熟芝麻打成漿即可。

營養師小叮嚀

簡易精力湯能一次吃進多種食材，提供均衡的營養來源，食譜中的各種食材還可代換或加入黃豆、黑豆…等其他豆類，或是加進水果調整口味，加進各式堅果也很好，堅果的含鎂量高，攝取足夠的鎂可減少媽咪罹患憂鬱症、骨質疏鬆之風險。

Day2
LUNCH
午餐

營養分析

熱量（卡）	蛋白質（公克）	脂肪（公克）	碳水化合物（公克）
692.9	24.2	43.6	51.1

營養師小叮嚀

芝麻也是含鈣量高的來源，對於神經傳導、肌肉收縮與維持血壓穩定都有相關助益。而青江菜含有豐富的維生素A，是對於寶寶骨骼與牙齒形成很重要的營養素。

芝麻飯

食材→熟芝麻少許、胚芽米60公克

作法→1.胚芽米稍微清洗，與適量水入電鍋煮。2.飯煮熟後，再撒上熟芝麻即可食用。

煎虱目魚肚

食材→虱目魚肚1片、薑絲少許、蔥1根

調味料→鹽少許、米酒1茶匙、油2小匙

作法→1.虱目魚肚洗淨，兩面皆抹點鹽、放蔥及薑絲，淋點米酒先去腥。2.熱鍋，倒入油，將處理好的虱目魚肚先以廚房紙巾按乾，再入鍋煎熟即可。

蒜香青江菜

食材→青江菜60公克、大蒜2瓣

調味料→醬油膏1/2大匙、糖少許、香油數滴

作法→1.大蒜洗淨去皮，磨成泥或切成細末，放進小碗中，與所有調味料及少許冷開水拌勻成蒜蓉醬。2.青油菜洗淨去梗，放進滾水鍋中汆燙至熟後，撈出瀝乾，再淋上蒜蓉醬拌勻。

絲瓜湯

食材→絲瓜90公克、蝦米少許、薑絲少許、枸杞數顆

調味料→鹽1茶匙、油1小匙

作法→1.絲瓜洗淨削皮，切成滾刀塊；枸杞泡水後瀝去水分，備用。2.熱鍋，倒一點油，先爆香薑絲與蝦米，放入絲瓜炒到軟。3.在鍋中加進水煮滾，最後放入枸杞並以鹽調味即可關火。

Day2
DINNER
晚餐

營養分析

熱量（卡）	蛋白質（公克）	脂肪（公克）	碳水化合物（公克）
714.6	53.6	27.9	71.8

營養師小叮嚀

比起白麵，蕎麥麵又多了維生素E和可溶性膳食纖維，還能降低血脂血糖，再加上大量蔬菜以及來自牛肉的優質蛋白質一起烹調，讓營養更多元。另外搭配富含碘、高蛋白質的湯品，這一餐雖然簡單，但營養就十分足夠了。

什錦蕎麥炒麵

食材⇒牛肉片5-6片、青江菜5朵、豆皮1片、洋蔥30公克、鴻喜菇30公克、蔥1支、蕎麥麵條80公克

調味料⇒Ⓐ醬油、薑汁、太白粉少許Ⓑ蠔油、醬油各2小匙、糖1/2小匙、白胡椒粉少許、芝麻香油少許、油1湯匙

作法⇒1.所有蔬菜洗淨，蔥、洋蔥、青江菜均切條狀，備用。2.肉片加A料拌勻，抓醃漬10分鐘；豆皮切絲，備用。 3.備一滾水鍋，放進蕎麥麵煮熟後，撈出沖涼。4.熱鍋，倒入油，先炒蔥及洋蔥，再放入肉片及所有蔬菜拌炒。5.最後加入B料、少許水及豆皮絲拌炒，最後加蕎麥麵拌炒入味即可。

海帶魚片豆腐湯

食材⇒海帶少許、魚片30公克、豆腐20公克、薑絲少許、蔥絲少許

調味料⇒米酒1大匙、鹽少許

作法⇒1.海帶洗淨，豆腐沖一下水，切成小塊；魚片抹點鹽，加進蔥薑去腥，備用。2.備一滾水鍋，放入海帶、魚片、豆腐煮熟，最後加鹽調味即可。

Day1
DESSERT
點心

營養分析

熱量（卡）	蛋白質（公克）	脂肪（公克）	碳水化合物（公克）
177	6.0	2.1	33.5

花生豆花

食材⇨豆花甜湯100公克、煮熟花生適量

作法⇨將豆花甜湯與煮熟花生混合即可。

營養師小叮嚀

有時想吃甜食的媽咪，可將八寶粥與豆花混合成甜品，好處是其中的食材多樣化，比方花生含有維他命E、必須脂肪酸，再加上其他豆類營養，這樣一來，吃點心就不會只是吃進熱量而已。

銀耳蓮子湯

食材➡白木耳1大朵、新鮮蓮子1/2杯、鳳梨50公克、芭樂30公克、枸杞1大匙

調味料➡冰糖10公克

作法➡1.將白木耳浸泡至軟，去蒂，用手剝成小片；蓮子洗淨備用。2.鳳梨去芯切丁、芭樂切丁，枸杞加水泡軟，瀝乾水分。3.白木耳、蓮子與適量水放入電鍋中，煮至開關跳起後，燜一下。4.起鍋前加冰糖調味，以及枸杞拌，要吃時加入水果丁拌勻（可冷食或熱食）。

營養師小叮嚀

白木耳是素食者的燕窩，不只富含各種礦物質，豐富的水分和纖維更是超低熱量的窈窕點心，搭配芭樂和鳳梨中的維生素C，孕媽咪用吃的就能變美麗。

Day2

DESSERT

點心

營養分析

熱量（卡）	蛋白質（公克）	脂肪（公克）	碳水化合物（公克）
215.4	6.2	0.5	48.5

可以開始待產準備

媽咪從懷孕滿7個月開始，先向醫護專業人員學習關於孕產知識，以及有關神經肌肉控制運動、體操運動、呼吸技巧。經由夫婦反覆的練習，好讓準爸比在待產房及產房時，充分運用所學知識，正面鼓勵媽咪運用並適當地放鬆肌肉，以減少生產時子宮收縮引起的不適。

什麼時候要住院呢？

從預產期的前3週到後2週都算是正常的生產期，預定自然生產的媽咪，如果有落紅或是假性陣痛的情形發生，就代表產期接近了。這時媽咪可以開始做些準備。

❶備妥住院用品，不要再單獨出門。

❷聯絡陪產的家人陪伴。

❸還是可以進行不吃力的日常活動，如做簡單的家事、散步等等。可以進行蹲下、跪姿、趴臥等運動以轉移對身體不適感的注意力。

❹把握時間盡量休息，以便儲存體力面對接下來的生產。

❺可溫水泡澡，舒緩陣痛的不適感。

預定自然產的媽咪…

預定為自然產的媽咪，如果遇到以下情形，可以直接前往醫院。

❶破水。有破水疑慮者，亦應直接前往醫院檢查。

❷初產婦每隔5分鐘陣痛一次，且不因休息而延緩陣痛間距；經產婦開始有規則子宮收縮。

❸有便意感，不由自主地想用力。

❹胎動減少，陰道出血量多、鮮紅或任何異常狀況。

❺有以上任何狀況，或是經由醫師判定需住院生產。

預定剖腹產的媽咪…

如果於預定開刀日前就先落紅、破水、規律宮縮、有便意感或不自覺想用力、胎動減少或任何異常狀況時，先禁食任何食物和水、通知家人陪伴，儘快至醫院進行檢查。

如果過了預產期

以醫學角度定義，懷孕第42週為過期妊娠，但因為一超過41週，各類型的風險會明顯提高，因此大部分醫師會在媽咪懷孕第41週以後，考慮進行催生。

至於催生時間到底何時為宜，這必須結合許多因素來綜合判斷。例如母體狀況、寶寶狀況、胎盤功能…等各方面來做評估。建議媽咪與產科醫師根據個人狀況進行討論與決定為宜。

研究發現，超過預產期越久，引發胎兒窘迫、胎兒過大而導致難產的風險越高。同時，超過預產期越久，胎兒的死亡率也就越高。

媽咪問！為什麼要練習拉梅茲呼吸法？

是為了讓媽咪於生產時，能理性轉移疼痛、放鬆肌肉，建立對於生產的信心；為了減輕產痛，最常見的就是學習「拉梅茲呼吸法」，經由專業教練教導、孕婦配合，以及另一半的陪伴下進行。

• 何謂拉梅茲呼吸法？

拉梅茲生產減痛法，俗稱為拉梅茲呼吸法，是一種「心理預防法」，認為人的大腦對於刺激的反應是可經由學習而改變的，並透過運用知能訓練去轉移對疼痛和不舒適的感受，進而降低生產時的疼痛感受。

拉梅茲呼吸法雖首創於蘇俄，但是由一位法國產科醫師拉梅茲（Lamaze）於1952年加以推廣改進，產生了「拉梅茲生產減痛法」，現今已被絕大多數產科醫師所接受，並認為是一種最安全、最有效的生產「麻醉法」。

• 拉梅茲呼吸法的優點：

❶夫妻對生產可以有更充分的心理準備，減少不安和緊張。
❷訓練夫妻間的默契，讓雙方更能有同心協力的心情來迎接寶寶。
❸使生產過程更順利。

拉梅茲呼吸法會依產程三階段來使用不同呼吸法，還有避免如何用力的呼吸方式。媽咪在另一半的陪同下，學習如何運用不同呼吸速度及節奏，好讓夫妻雙方事先預習，若持續地練習拉梅茲呼吸法，將能夠幫助產婦的內容如下：

❶練習神經肌肉控制的運動，強化骨盆基底肌群，有利於生產時用力。
❷重複練習呼吸，轉移對生產疼痛的注意力，達到減痛目的。
❸待產期時，運用各種姿位改變，以促進胎兒下降與迴轉，達到促進產程進產，降低生產時的不適。

此呼吸法和其他孕期運動一樣，運動前先排尿、身著舒適衣物，需在堅硬的平面上進行。每天可練習1-2次，每回5分鐘即可，並於空腹時或飯後2小時做。

正面積極的生產經驗——生產計劃書

在臺灣的產科領域，長期以來是將每一位產婦均設定為隨時有緊急狀況，即使是對自然生產的產婦，也會嚴陣以待做好剖腹產的準備。均須做到禁食、剃毛、灌腸、剪會陰、且全程使用胎心音監測器，以便在突發狀況時及時應變。

在國外已有大型研究指出，上述的措施不應視為常規。現在已可依據需求，讓媽咪在產前做好規劃，由媽咪決定「自己想要的生產流程」，將生產主權回歸予媽咪，讓生產不再像個病人，而是在面對一個生理過程，而且在整個過程中不再是被動的承受者，而是生產的主體。

「溫柔生產」的觀念已是席捲於全球的趨勢，目前在臺灣尚屬於起步階段，已有部分醫療院所實行「生產計劃書」制度，讓媽咪從懷孕過程就與另一半清楚了解生產過程中會面臨的必要措施，並從中釐清哪些是適合自己的選擇。有的醫療院所，甚至還有「全人生產計劃」設計，其內容包涵產前產後所有的孕產需求、母嬰照護指導…等，皆有專業人員及陪產團隊與新手爸媽做討論，並給予專業建議諮商。

生產計劃書的擬定，等同於醫護人員與準爸媽的溝通工具，讓雙方對生產過程有著更深入的共識，也讓準爸媽有餘裕面對即將來臨的待產及生產流程。但生產計劃仍有必要的彈性空間，當媽咪有特殊狀況時，醫療人員應及時介入做緊急處理，仍以健康安全為最高準則。

若對生產計劃書有興趣的新手爸媽，除了諮詢醫師，有幾個詞彙，可事先了解：

靜脈留置針

所謂靜脈留置針，就是產婦在生產時若不幸大出血休克，靜脈留置針能協助快速輸液。

剃毛

剃除陰毛並不是完全必要的動作，因為生產時都會清洗及消毒，並不會因為沒剃毛就感染，大部分的情況下並不會特別剃毛。

會陰切開

現階段已可將此決定交付與醫師作臨床判斷，而非盲目地做常規性切開。

注射點滴

最主要目的在防患生產時的一些突發緊急狀況，例如出血或胎兒窘迫，或某些特定情況，比方產婦出現嘔吐或因為沒有進食而導致身體虛弱、電解質不平衡或血壓不穩時。

回歸自然的溫柔生產

溫柔生產包含了居家生產、水中生產…等，能提供媽咪不同的生產經驗。溫柔生產的中心理念是讓生產回歸自然，聆聽婦女天賦本能完成生產，減少及避免醫療不必要的介入，**引導媽咪運用自己的本能，與爸比從產前先預習、了解分娩過程**，讓媽咪更無後顧之憂、有信心地面對生產時的各種狀況。

對於想嘗試溫柔生產的媽咪，建議在孕期的32週起，開始與爸比到雙親教室上課先了解「全程陪產」的內容。全程陪產是從產前、產中到產後的照護模式，爸比媽咪先學習關於生產疼痛不適時，如何運用正確的技巧及方式，幫助媽咪放鬆鎮靜、讓產程更順利，有助於減輕疼痛及害怕的感覺。

溫柔生產的過程中，助產師或陪產員將給予協助，是相當重要的角色之一。在媽咪生產時用力的過程中，**陪產員或助產師會觀察媽咪自發性的用力方式，引導媽咪運用自己身體的力量帶動寶寶胎位下降，而非強迫式地非得以一般常規方式進行分娩。**

有了助產師或陪產員的引導、爸比的陪伴提醒，待產時可進行姿位改變和適度按摩，能使媽咪的催產素分泌增加，有利於肌肉放鬆和減少焦慮感，以轉移對疼痛的注意力，陪伴她到子宮頸開全為止。

待子宮頸開全之後，助產師或陪產員會先觀察媽咪的便意感是否強烈，如果沒有的話，建議媽咪稍事休息、不用過度勉強自己，先等待恢復到強烈且規律的子宮收縮為止。整個待產過程中，**這幾方的角色除了讓媽咪感到心安之外，鼓勵媽咪自發性的正確用力，更為溫柔生產過程的主要重點。**

產前先擬生產計劃書

在進行溫柔生產之前，助產師或陪產員會與爸比媽咪討論生產計劃書，依據媽咪的需求與期待，及早規劃生產時的細項環節。這些規劃是希望媽咪聆聽自己身體的聲音、自由採用舒適的方式進行分娩。

生產計劃書有更多細項可與助產師或陪產員溝通討論；專業醫護人員會協助媽咪完成安全範圍內的生產想法，好讓生產不是常規過程，而能在各層面顧及媽咪的情緒、彈性符合媽咪及陪產者的需要。

當實際面臨生產的特殊狀況時，助產師或陪產員會評估判斷哪些細項需做調整，以「**安全的生產過程**」為最大考量，以確保寶寶能安心誕生。

關於樂得兒產房（LDR）

為了讓待產及分娩時的身心舒適度，有些媽咪會選擇「樂得兒產房」待產。「樂得兒產房」是安排媽咪從待產、生產、恢復，都在同一空間裡，不須隨著各種產程階段的變化而移動更換房間。等媽咪順利生下寶寶且狀況穩定後，才會轉移至一般病房中，減少上下床移動時的不適感。

媽咪問！為何切開會陰曾是常規處置？

會陰為陰道口與肛門口之間的軟組織。分娩時，當胎頭通過陰道口時，會導致會陰部位撐開，肌肉變得相當薄弱，此時如果胎頭出來的速度太快，醫師沒有做好保護措施，會陰有可能裂傷。因此，醫師會在胎頭即將通過會陰之前，用外科剪刀切開會陰的措施。

但在世界各地對會陰切開的看法各有不同主張，目前醫學實證研究不支持將會陰切開視為常規，認為在以下狀況時，便有切開會陰的必要。例如胎兒為巨嬰，或是胎頭先露位置不佳時，便有可能導致會陰裂傷的傷口複雜，此時便有先行切開會陰的必要。

如果有切開會陰，有助於分娩後傷口縫合的完美度，若沒有切開會陰，可能縫合傷口會較不規則，這兩者沒有絕對的選擇好壞。比方說，但也有些未必可能裂開太大的傷口，卻在事前已被切開，會有「白挨一刀」的感覺，所以這就是有待考量商確的重點。

樂得兒產房除了是專屬媽咪的獨立空間，更有「樂得兒床」供待產媽咪使用。樂得兒床經過特殊設計，**既是媽咪的待產床，更能調整成為「產檯」使用**，體貼媽咪待產、生產時無須換床。

此外，樂得兒產房內還會提供產球、減痛設備、按摩輔具…等，由陪產師或待產員帶領媽咪正確使用，舒緩媽咪的陣痛感受。同時，樂得兒產房也相當友善於爸比或家屬一同陪產，比方媽咪在房內可以自由走動、依需求進食、聽喜歡的音樂…等，依自己舒適的方式待產。

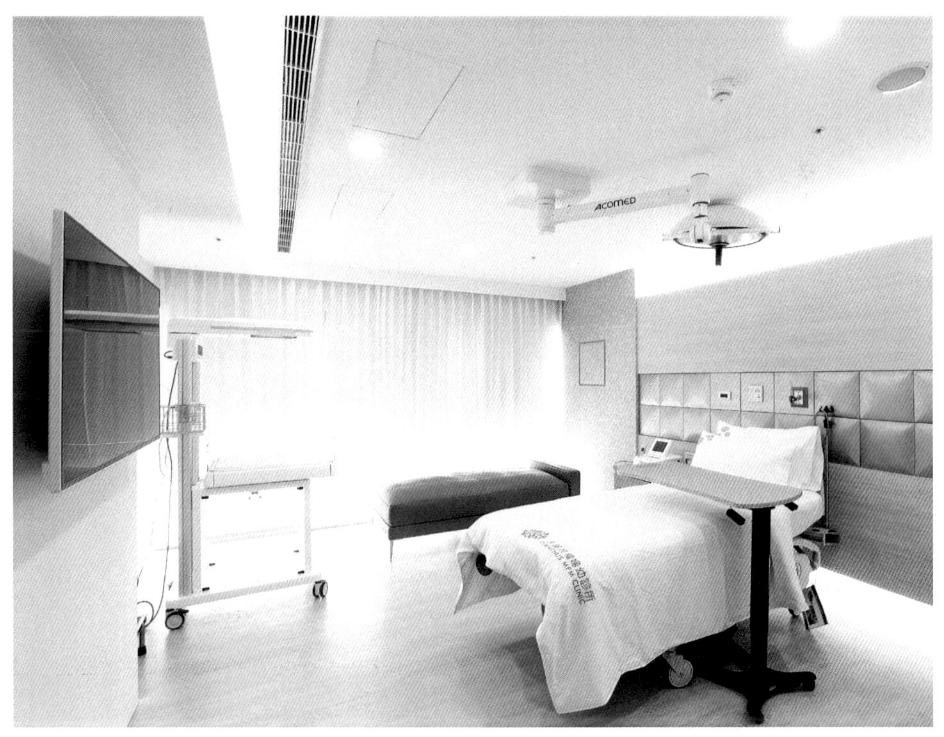

關於水中生產

所謂的水中生產，是運用水的浮力、阻力和水溫控制，增加媽咪生產時的安全感，亦有研究報告指出，水中生產有助於產分泌催產素，可促進產程的進展，減少疼痛感。另一方面，水的浮力可減緩寶寶出生時衝力造成的傷害，例如會陰部位的撕裂傷口較小，減少產婦的生理傷害。水中生產的最大特點是，媽咪生產時可隨意變換姿勢，生產較為輕鬆而且溫水浸泡可以增加產婦精神及肌肉放鬆，減低子宮收縮的疼痛感受。

但需注意的是，不建議無法自然產的媽咪進行水中生產，但也不代表自然產媽咪就完全適合，需視個體情況而定。例如孕期曾有併發症、胎兒心跳狀況不佳，就需長時間臥床觀察，這種狀況也不適合選擇水中生產。

水中生產是媽咪們另一種生產經驗的選項，想嘗試的媽咪需在32-36週先上相關課程，以做好身心準備。但不論媽咪選擇哪種生產方式，產前都需要先諮詢醫師、由專業做評估，以利預先考量生產過程中可能發生的各種狀況及應變措施。

媽咪問！於樂得兒產房產下寶寶後？

寶寶娩出後，醫護人員會為寶寶清潔口鼻、先促進寶寶呼吸，並且擦乾身體、注意寶寶體溫的保持，為初步的兩大重點。由於寶寶的體表面積很大，容易因為散熱而讓體溫流失，會以毛巾覆蓋或烤燈輔助溫度不散失。

此外，產後與寶寶的即刻肌膚接觸（skin to skin）也被越來越多人重視。寶寶娩出後，醫護人員會儘快讓寶寶貼近媽咪胸口，直接感受熟悉的媽咪體溫、味道、心跳，在產後1小時左右是最佳時間，能引發寶寶的含乳吸吮本能，對於日後的母乳哺餵相當重要。媽咪寶寶進行肌膚接觸的同時，醫師會檢查胎盤是否剝離完全、評估撕裂傷程度並進行局部麻醉及縫合，完成寶寶娩出後的最後處理，待肌膚接觸後才進行新生兒的常規檢查。

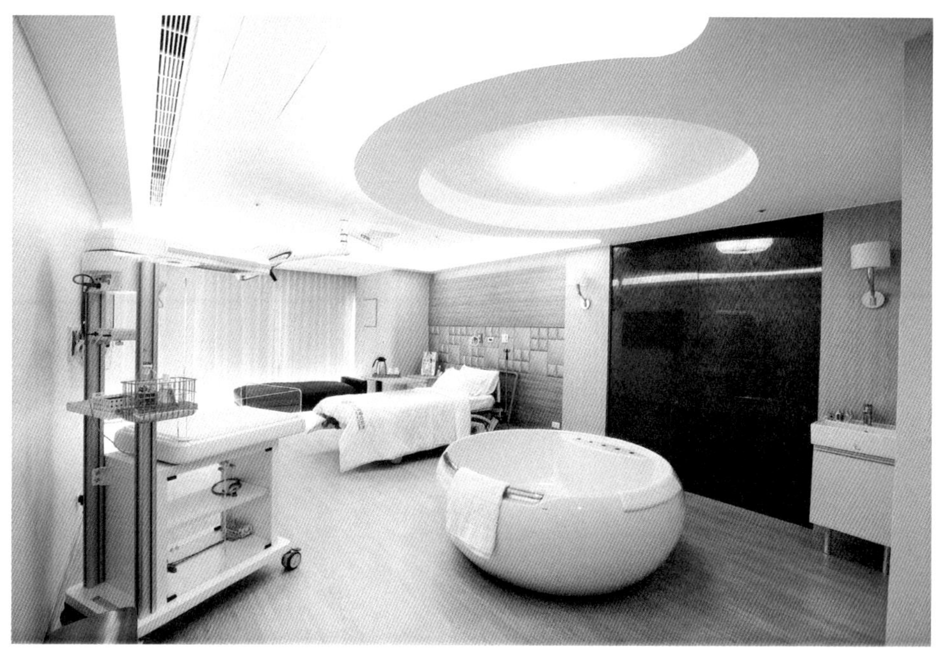

醫師說！產前需先溝通孕期用藥

媽咪如有在服用肝素、阿斯匹靈、含高劑量EPA成分大於500mg的保健食品時，應確實告知醫師，因為這類藥物與凝血功能相關，在生產過程中必須格外留意，讓醫師在產程中做好完整的因應措施，以降低失血過多的風險。

例如在懷孕後期服用阿斯匹靈，會影響母體凝血功能，嚴重時會造成生產時大出血。但有些媽咪會在特定狀況下，遵醫囑服用低劑量阿斯匹靈（或於產前34週之後停用），應不會造成凝血功能障礙，媽咪可向醫師諮詢討論。

蘇醫師說！關於生產計劃書

關於生產計劃這件事，我們把它簡單區分成兩個部分來談好了，一個是專業考量的部分，一個是個人自主性的部分。

第一，關於專業考量的部分，譬如說自然生還是剖腹生，需要提前催生嗎…等，像這一類的問題，必須根據母親與胎兒的狀況由醫療的專業角度來討論評估，暫時就不在此贅述。第二，關於個人自主性的部分，譬如說我待產的時候，要不要灌腸、要不要剃毛、要不要打點滴…等。我必須說，這些其實完全不影響到安全性，所以醫師也很難給你什麼樣的建議。

那您可能就要問了，為什麼在許多醫院都是常規要做這些措施呢？

這裡容我簡單說明一下，所謂的**醫療常規或是SOP的形成，基本上都是一個最大公約數的概念**，我不認為可以有一件事情是能適合所有人的。但是在面對這麼多差異化的人事物間，在醫療端，不得不形成一些準則可以讓醫護人員得以遵守與執行，這也是不得不然的做法，不然各吹各的調，這中間也隱含了更多的危機與風險。

但是問題來了，生產這件事，您說他是個病唄，在某些緊急情況他確實就是；但在許多情形之下，它又是件再自然不過的事情了。所以此時很多可有可無的醫療介入措施的存在與否，就又激起大家的討論啦！

我到底要不要灌腸剃毛打點滴？胎心音是持續性還是間歇性監測？我要選擇水中生產？要不要打無痛分娩啊…等。這些，不一定需要的，**畢竟環肥燕瘦各有人愛，那就讓你自己選吧！這就是所謂的生產計劃了**。

好了，以前沒得選大家要抱怨，現在這麼多要讓你選了，很多媽咪反而被搞得一頭霧水或是憂心忡忡：

「我該不該選呢？」「這到底有什麼影響呢？」啪啦啪啦，諸如此類的問題就又如排山倒海而來啦，現在，你終於可以體會產科醫師的痛苦了吧，哈哈哈…。

好，其實，我的回答就是，如前所述，這些會給你選的**就是醫療上可有可無的處置措施**，如果你爽就怎麼做，其實沒人會真的有什麼意見，但如果你也不知道自己想怎樣，那也不必非得把自己逼太緊，就交給專業團隊來判斷決定吧！

事先了解生產這回事－自然產&剖腹產前

自然產和剖腹產的流程不完全一樣，媽咪先了解這兩者的不同，事前有個心理準備吧。不管是哪種生產方式，都不建議太早至醫院待產，免得媽咪身心太過焦慮。

每位媽咪對於生產的想像不盡相同，不管是想選擇自然產、剖腹產，並沒有絕對的好壞，最重要的是產前諮詢醫師並做討論，在一般情況下，產科醫師會從幾個面向為媽咪評估合適的生產方式：

評估方向	評估細項
媽咪的身體狀況	·發生難產或產程遲滯 ·子宮有腫瘤而造成產道阻礙時 ·子宮開過刀（例如子宮肌瘤）·前置胎盤或胎盤早期剝離 ·子癇前症、心臟病…等不利自然產的疾病 ·胎頭與骨盆不對稱而難以自然產的狀況 ·破水後拖延過久
寶寶的狀態	·胎位不正 ·胎兒窘迫的情況 ·雙胞胎或多胞胎合併胎位不正 ·胎兒發育畸形 ·臍帶脫垂 ·巨嬰
爸比媽咪的家庭需求	·媽咪希望待產或生產時、產後有家人陪伴，但彼此時間又無法配合時

一般來說，如果媽咪沒有以上的情況，產科醫師會把生產前的選擇權交給媽咪決定，讓媽咪與爸比或家人先討論選擇何種生產方式；但如果有以上情況者，特別是遇到產程中的突發狀況時，請放心讓醫師來做專業判斷為佳。

若以一般醫學角度來看這兩種生產方式，自然產是生產過程的疼痛居多，但可以打局部或減痛分娩，恢復時間比較短。而剖腹產是產後傷口痛、需休養照料，但能裝置術後止痛；此外，因為恢復期比較長，所以進食和下床走動的時間比較晚。

入院待產標準：	需提早待產者：
❶子宮頸開3公分以上	❶早期破水
❷已經破水	❷不明原因出血
落紅的出血量多	❸臍帶壓迫
	胎動減少

自然生產前

足月生產的媽咪，出現破水、落紅、規律陣痛等產兆時，可先打電話給醫院或診所人員，說明產兆狀況後再前往待產，同時也需通知家人。在醫師允許情況下，可先沐浴及移除隱形眼鏡…等簡單準備。光療指甲上的水晶片也可先行卸除，以便待產時，醫護人員會運用指夾式儀器觀察體徵。媽咪帶著待產包進入醫院後，大致會經過以下流程：一般而言，醫院的產房為隔離單位，會有陪病人數限制，每一位媽咪可有一位陪產者。生產後，如果寶寶和媽咪的健康狀況允許，即可開始母嬰同室。媽咪和寶寶的健康是由婦產科及新生兒科醫師共同監督。

此外，護理人員會定期關心產婦的健康狀況。包括子宮收縮、惡露及解尿的狀況。並為媽咪做產後衛教，內容包括子宮按摩、會陰沖洗、乳房清潔、飲食衛教。

生產後的第二天，媽咪可以採取一般飲食並正常活動。在這一天，醫師會前來檢視媽咪的復原情形，而護理人員會幫媽咪先沖洗會陰再檢查傷口，並提醒媽咪之後每次如廁完，需自行沖洗會陰傷口。

選擇母嬰同室的媽咪，護理人員會於母嬰同室時協助媽咪哺餵母乳的方式，並說明泌乳和脹奶的處理方式。寶寶若有其他狀況時，就必須留在嬰兒室進行觀察、照光等處理，媽咪必須在護理或醫療人員的指示下，才進行訪視或哺乳。

step 1 至產房報到。在護理人員要求下填寫入院資料。

↓

step 2 值班醫師為媽咪做檢查，評估目前的產程。

↓

step 3 如確認已進入待產流程，媽咪便可留院待產。護理人員會為媽咪做例行準備工作。包括抽血、驗尿、注射點滴、換上待產衣…等，最後會在媽咪腹部裝上胎心音監測器，以觀測媽咪的子宮收縮以及胎心律的變化。

註：產前抽血的動作，有部分醫療院所會提前於35-37週先做，以利提早評估媽咪有無貧血、凝血功能異常…等問題。同時，如果媽咪想打減痛分娩，待抽血報告出來後，就能先打減痛分娩。

↓

step 4 媽咪聽取護理人員說明待產須知。

↓

step 5 準備進產房。

媽咪問！催生好不好呢？

以目前催生所使用的藥物來看，催生是安全的，但催生不見得能如期產下寶寶，建議媽咪還是先諮詢妳的婦產科醫師為宜。但有以下情況的產婦會建議催生：

- 早期破水（破水了，但一直沒有陣痛）。
- 妊娠引發合併症（例如子癇前症…等）。
- 過期妊娠（過了預產期太久、胎盤功能已退化時）。

剖腹生產前

剖腹產的媽咪，只要在與醫師預約的時間前往醫院，做好手術前準備即可。一般建議剖腹產於38-40週之間進行，有些特殊狀況會提早剖腹，例如巨嬰、胎盤剝離等狀況，可提早進行剖腹。

step 1 媽咪於35-37週先接受衛教事宜、病歷問診，護理人員會詢問一些術後的事項，例如是否要做疼痛控制、是否母嬰同室等問題，並交予手術同意書填寫。

↓

step 2 入院前，媽咪需先卸除光療指甲上的水晶、卸妝，以利醫師於手術中對病患生命徵象的判斷。

↓

step 3 於預定的手術日前一天或當天，攜帶準備好的待產包至醫院報到。

↓

step 4 進行手術前檢查。包括生命徵象、身高、體重、尿液、抽血等檢查。

↓

step 5 心電圖檢查。

↓

step 6 裝上胎心音監測器。確認胎兒活動力、心跳，以及媽咪的子宮收縮。

↓

step 7 剃毛。為了手術的順利進行，會剔除媽咪的恥毛。有些醫院會在手術前一天進行，有些會在當天進行。

↓

step 8 手術前禁食8小時。以免因為麻醉而導致食道括約肌無法關閉而引起嘔吐，而造成吸入性肺炎。

↓

step 9 除去身上配戴的一切物品，例如隱形眼鏡、假牙、戒指、耳環、手錶…等。

認識減痛分娩

為了減低產程中的疼痛，有些產婦會希望使用減痛分娩來降低害怕的陣痛感。是否能進行減痛分娩，一般而言，有兩種考量：

❶是否對麻醉藥有特殊過敏史。
❷腰部、脊椎是否曾經動過手術，而造成施打麻醉藥時的物理障礙。

當然，能夠自然產還是自然產為佳，**若在產程中實在無法承受陣痛，醫師會在適當時間施打極低濃度的麻醉藥物**於下腰椎處，以減少產婦的疼痛感與壓力。在進行這種硬脊膜外止痛法後，僅會有1-2天的觸痛感，並不會造成背痛，亦不會造成對胎兒的影響，因為經由胎盤吸收的藥物微乎其微。

硬膜外藥物停用後，會從背部移除導管，知覺約在幾小時後恢復正常（會因局部麻醉劑的型態和濃度而定）。正常情況下，是不會因為施打硬膜外藥物引起背痛、頭痛的，媽咪可以放心。

而減痛分娩真的不痛嗎？由於每個人對於痛的耐受度不同，止痛藥物雖然成效不錯，但還是取決於產婦的要求和施打後的反應，約有3%失敗率。一般會建議，保留輕微的子宮收縮感覺，是最好的減痛分娩方式。若當止痛效果不好時，就需調整硬脊膜管的位置或重新放置，以改善止痛效果。

此外，選擇減痛分娩的媽咪，也要事先考量到，若打了減痛分娩針劑，醫師會視媽咪腳麻的程度評估待產期間是否要全程固定臥床，勢必影響到產後休養的舒適度。

媽咪問！減痛分娩會傷到脊椎，造成永久性的腰痠背痛？

有些媽咪在考量是否進行減痛分娩時，會擔心從脊椎注射入藥物時，是否會傷害到脊椎。加上大部分媽咪產後會腰痠背痛，不免把「減痛分娩」與「腰痛」做聯想，歸咎為因果關係。其實，減痛分娩是「硬脊膜外麻醉」，完全不會傷到脊神經的，請勿擔心。

而多數媽咪產後腰痠背痛的可能因素如下，建議不妨先審視以下的常見狀況，以便加以改善。

❶ 整個孕期，腰部長期承載著逐漸變大的子宮，對腰部所造成的壓力。
❷ 產後長時間抱著寶寶。
❸ 生產後哺餵寶寶時，姿勢錯誤所造成的痠痛。
❹ 生產過程中因為身體過度緊繃所遺留的身體痠痛。
❺ 營養不均衡所造成的痠痛，例如身體缺鐵質、缺乏維生素B群時。

接近預產期的徵兆

正常來說，在預產期的前兩週至後兩週都是合理的生產時間，而接近生產時會有哪些產兆出現呢？媽咪先做功課，才好安心待產、等待寶寶的到來。

各種不同的徵兆

輕鬆的感覺

胎頭降入骨盆腔，媽咪會因此感覺呼吸比較順了、也較有胃口。大多數的第一胎產婦會於產前1-2週發生，第二胎產婦則不一定。

落紅或出現血絲

宮縮前24-28小時，或是更早，產婦會感覺自己的陰道分泌物中帶有些許黏液血絲狀。這是因為子宮頸變軟變薄，道致流出粉紅色或暗紅色的子宮頸黏液的緣故。但有此狀況不代表立刻就要生產，只是微量或少量血，還不需要住院。

便意感

肛門不自覺想要用力，類似想解便的感覺，尤其陣痛時更強烈，此時需趕快就醫。有此情況產生時，產婦要提醒自己深呼吸哈氣，不要用力，以免急產。

胎動減少

在越接近預產期的階段，因為寶寶已經長得相當大，相形之下子宮內的空間對於胎兒而言就顯得不足，胎動次數就會自然而然減少。

胎兒位置下降

接近預產期時，胎兒的頭部會逐漸下降入骨盆腔內，讓媽咪原本因為胎兒長大而壓迫到胸口的氣悶感隨之一掃而空。這幾天媽咪的胃口會比較好。對於初產婦而言，這種輕鬆感會在約生產前1-2週發生。

破水

破水是因為包覆胎兒的羊膜破裂所致。當破水時，羊水會如同尿液般自陰道無法控制地流出。媽咪只要是發現破水，就應立即前往醫院準備。

假性陣痛

進入第三孕期之後，有些媽咪會不定期發生假性陣痛。感覺類似下腹部悶痛感，類似不規則的子宮收縮。發生頻率從30分鐘到1、2小時一次不等。這種子宮收縮會伴隨肚皮緊繃、下腹部沒有痛感或是輕微悶痛。此種不適感會在休息、按摩、走動之後隨之改善。此種陣痛不會造成子宮頸擴張，與分娩前的陣痛並不相同，因此稱為假性陣痛。

陣痛或腰痠

以上兩種情況是伴隨宮縮而產生，使得子宮頸變薄和擴張：

❶陣痛時，腹部會變得很硬，不痛時又會漸漸變軟。

❷由不規則陣痛慢慢變規則，原本每15分鐘收縮一次，會持續15-30秒，隨著產程推進，收縮頻率、持續時間、強度皆增加。

❸即使休息或走動也無法減輕疼痛的時候。

蘇醫師說！做一位優雅待產的媽咪吧

許多接近預產期的媽咪，都很喜歡緊張的追殺我這個問題。「蘇醫師，我怎麼知道我什麼時候要生啊？」「會不會我不知道、來不及就生在路上啊？」

各位啊！我必須說，千萬不要太天真。您覺得每個人都有這麼厲害，在家裡大樓中庭跟人家聊聊天，肚子一陣劇痛就可以把小孩生下來膩？我必須承認，絕對有這種渾然天成萬中選一的極品，說實話，我也祝福你是，如果真是你，那我恭喜你，基本上你不必到醫院生小孩也不必太擔心，因為實在太順利了。但是清醒點兒，第一胎平均從痛到生是二十個小時，第二胎平均是八到十二個小時，好嗎？

有些媽咪會先破水，破水會有很多羊水漏出來，絕對不會是一點點，所以您一定會知道，如果破水還沒有伴隨陣痛，就請優雅的來產房報到吧！

至於陣痛到底有多痛？這東西說實話很難形容也很難量化，更何況我是個男人也沒痛過。不過相信我，以我大半輩子都在產房打滾的經驗，要判斷一個從門口走進來產房的孕婦是不是要生了，最簡單的方式：看臉就會知道。就是面目猙獰正在地獄旅行，幾乎沒有例外，這樣，您可以想像了嗎？

好了，嚇人絕對不是我的本意，我只是想讓你回到現實。最後再囉唆一下，其實現代產科學有很多減痛的方式，可以試著讓您從地獄回到天堂。所以，關於這個問題，不要再焦慮了，好嗎？

開始陣痛後

開始陣痛後，是寶寶準備好要出來的預兆，陣痛頻率會慢慢變密集。而陣痛和寶寶這兩者會有什麼變化呢？讓我們先來了解一下。

❶ 準備期➡**陣痛間隔長**

這時寶寶是縮成一團、頭朝下的狀態。

❷ 進行期➡**收縮明顯、產婦請「吸、吸、呼」**

寶寶會迴轉身體，讓位置更往下降。

❸ 過渡期➡**收縮密集，記得陣痛間要放鬆**

胎頭會再轉，轉向媽咪的臀部方向。

❹ 胎頭娩出期➡**強烈疼痛，聽醫護人員指示憋氣用力**

寶寶頭部通過骨盆後，面朝下滑入產道，頭部會慢慢露出。

❺ 娩出期➡**持續收縮，頭娩出後要短促呼吸**

寶寶頭部先娩出後，肩膀、身體會依序通過產道，產婦這時就能放鬆一點。

❻ 胎盤娩出期➡**子宮會緩緩收縮、輕微陣痛**

寶寶娩出後、胎盤也會自然娩出，醫師會幫寶寶清口鼻、剪臍帶並交給醫護人員。

媽咪問！生產時憋氣和用力的常見狀況？

如果有事先學習過拉梅茲呼吸法，記得要多練習，以免在分娩台上一緊張、一痛苦就全部忘光光了。而媽咪常有哪些錯誤的呼吸方式呢？

❶ 呼吸混亂、忘記吸吐—應先深吸一口氣，吐氣後，再重新大口吸氣、憋氣，並維持15-20秒左右。

❷ 憋氣後用力錯誤—錯誤憋氣會導致臉部漲紅、或脖子出現青筋，這樣很容易微血管破裂喔。正確為腹部和臀部用力，向下出力。

❸ 全身緊繃、無法放鬆—兩腿應該分開、踩好定位才好出力，臀部應貼住分娩台。當陣痛和收縮停止時，先放鬆休息、等待下次陣痛來才需用力。

❹ 無法理智、身體亂動—身體亂扭或彎著生都不利生產，請正確呼吸，才能聽到醫護人員的指示。待寶寶娩出後，醫護人員會請產婦不要用力，這時要改為哈氣的方式呼吸放鬆。

陪產者如何協助

陪產者是陣痛時的心靈支柱，在待產到產後的時間裡，**陪產者的耐心和安撫對產婦來說非常重要**。平均來說，待產時間約為3-4小時，長則十幾個小時，以下幾點是陪產者可以幫忙的小重點：

❶適時的肢體接觸，例如爸比幫忙按摩手腿和背部、握住手心，給產婦安全感和信心。

❷用言語鼓勵，給予精神上的支持安撫，或是幫助她轉移注意力。

❸爸比要記得引導另一半使用呼吸法，或是提醒她一起正常呼吸。

❹在沒有被禁食的情況下，可吃一點清淡好消化吸收的食物，儲備生產體力。

陣痛時如何補充體力?

媽咪在陣痛剛發生時可以進食，但不宜吃太多、太飽。因為此時距離生產還有一段時間，可以吃些蛋白質類食物補充體力，例如豆類、肉類、蛋等食物，容易消化的清淡麵條也是不錯的選擇。每位媽咪的待產時間不一定，有的陣痛可能達數十小時之久，如果從陣痛剛發生時就禁食，恐怕到了臨盆階段，該用力時卻使不上力氣了。

建議此時挑選媽咪吃得下、容易消化的食物即可。口感清爽、可以立即吸收熱量、就算因為嘔吐也不會感到噁心的食物，都是妥當的選擇。例如新鮮果汁、水果、蛋花湯就是非常適合的食物。除了補充體力，建議待產時可下床走動走動、轉移注意力。

既期待又害怕！實際生產時

每位媽咪對於生產方式的選擇及看法不同，不管妳是選擇自然產或剖腹產，都一起來看看生產當天的情況為何吧！

自然產三階段

進入自然產過程的定義，是從媽咪開始有規則陣痛起，一直到胎兒及胎盤娩出為止。分為以下三個階段：

第1階段・初產婦歷時約12～24小時／經產婦約歷時6～12小時

規律的陣痛，一直到子宮頸口全開

注意事項

❶子宮頸越開越大，陣痛也會越發明顯。這時媽咪可以深呼吸緩解疼痛感。以鼻子深吸氣，再從口中緩緩地吐氣。如果有學習拉梅茲呼吸法，此時就能派上用場。

❷子宮收縮時放鬆身體，以免因過度換氣而導致臉部及手部麻木。

❸陪伴的家屬可以為媽咪按摩腰、腹部，協助舒緩痠痛不適感。

❹可以食用容易消化的食物及攝取水分。

❺在待產過程中，建議至少2-3小時解尿一次，不要超過4小時間隔。讓膀胱處於排空狀態，有助於產程進展以及胎頭下降速度。如因陣痛無法解尿，應請護理人員協助導尿。如果因為長時間讓膀胱處於膨脹和被壓迫的狀態，容易導致膀胱受損，應特別留意。

❻子宮口開3-5指時，當有便意或不由自主想用力時，有可能是因為胎頭下降至直腸附近的神經所引起的便意感。應請醫護人員進行內診，確認產程，切勿擅自用力。媽咪應在醫護人員的指導下抓準時機用力，當子宮頸尚未全開時用力，恐怕會造成子宮頸腫脹而導致產程延遲。

第2階段

初產婦歷時約1～2小時
經產婦約歷時30分鐘～1小時

從子宮頸口全開，一直到寶寶娩出

注意事項

❶子宮沒有在收縮時，盡量放鬆身體。

❷初產婦在子宮頸開10公分時，護理人員教導閉氣向下用力，運用腹壓結合子宮收縮的壓力，以便讓胎兒娩出，至胎頭下降至陰道口時，送入產房生產。

❸經產婦在子宮頸開8公分且胎頭下降時，送入產房生產。

❹陪產的準爸比穿上隔離衣、帽、鞋套，戴上口罩，隨同進入產房陪產。

第3階段

平均歷時30分鐘～1小時／此時醫師會為產婦進行會陰縫合，護理人員為產婦沖洗會陰傷口血漬之後，將產婦送入恢復室觀察1～2小時。

從寶寶娩出，直到胎盤完全娩出

注意事項

❶胎盤娩出後，產婦會在醫囑之下接受被注射子宮收縮劑，以避免產後大出血。

❷在恢復室期間，會持續監測產婦的生命徵象、子宮收縮及惡露排出情形。如果狀況一切良好，便可穿上內褲送至病房休息。

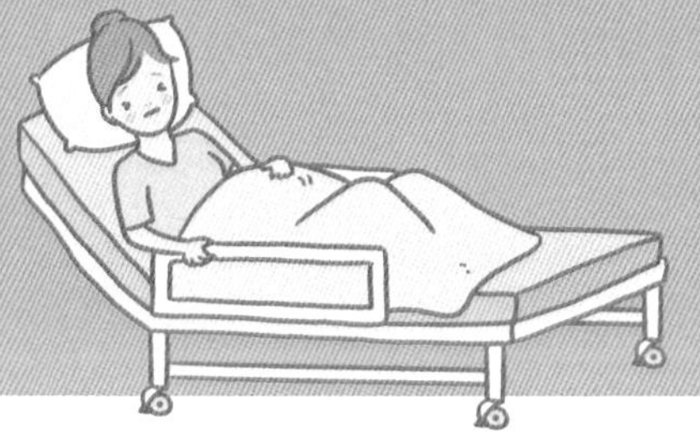

剖腹產流程

平均歷時1-2小時（前置準備＋手術時間＋術後整理恢復）

step 1 送入手術室準備麻醉（半身或全身）。

↓

step 2 醫護人員會為產婦裝上氧氣罩，麻醉後裝上導尿管，接著進行腹部消毒。

↓

step 3 消毒完全後，醫師會在產婦腹部畫出開口，一層層切開，最後劃開子宮壁。

↓

step 4 將寶寶從產婦的腹部小心拉出後，立刻為寶寶清理口鼻、剪斷臍帶，這時醫師才把寶寶交給醫護人員做後續處理。

↓

step 5 醫師續清理胎盤的部分，確認是否都沒問題後，接著縫合傷口完畢，就安排產婦至恢復室休息。

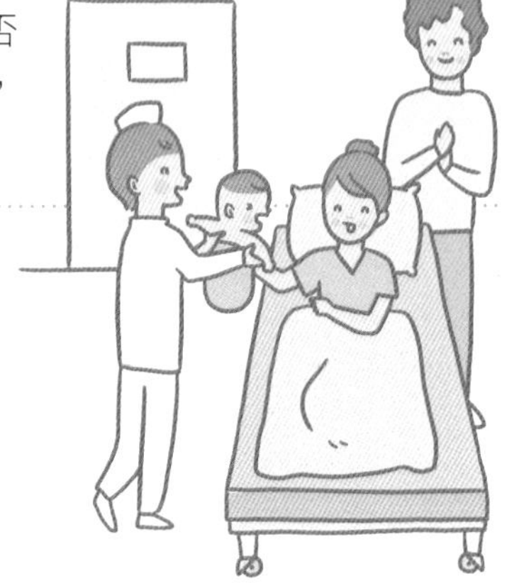

媽咪問！後陣痛是什麼？

後陣痛是因為本來因懷孕而撐大的子宮，因為產後子宮急速縮小後所引起的疼痛感。後陣痛在產後第一天比較明顯，到產後第三天後就會漸漸沒感覺，但有極少數人的不適感可能會維持一星期左右。產後有親餵母乳的媽咪，子宮收縮會比較順利，但如果真的疼痛感未減，需儘快告知醫師。

難產的情況

在生產過程中，有些臨時狀況是可能出現的，這些急症不僅危險，而且致死率頗高，必須做緊急處理，以免母嬰生命受到損害。

肩難產

產程中，胎頭已分娩出來，但肩膀卡在產道的狀況。若沒有即時處理，寶寶會因為臍帶受到擠壓而缺氧，而造成生命危險。通常這樣情況易發生在太大的寶寶身上（產前超過4000公克時）、媽咪體重過重、有妊娠性糖尿病的媽咪身上。

胎兒窘迫

接近生產階段，因為母體的臍帶功能因素、子宮收縮異常、胎盤早期剝離或是產婦休克的緣故所引起，需要緊急剖腹產的狀況。

臍帶脫垂

臍帶脫垂指的是，寶寶還未娩出，臍帶就落到子宮頸口，而導致臍帶可能被壓迫，讓寶寶缺氧、窒息…等會危及生命的狀況。

蘇醫師說！關於生產時的決定

一位勇敢的媽咪，第一胎，足月破水入院，整整待產了40小時。子宮頸確實也逐漸地開指軟化打開，但很遺憾地到了最後關頭，終於子宮頸全開要用力讓胎頭下降，卻整整等了8小時始終無法如願。

這位媽咪身高147公分，胎兒體重卻超過3500克，站在專業的立場判斷，我們其實是有一點兒擔心的。雖然說這不是絕對無法自然生產的標準，但從子宮頸全開用力超過3個小時、胎頭仍然無法順利下降來判斷，這其實已經符合臨床準則中生產遲滯的要件了，建議施行剖腹產。但經過溝通之後，這對勇敢的夫妻還是堅持要再試試。很遺憾的，歷經8小時用力後，終究還是必須透過剖腹產來解決，由於破水時間過長及胎便吸入，經過一番折騰，用抗生素治療把寶寶可能的感染給處理好，順利以喜劇收場。

在這裡，我想要表達的是，世事無絕對，做任何決定當然有可能贏有可能輸，在專業上醫師當然是根據知識，做出符合最佳利益的建議，無法百分百保證一定會怎樣，但絕對不會害你。準則只是參考而已，畢竟每個人的情況都不同，還是必須靠專業醫師的經驗來幫忙做臨場判斷喔！千萬不要隨便放任自己做無謂的堅持啊，還是一句老話，交給專業的來吧！

Column 爸媽一起看！

生產雜問 

對於生產，每個人的經驗和感覺都不同，而生產時以及生產後的疑問、說法也眾說紛云，在這邊要一次解惑給你知。

Q蜂蜜水真的有助於縮短產程嗎？

A網路上有許多生產後的媽咪討論有關蜂蜜水可縮短產程，加速子宮頸張開的速度。在子宮頸張開兩指時，飲用以濃郁的蜂蜜水，可以讓媽咪的產程更順利。

此種說法獲得許多媽咪迴響。但以科學角度來看，蜂蜜之中的成分並沒有與加速產程有關聯。當媽咪因為特殊狀況需要縮短產程時，在醫師的監督下施打催生針和催生藥，才是可靠又安全的方式。

換個角度看「蜂蜜水可以加速產程」這件事，其實也引起媽咪們不小的恐慌。許多人會擔心「蜂蜜是不是會引起宮縮，造成早產？」但是有趣的是，也有媽咪因為從9個月開始就每天一杯濃蜂蜜水，甚至還有從懷孕開始，為了改善便秘，天天一杯淡蜂蜜水，但這些媽咪的肚皮也是平平靜靜地直到預產期。

而這些以自身經驗信誓旦旦地說「濃蜂蜜水讓產程更順利」的媽咪，她們的經驗是一種錯覺嗎？其實不妨可以這樣看待蜂蜜水：由於蜂蜜是高糖分食物，媽咪飲用之後，能夠快速吸收能量，補充體力面對令人煎熬的產程。所以與其相信蜂蜜水的催產作用，不如相信蜂蜜水所提供的能量，同樣效果也可適用於果汁。媽咪要想擁有較佳的體力面對產程，不如還是相信自己的能力，平日足夠的運動及均衡飲食，勇敢地面對分娩的挑戰吧！

Q自然生產的媽咪何時可以進食？

A自然生產的媽咪在生產後，感覺有胃口時，就可以進食，沒有任何限制。自然生產的媽咪，一開始可以挑選溫熱、流質的蛋白質食物，例如牛奶、水果、蛋等。這一類食物容易消化吸收，能夠讓身體迅速恢復體力。

生產就像馬拉松選手在剛完成一場賽事，需要立即補充熱量一樣，如果媽咪可以的話，能夠盡快進食，也有助於體力的恢復。

Q剖腹生真的要等到排氣後才可以進食嗎？

A剖腹生產的媽咪可於4-6小時後飲用幾口溫水，試試看有沒有問題。確認沒有腸絞痛等症狀後，就可以開始嘗試食用一些流質食物。

在以往，剖腹生產等同於一般腹部外科手術，必須等到排氣之後才能進食。此做法主要是因為擔心手術中腸道曾經被翻動以及麻醉藥的使用，會影響腸道功能一段時間，當腸道尚未正常運作時進食，恐怕會引起腸道阻塞的問題。而「排氣」就被視為腸道恢復正常運作的一個特徵，所以早期的病患必須餓著肚子等到排氣之後，才能進食。但是這個說法已經被打破，現在已沒有如此嚴格的要求。

對剖腹產媽咪來說生產時已大量失血，排氣特別緩慢；有些人甚至需要3天時間才會排氣，長時間沒有進食，恐怕很難面對照顧寶寶的一連串挑戰。另外，許多研究指出，產後較早進食與排氣後進食的婦女相比，早進食組的恢復速度比晚進食的快。其實無論是從腹膜外部或腹膜內部，剖腹生產手術都沒有動到腸子，也沒有把腸子取出的動作，並不需要擔心腸阻塞的問題。

Part 3
產後恢復期

歷經好幾個月的孕期，產後終於能稍事休息一小陣子，此時是身體恢復的重要時期，請爸比與家人們需給辛苦的媽咪更多鼓勵及關心。此外，產後要注意營養均衡，因為媽咪對於食物的選擇是哺育健康寶寶的關鍵喔。

產後期間1～6週

產後的不可不知

產褥期間（生產完，待子宮恢復的期間），子宮會慢慢收縮回復，於產後第8週左右能回到原來的大小。除了收縮，此時期間會有惡露排出，也就是分泌物，於產後第3天的量會比較多，2週後至1個月的時間，惡露情況會慢慢消失。

除了惡露，媽咪也要注意因子宮收縮引起的「後陣痛」，待子宮收縮完全後，疼痛情況也會逐漸趨緩。而傷口的照護也需留心，例如會陰傷口需要保持清潔、乾燥，以預防感染或癢痛不適、家事分擔，以及積極參與產後衛教。同時，對於是否哺餵母乳、母嬰同室…等決定，應先與媽咪溝通並取得共識，爸比才能擔任與其他家屬間溝通的橋樑。若是剖腹產的媽咪，得留意產後7天先擦澡、減少沾水，經醫師評估傷口後再採淋浴方式，但記得勿過度用力或拉扯傷口處。

此外，產後就會有乳汁分泌，此時期是了解哺餵的最佳時間點，爸比媽咪須於此時期與寶寶培養哺餵的默契，寶寶才能吃飽、媽咪也比較不容易乳腺炎喔。

爸比的陪伴須知

不管是恢復快的自然產或是需照料傷口的剖腹產，媽咪都是完成了一場辛苦而偉大的生命經歷。於產後的1-6週，媽咪們除了承受產後不適，還需建立哺育寶寶的信心，因此爸比除了於此時期協助生活事項、給予精神鼓勵和家事分擔，以及積極參與產後衛教，皆有助於你們更快習慣有寶寶的新生活。

POINT

產後幾天是這樣的

DAY1

產後於恢復室休息2個小時，若情況良好即可轉到產後病房。自然產的媽咪，於產後4-6小時左右，可請家人協助攙扶，慢慢地從床上起身至洗手間排尿。產後就能先吃清淡食物了，但麻油、生化湯、含酒精的料理、人蔘則需避免，需待產後3-5天，**先觀察惡露及子宮收縮情況再食用**。如果是剖腹產的媽咪，請4小時後再進食。

在媽咪產後休息的時間裡，醫護人員會觀察寶寶的生理狀況，包含呼吸、體溫、活動力、心跳…等。若都正常的話，護理人員會推寶寶到媽咪病房，並教導哺餵母乳的事宜。

DAY2

護理人員會於產後第2天，教媽咪觀察惡露情況、進行幫助子宮收縮的按摩…等，以及哺餵母乳相關的衛教。而剖腹產的媽咪，若於產後第1天順利排氣、身體狀況也不錯，於拆除尿管後，就可請家人協助下床走動、床邊站立、坐輪椅…等，**身體活動對於產後身體恢復很有助益**。

除此之外，醫師也會來檢查媽咪的產後傷口，看看復原狀況，必要時可使用束腹帶，讓傷口的不適感減輕一點。在飲食的部分，已可從清淡的流質飲食轉換到半固體了。

DAY3

大部份媽咪於產後第3天會脹奶明顯許多、傷口也復原不少，在今天辦理出院之前（自然產的媽咪），護理人員會教媽咪如何幫寶寶洗澡、新生兒照護，以及檢查報告的結果…等。另外，出院後，要繼續留意身體變化及傷口照料喔。

DAY4-5

剖腹產媽咪也於今天可出院了，離院前，醫師會為媽咪檢查傷口，並教導如何在家繼續護理傷口（例如束腹帶以及幫助傷口癒合的產品使用…等），**希望爸比也一起旁聽**。

辛苦媽咪了！產後身體恢復注意

離開恢復室，來到病房的媽咪，要開始慢慢調養體力，同時練習與寶寶相處，前三天的媽咪必須面臨一連串身體恢復的注意事項，不要太勉強自己。

子宮收縮痛

無論是自然產或剖腹產的媽咪，產後首先會感受到兩種疼痛，分別為子宮收縮痛（後陣痛）及傷口疼痛。

臨盆前的媽咪，子宮由懷孕前的50-70公克，放大為約1000公克，放大十餘倍之多。生產後，子宮為了恢復為懷孕前的大小，便會開始收縮，此種收縮的感覺會讓產婦感到疼痛。這種疼痛感類似經痛，但疼痛程度卻更甚於經痛。每位媽咪對疼痛感的忍受程度不一，有的媽咪覺得尚可忍受；有些媽咪則是覺得難以忍受，甚至感覺「比經痛痛上個十倍」的說法都有。

子宮收縮的進度，一般而言會在產後一周收縮為約500公克；兩週後收縮為300公克；約4-6週，始恢復為孕前的50-70公克。

子宮收縮疼痛大約持續3天左右，是產後必經的過程，子

媽咪問！如何按摩子宮，促進收縮？

自然產媽咪因為腹部沒有傷口，可從產後開始自行進行環狀按摩法，做子宮按摩。但剖腹產媽咪因為腹部有傷口，按摩子宮的方式先請教監護人員。

❶執行前，先排空膀胱後再平躺。
❷找到子宮底的位置。一般而言，剛生產過後，子宮位置還沒歸為正常位置，足月產的產婦，子宮底的位置大約與肚臍平行，或是在肚臍上一指；未足月產的產婦，子宮底位置會稍微低一些。
❸接著以手掌貼著肚子，以子宮為中心，繞圓圈的方向，進行按摩。
❹當子宮按摩到摸起來硬硬的狀態，表示收縮良好，即可休息

宮收縮良好對媽咪而言才是好事，子宮能夠收縮正常，才能避免產後大量失血，也有助於體內殘餘的血塊及惡露排出。因此請媽咪們正面看待產後子宮收縮的問題，休養時不妨做子宮按摩， 讓子宮收縮的進展更佳。**此外，哺餵母乳或媽咪擠奶時，也會促進子宮收縮，能夠幫助惡露排除。**

經產和初產的子宮收縮不同？

一般而言，因為經產婦（第二胎和第二胎以上）的子宮頸較為柔軟，所以子宮頸全開的速度較快，待產時間會較短。但是在產後子宮收縮時，卻是較為有力且為間歇性的收縮，感覺會較強烈。

相對而言，初產婦因為子宮頸是首次張開，較為緊繃，因此待產時間較漫長，產後的子宮收縮也是較為持續緩慢，因此疼痛感較不明顯。這也就是「生第一胎的子宮收縮比較不痛」的原因。

子宮收縮的進度：產後至第8週

產後約12小時，媽咪的子宮是位於肚臍或是肚臍以上一指的位置，之後以每天一指的程度，逐漸收縮。

❶產後3-4天，收縮到肚臍和恥骨之間的位置。

❷產後約1週，進入骨盆腔。

❸產後約2週，已縮小到無法從腹部觸摸得到。

❹6~8週恢復為懷孕前的狀態。

醫師說！餵母奶時有助於子宮收縮

當產婦親餵母奶，寶寶吸吮乳頭時，腹部會有一種收縮感及疼痛感，這就是子宮收縮。這是因為乳頭的刺激導致腦部分泌催產素，能夠促進子宮收縮，這也就是為何餵母乳媽咪產後恢復較好的原因。

惡露的處理

惡露是生產後從陰道流出的血液，這些血液的成分包括子宮內膜碎片、胎盤組織、上皮細胞等等。惡露的出血量類似經血，或是稍微多些。產後惡露的持續時間約為3-4週，如果有收縮不良的問題，可能會持續出血，這時應盡快就醫確認子宮狀況。

產後惡露的排出，可分為三階段：

紅色惡露

紅色或暗紅色，持續約2-4天。

漿液性惡露

黃色或褐色，持續約5-10天。

白色惡露

淡黃色或白色，如同一般分泌物。約於第10天左右排出。

正常來說，惡露的量是越來越少，在排惡露的期間內，媽咪應注意如廁後的清潔、亦可適時使用衛生棉勤做更換，以避免感染。萬一出血量突然變得越來越多、出現血塊的狀況，或是惡露有異味、腹痛、發燒等狀況時，應盡快就醫檢查。

產後傷口照護

自然產與剖腹產相較之下，自然產媽咪的傷口疼痛較為輕微。一般而言，約持續1-2天，就會逐漸緩解，只需投以一般的止痛藥，即可達到舒緩效果。

自然產的媽咪，在每次解尿或排便後，應使用沖洗瓶沖洗會陰，以免排泄物造成會陰傷口感染。沖洗時，應使用溫水，從正面的方向往後方，也就是從尿道往陰道、肛門的方向沖洗。恢復期間，可採溫水坐浴，讓會陰部比較消腫，並使用氣圈或哺乳枕，避免傷口直接接觸，腫脹問題一般於3-7天逐漸改善。

剖腹產的傷口大，且深入體內組織，因此疼痛的時間會比自然產長久，大約疼痛3-4天才會逐漸緩解。需注意的是，**剖腹產媽咪不應自行處理剖腹傷口，應先交由醫護人員專業處理，但出院前需仔細聽取傷口照護細節**。出院回家後，需讓傷口保持乾燥，前幾天可用擦澡方式，之後就可淋浴清潔。

出院後的幾天，媽咪得避免腹部用力，以免拉扯到傷口；同時可使用幫助傷口癒合的美容膠帶、凝膠產品、人工皮…等。

容易流汗

媽咪在懷孕期間，為了因應孕育胎兒的需求，血液和體液均大為增加。其中血液量額外增加了約原本的1/3之多，換句話說，是以水分居多。

生產後的媽咪們，因為身體的體積縮小了，所需的水分自然隨之減少。於是多餘的水分就會回流至血管，然後以汗水和尿液的形式排出體外。

一般而言，這樣的狀況會持續約一週左右。此階段媽咪對冷熱的感受可能比較不準確，可以請家人調整室內溫度，不需要因為流汗而調低室內溫度。穿著衣物以吸汗舒適為主，當流汗而沾濕衣物時，盡快做更換即可。

解尿困難

產婦應於產後盡快練習自行解尿，讓膀胱盡快找回控制解尿的能力。

產後拔掉導尿管之後，媽咪應盡量讓自己放鬆，抓到控制骨骼肌和括約肌的能力。在解尿時聽音樂、聽流水聲等，以促進尿意。

自然產媽咪於產後4-6小時內自行排尿。剖腹產媽咪於手術後第一天仍會放置導尿管，但也應在拔除導尿管後6小時內自行排尿。若媽咪在以上時間內仍無法抓回自行解尿的感覺，護理人員會給予單次導尿。隔一段時間之後，如果仍無法自行解尿，這時會需再度插上導尿管。

媽咪問！產後需要綁束腹帶嗎？

西醫的觀點，是贊成剖腹產者綁束腹帶。在剖腹手術後，因為傷口大，走動時可能容易牽扯到肚皮而感到疼痛，而且內部臟器也因為肚皮鬆垮，彷彿有快要掉出來的感覺，因此需要從外部進行適度的固定。通常醫院會直接提供剖腹產的媽咪束腹帶或骨盆帶。

對自然產的媽咪而言，束腹帶的功效就是協助固定肚皮。剛生產完的婦女，肚皮在短時間內從緊繃狀態快速地鬆垮下來，原本被子宮擠往各個角落的臟器也尚未歸位，適度地綁上束腹帶，讓肚皮得以固定，是自然產媽咪綁束腹帶的用意。

但束腹帶不用綁得太緊，若太緊反而會影響子宮收縮，或是反而造成脹氣。躺臥時也不需要綁束腹帶，只要在站起來時綁上，有助於行動時做好腹部的固定即可。

產後發燒

產後發燒又名產褥熱，指的是生產後24小時至10天出現超過38℃的發燒情形，代表媽咪本身可能受到感染，需尋求醫師治療。

產褥熱的原因，多半為破水時間過長或內診檢查未正確消毒造成的陰道感染，或是泌尿系統染、乳腺發炎或鬱積、子宮內膜炎、子宮發炎…等不同可能原因，通常會伴隨著畏寒不適、食慾不振。**有以上狀況時，醫師會先查明產後發燒的原因，並做細菌培養，以確認是否為細菌感染**。若為細菌感染，需投以抗生素治療，並妥善休養、多補充水分。

產後痔瘡

有些媽咪會以為自己在生產過程中，因為用力過度，而導致痔瘡，這是錯誤觀念。生產過程中從肛門中擠出來的，多半是產婦原本的內痔痔核，因用力過度而擠出，變為所謂的外痔。會有這樣的狀況，可能是懷孕期間長期便秘或是腰腹長時間承重所致。

許多自然產的媽咪會因為怕傷口疼痛而不敢排便，結果反而造成糞便過硬而導致痔瘡。而剖腹產的媽咪，因為手術的關係，可能會於3-4天才排便，慢則為1週排便。

對於自然產的媽咪，醫師會依據傷口而開立藥物。如果會陰為1-2度裂傷，因為裂傷的部位距離肛門還有一段距離，其實還是可以順利排便。

若裂傷情況嚴重，例如肛門擴約肌附近的裂傷，或是裂傷已至直腸黏膜，此時醫師會投予止瀉劑，讓媽咪暫停排便，以免媽咪因排便而導致感染或傷口裂開的現象。

腰痠背痛

很多媽咪會抱怨產後有腰痠背痛的問題，進而懷疑是否為減痛分娩所造成的後遺症，其實曾有研究針對無痛分娩與產後腰痠的關聯做研究，結果發現這兩者之間並沒有關聯。大部分媽咪的腰痠背痛，主要是因為**懷孕期間媽咪腹部胎兒逐漸長大，造成腰部的負擔，還有一大部分是是因為抱寶寶的姿勢不正確所致**。針對姿勢不良所引起的腰痠背痛，媽咪可以多多熱敷，按摩患部舒緩症狀之外，同時檢視餵奶姿勢，避免彎腰駝背，如此應可逐漸獲得改善。如果症狀嚴重，建議前往就醫，以便盡早查出原因。

正確抱寶寶的方式

① 當寶寶躺著時

一手托住寶寶的頭頸部和背部，另一手托住寶寶的腰部，再把寶寶抱起來。

② 橄欖球式抱法

❶讓寶寶的頭置於臂彎，腕部和手掌護著寶寶的背部和腰部，另一手托住寶寶的腰部和臀部，讓媽咪像是為寶寶挪出一個天然的座位一樣。

❷讓寶寶的臉部靠近媽咪的左手臂肘彎內，手掌托住寶寶的大腿內側；另一手則維護著寶寶的背部。這個抱法能夠讓寶寶的腹部完全貼住媽咪手臂，會格外有安全感。

③ 垂直抱法

很多新手爸媽會因為新生兒身體軟綿綿的，所以不敢直立著抱寶寶，其實直立抱法能讓寶寶既舒適又有安全感。抱的時候，讓寶寶下巴靠在媽咪的肩膀上，讓寶寶身體與媽咪的身體貼在一起。但在抱寶寶時要記得確實做好頭頸部和脊椎的固定。

註：關於正確抱寶寶的方法，於下集將有更詳盡的説明。

產後泌乳與哺乳

母乳對寶寶來說，是既溫和又天然的食物，WHO世衛組織更建議母乳哺餵至寶寶6個月左右，因為初乳有抗體、白血球、生長因子⋯等各種對寶寶的所需，皆有助於寶寶腸胃道成長並減少過敏機率。

產後脹奶

許多媽咪在產後會因為身體疲累，只想好好休息，一直等到脹奶時才發現累積於乳腺中的乳汁非常濃稠，已經不利於親餵寶寶。這時乳房腫痛的媽咪，就算是想要親餵，也可能因為乳暈脹硬，使得寶寶含乳不易了。

對於想要親餵母乳的媽咪，建議懷孕後期就先學習哺乳相關的衛教知識，再把握產後兩週內的黃金期，耐心以正確的哺乳方式暢通乳腺，以渡過與寶寶磨合的這段時期。 一般來說，媽咪產後當天，就會開始分泌乳汁，雖然初乳的量不多，但剛好符合寶寶一開始的需求量，此時就能讓寶寶嘗試含乳、慢慢練習吸吮的動作。

原來哺乳是這樣的

瓶餵對寶寶來說，只要淺淺吸吮，就能吃到大量奶水。而親餵時，寶寶必須張大嘴巴，確實含住乳頭乳暈的部分，使力吸扁和拉長媽咪的乳頭，甚至接近自己咽喉的位置，才能吃到奶水。也因此，開始嘗試親餵的前期，寶寶可能對於吸不到奶水、或不滿足奶水流量而哭泣，特別是產後前10天。遇到這樣的狀況時，**媽咪不必心急，給自己與寶寶多一點時間、每天不間斷地慢慢嘗試，歷經1個月後，寶寶的吸吮技巧會越漸成熟。**

親餵時，姿勢舒適很重要

寶寶剛開始喝母乳時，需要量比較小，約在5-7ml左右，所以進食時間比較密集，每天10-12次左右，對於休養中的媽咪來說比較辛苦。如果產後恢復較慢的媽咪，卻又想親餵時，**建議以自己和寶寶皆舒適的方式進行哺乳動作，讓哺餵輕鬆一點**。進行親餵時，先請爸比或家屬幫忙，為寶寶調整最適合的含乳姿勢及高度，比方側臥姿，甚至是躺餵姿勢。躺餵能讓媽咪比較不費力，即便哺乳時不小心睡著了，也不影響寶寶喝奶。

開始嘗試親餵的1週至10天內，寶寶就能累積一點吸吮經驗，媽咪寶寶彼此磨合出正常的進食頻率後，就能改為每2至3個半小時再進食。**只要渡過產後10天的親餵戰鬥期，之後的哺餵就能得心應手許多**；前期如果太依賴瓶餵，之後想改為親餵時，就會比較難導正、易使媽咪有強烈挫折感。

善用哺乳特別門診

若對於哺餵母乳有困擾或問題的媽咪，除了求助國健局母乳諮詢專線之外，已有部分醫療院所設立了哺乳特別門診，對母乳哺育有疑問的媽咪可多加利用。通常，會由專業醫師與國際泌乳顧問（IBCLC ）共同看診，依照顧問們不同的專業，項目包含：

❶ 孕期乳房照護與衛教諮詢
❷ 產後泌乳諮詢與工具的使用
❸ 哺乳輔助方式指導
❹ 乳腺炎特別護理
❺ 嬰幼兒生長評估
❻ 斷奶評估諮詢
❼ 乳房腫脹及疼痛處理

通過國際認證並取得專業證書的國際泌乳顧問們，能夠提供媽咪符合國際公認基準的泌乳與母乳哺餵照護知識。他們通常會偕同醫師給予媽咪哺乳建議與指導，根據每個人的狀況與需求，教導如何準備以及給予寶寶適切的餵食需要、引導正確吸吮乳房，以達供需平衡，更減輕媽咪們哺餵母乳時的負擔。

正確哺乳的方式

乳腺炎大多是因為哺乳方式錯誤，使得乳房脹痛、破皮、乳管阻塞或破裂以及感染性乳腺炎。若一直未能修正哺乳方式的話，情況嚴重時，可能會使乳房變形或有硬塊…等。此外，若媽咪因為乳腺炎而不慎受到感染，乳房還可能會紅腫熱、脹痛，甚至發燒，又或者是擠奶後的乳房仍有硬塊、導致奶量變少…等。因此產前或產後學習哺乳相關的衛教非常重要，避免乳腺炎的方法如下：

❶ 哺乳時，確保手部清潔，以防細菌從乳房皮膚進入、使得乳腺發炎。

❷ 哺餵或擠乳姿勢錯誤，使乳房皮膚破皮而形成傷口，細菌更趁虛而入。親餵時，應記得「硬塊在哪，就讓寶寶下巴對準硬塊吸吮」，必要時用手或吸奶器輔助。

❸ 避免突然延長兩餐哺餵或擠奶時間，因為乳汁淤積時，水分被身體再吸收、乳汁會變濃稠，移出難度變更高。

❹ 不需對離乳操之過急、或亂用偏方退奶，以免乳汁發炎、大量淤積，變成化膿。應先慢慢減少每次擠乳的量，再延長兩次擠乳間隔的時間，讓奶水自行減少至自然離乳即可。

❺ 乳腺阻塞時，不可胡亂按摩催乳，導致乳房受傷或弄破血管，甚至是乳腺管，以免細菌孳生。

❻ 依照寶寶需求，適時哺乳或擠奶，乳汁就不會淤積和分泌過量，身體自行調控後，奶水移出量會漸進等同下回分泌量。

❼ 學會正確且及早刺激乳腺的方式，比方利用「疏乳棒」輔助，可預防脹奶不適。建議媽咪每天哺乳前使用疏乳棒2-3分鐘，能有效刺激噴乳反射、促使奶水溢出。

如何使用疏乳棒？

❶ 一手撐住、固定乳房下方，另一手順著乳腺位置往乳頭方向梳按乳房，以乳頭為中心，梳按範圍為一整圈，每個方向梳按5-10下。

❷ 腋下位置的乳腺是容易被忽略的地方。梳按時，一手向上伸直，一手順著乳腺位置往乳頭方向梳按，同樣梳按5-10次。

母乳哺餵完，媽咪要記得檢查乳房，若有硬塊、局部脹的狀況時，需用疏乳棒「深壓」梳至乳暈的地方，把深層乳管的乳汁帶到乳暈附近，這樣一來，就能避免媽咪發生乳管阻塞的問題。

輔助親餵不易時的方法

與寶寶磨合的過程中，如果奶量不夠或寶寶還在適應含乳時，醫護人員會以裝有母乳的空針，滴一點母乳於媽咪乳頭上，誘導寶寶吸吮；或者滴0.1ml的母乳於寶寶嘴角。若需要使用配方奶輔助的媽咪，可借助母乳輔助器上的細長吸管，延著媽咪乳房放進寶寶嘴裡，讓寶寶還是能學著含乳吸吮、降低抗拒感，媽咪也還是能正常移出乳汁。

註：「疏乳棒」是由前任台大醫院婦產科護理長，現任禾馨醫療的國際泌乳顧問-張桂玲小姐所研發。疏乳棒上有13顆穴位按摩粒，搭配正確使用法，能輔助媽咪哺乳前先軟化乳管。

爸比一起看！產後生活調整

生產後的媽咪需要足夠的休息，這時爸比除了照顧媽咪之外，還可以幫忙做一些生活上的事，不管是心理或是生理上，媽咪都很需要來自爸比的強大力量喔。

爸比協助媽咪產後的生活事項

爸比的陪伴事項裡，最重要的就是**一起聽新生兒衛教，以及在媽咪沒信心或因為哺乳困難、不適時，給予最即時的心理支持**。此外，**一起討論訂定合理的計劃和目標，共同渡過產後**時期。

❶聽取衛教說明

住院期間，護理人員會來到床前提供衛教說明，為減輕媽咪的生理負擔，這時爸比更要注意聽取細節，以補足媽咪的不足。舉凡子宮按摩、新生兒照顧等等，趁著在醫院期間，有護理人員的輔導說明，正是此期間吸收資訊的好時機。

❷幫媽咪清理傷口

自然產媽咪需要每天清洗會陰，這時爸比可以協助幫忙。

❸陪伴媽咪如廁

生產過後的媽咪身體非常虛弱，但也需要開始練習自行走動，以助於復原。例如上洗手間就是一個最佳陪伴時機。爸比可以在陪伴媽咪如廁時，先幫媽咪把沖洗瓶裝入溫水，讓媽咪如廁後直接使用，就是很大的協助了。

❹協助媽咪練習餵奶

在住院期間，媽咪開始練習哺餵寶寶母奶時，爸比也可以在旁學習，同步了解媽咪照顧寶寶的辛苦。

❺幫媽咪按摩

每天幫忙媽咪做子宮按摩，協助子宮收縮。

❻產後媽咪體力尚需恢復，因此爸比需要多擔待家事，以及產後相關的家庭生活事宜，讓媽咪可以全心休養。

❼如果產前就已和媽咪一起去上過雙親教室的話，對於是否哺餵母乳、母嬰同室…等應該已有初步了解。產後期間，就要彼此應討論決定細節，並先與媽咪取得共識，才能擔任與其他家屬間溝通的橋樑。

性生活如何調適

一般來説，依據自然產或剖腹產的情況不同，約在產後6-8週左右就能恢復性生活。雖然是產後的哺乳期，仍要避孕，其中以保險套避孕是最簡易的方便，口服避孕藥不適合哺乳媽咪服用。

自然產媽咪

自然產媽咪在分娩的過程中，因為歷經會陰切開術，未進行切開術的產婦則是會有會陰撕裂傷的問題，如果為第1度或第2度的裂傷，僅損傷到黏膜或肌肉，大約1個月可以癒合。但評估子宮收縮也需要約6週的時間，保守建議可於產後6週再考慮性生活。

剖腹產媽咪

剖腹產媽咪因為動了腹部手術，子宮內膜創傷與會陰的恢復都比自然產媽咪慢，因此建議等到8週後，再考慮性生活。

產後性生活注意事項

❶男方的動作應和緩輕柔，增加前戲的愛撫，以刺激分泌物。

❷建議從愛撫做起，不要太過勉強女方，以免不舒適的感受影響性慾，造成未來性生活的陰影。

❸避免過深、過於用力的體位。男上女下是較適合的體位，應避免女方會感覺不適的體位。

❹產後有陰道乾澀問題的媽咪，可於性行為運用潤滑劑以免因乾澀而有疼痛不適的問題。

❺產後生理期尚未來臨，雖然受孕機率較低，但並不表示不會受孕。因此在行房時，仍應做好避孕措施。此外，若媽咪有進行全母乳哺餵，亦是良好的自然避孕法（約80%的避孕機率），但建議搭配保險套使用，會讓媽咪比較放心，避免過早受孕。

除了以上的注意事項，更重要的是爸比適時安撫並理解媽咪的情緒。由於產後是較容易精神緊張的時期，比方媽咪會擔心找不到人顧寶寶、或是心情比較低落⋯等，許多因素都會影響到性生活的品質，建議此時期的爸比多聆聽媽咪的需求，以體貼包容的心來面對。

選擇產後護理之家

產後護理之家在媽咪爸比得知懷孕時，就可以先行討論做決定了，會是更佳的時間點，也有更多時間先做相關功課。產後護理之家大約有兩種模式，一為醫院附設的產後護理之家，另一種則是專門的產後護理之家。

現在有越來越多人選擇產後護理之家，一方面能是受到更專業的護理與舒適的環境，好讓媽咪無後顧之憂地做休養。但選擇時，有些重點需顧及：

❶是否為合法立案，在安檢和品管上都按照規定之機構，例如防火和逃生設備…等。

❷爸比媽咪或家人一起到現場了解住宿環境、設備、清潔衛生。

❸了解護理人員是否皆有執照，並多問多請教產後護理疑問。

❹觀看嬰兒室的環境、護理人員如何照顧寶寶、頻率為何。

❺詢問或試吃月子料理的內容，以及是否能依產婦需求做調整。比方是否為每日現做，或是央廚自己送餐…等。

❻護理人員是否能給予哺餵相關的專業知識及指導。

❼詳看合約內容及評估價位、其他產後服務…等。比方若需修改或中途停止契約的配套（例如小產時）。

選擇產後護理之家不是絕對，也有些媽咪覺得在自家休養才最舒適，首要考慮的是媽咪本身及家人的想法及經濟考量…等，打造母嬰都安心的絕佳環境。為避免在產後臨時才手忙腳亂，媽咪爸比於孕前就先商量、多看多比較不同的產後之家，或是彼此討論產後生活，心理生理都準備好了，就能輕鬆篤定許多。

我是產後憂鬱症嗎？

在臺灣，產後憂鬱的情況比較不常被談起。其實媽咪在產後因為生活節奏的變化，加上身體還在恢復階段、產後荷爾蒙變化、育兒壓力等因素，十之八九會有焦慮的心情，必須試著多多舒緩心情。有必要時可尋求專業協助，**而爸比及家人，也請給媽咪多點關心和哺餵時的鼓勵**。造成媽咪產後憂鬱或壓力的原因：

❶育兒經驗不足導致的壓力，可以尋求經驗豐富的意見或協助。

❷育兒觀念與家人不同而導致的困擾，不妨請家人陪同前往門診尋求協助諮詢。

❸哺餵母乳經驗不足時，可以尋求泌乳顧問的協助。

❹如果確認為精神方面的困擾，不要避諱，盡快前往精神科就醫。

❺產後的育兒壓力是難以避免的，建議媽咪們可以建立自己的聯絡網，與同樣育兒經驗者多多交流，才不至於太過於鬱悶封閉。

除了以上原因，也有部分是因為產前或孕期時就有憂鬱症、懷孕過程中不幸遭逢重大生命事件者、前胎有產後憂鬱症，或懷孕過程中有過急性病症、併發症者…等等，都有可能讓媽咪陷入情緒困境中。

但「產後情緒低落」和「產後憂鬱症」兩者是有分別的，產後情緒低落大約是生產完3-7天左右，屬於短期；若產後持續2週以上的情緒異常低落、失眠，甚至到無法照顧寶寶或想傷害寶寶的情況就需注意（可參考右側量表）。

剛生產後的媽咪，應面對自己的壓力，當有意識到自己的心情緊繃時，不妨與家人商量，適度給自己放個假，定期適度舒緩心情，讓自己有更好的精神面對新的挑戰。

營養師說！從飲食緩解情緒憂鬱

心情鬱悶的媽咪，可多吃魚油、牛奶、香蕉、堅果等食物，補充鈣質（讓肌肉放鬆）或胺基酸（能轉換成血清促進素），有助於穩定情緒。另外建議媽咪產後偶爾放鬆一下自己，產後1週後可以外出活動，例如散步曬曬太陽，並與人接觸聊天，一方面讓情緒有出口，同時增加活動量、讓胃口比較好一些。

關於產後憂鬱症評估量表

愛丁堡產後憂鬱症評估量表是最多人使用的量表，在衛生局網站上也可以做。此外也有貝氏量表，兩者皆是對產後憂鬱症初步認知評估用的量表，專業診斷仍得仰賴醫師或諮商師。

愛丁堡產後憂鬱評估量表	請您評估過去7天內自己的情況（非今天而已）
1 我能看到事物有趣的一面，並且開懷大笑	□和產前一樣 □沒產前那麼多 □肯定比產前少很多 □現在完全不能
2 我能欣然期待未來的一切	□和產前一樣 □沒產前那麼多 □肯定比產前少很多 □現在完全沒期待
3 當事情出錯，我會全然責備自己	□從未如此 □偶爾如此 □時常如此 □總是如此
4 我會無來由感到緊張與不安	□從未如此 □偶爾如此 □時常如此 □總是如此
5 我會無來由感到害怕和驚慌	□從未如此 □偶爾如此 □時常如此 □總是如此
6 很多事情衝著我來時	□我可以處理得跟以前一樣 □我可以處理得還不錯 □我有時候無法妥善處理 □我總是無法妥善處理
7 我很不快樂，而且失眠	□從未如此 □偶爾如此 □時常如此 □總是如此
8 我感到難過與悲傷	□從未如此 □偶爾如此 □時常如此 □總是如此
9 我會哭泣	□從未如此 □偶爾如此 □時常如此 □總是如此
10 我曾經有想傷害自己或是小孩的念頭	□從未如此 □偶爾如此 □時常如此 □總是如此
總分	______分

各項分數：從未如此0分、偶爾如此1分、時常如此2分、總是如此3分，總分30分。

總分9分以下，恭喜您身心狀況不錯，請繼續維持。

總分10-12分，您的身心狀況需要留意喔，建議您多吸收一點情緒抒解相關資訊，並與身旁的人多聊聊，給心情一個出口，必要時可尋求專業人員協助。

總分超過13分，您的身心狀況可能需要，不妨就近拜訪您的醫師，或到醫療院所就診喔！

第10題如果答1分以上，不論總分多少，都建議您至醫療院所尋求專業醫療協助。

資料來源：新北市衛生局

貝氏憂鬱量表

請您評估過去7天內自己的情況（非今天而已）

A. 0 我不覺得悲傷。
1 我覺得悲傷。
2 我時時感到悲傷，無法驅除這種感受。
3 我悲傷或不快樂得無法忍受。

B. 0 對將來我並不感到特別沮喪。
1 對將來我感到沮喪。
2 我覺得將來沒有什麼希望。
3 我感到將來沒希望，事情不能改善。

C. 0 我不覺得自己像是個失敗者。
1 我覺自己已比一般的人失敗得更多。
2 回顧過去，我所看到的就是一連串的失敗。
3 身為一個人我覺得我是徹底的失敗者。

D. 0 我現在從事情中得到的滿足跟過去一樣多。
1 與過去比較，現在我比較不能從事情中獲得喜悅。
2 我再也不能從任何事情中獲得真正的滿足。
3 我對樣樣事都不滿或厭煩。

E. 0 我不特別覺得罪惡。
1 相當多的時間我覺得罪惡。
2 大部份時間，我覺得自己真的很罪惡。
3 我總是感到罪惡。

F. 0 我不認為我正受懲罰
1 我感到或許會受罰。
2 我料想會受懲罰。
3 我覺得自己正在受罰。

G. 0 我對自己不感到失望。
1 我對自己感到失望。
2 我討厭自己。
3 我恨自己。

H. 0 我不覺得自己比別人更壞。
1 我因自己有弱點或錯誤而批評自己。
2 我由於自己的過錯而經常自責。
3 我因發生的一切壞事而自責。

I. 0 我沒有自殺的念頭。
1 我有自殺的念頭，但沒有付諸實行。
2 我想自殺。
3 如果有機會我會自殺。

J. 0 我並不比平常容易哭。
1 我比以前更愛哭。
2 現在我時時在哭。
3 我過去很會哭，但如今縱使我想哭也哭不出來了。

K. 0 我和以前一樣，沒有特別暴躁。
1 我比以前容易激怒或暴躁。
2 現在我時時感到暴躁。
3 過去經常使我暴躁的事情一點也不再使我暴躁了。

L. 0 我對他人並沒失去興趣。
1 我現在不像過去那樣對他人感到興趣。
2 我對他人已失去大部份的興趣。
3 我對他人已完全失去興趣。

M. 0 我大致與以前一樣做決定。
1 我現在比以前更會拖延去做決定。
2 我現在比以前更難做決定。
3 我再也無法做任何決定。

資料來源：貝氏憂鬱量表－mySurvey

N. 0 我不覺得我自己比以前醜。
1 我煩惱自己看起來漸老或漸不吸引人了。
2 我覺得外貌有了永久性變化，使我看起來不吸引人。
3 我相信自己長得醜。

O. 0 大致而言，我能夠像往常一樣好好地工作。
1 我需要特別努力，才能開始做事。
2 無論任何事情，我都必須很辛若勉強自己，才能去做。
3 我一點也無法工作。

P. 0 我能像平常般睡好覺。
1 我不如以往睡得好。
2 我比平常早一二小時醒來，並且發現難以再入眠。
3 我比平常早好幾小時醒來，而且無法再入眠。

Q. 0 我並沒有比平常更疲倦。
1 我比前更容易累。
2 幾乎任何事我一做就累。
3 我太累了以致無法做任何事。

R. 0 我的胃口並不比前差。
1 我比以前更容易累。
2 幾乎任何事我一做就累。
3 我太累了以致無法做任何事。

S. 0 我近來體重未見減輕，即使有也是不多。
1 我的體重減輕5磅(3.5公斤)以上。
2 我的體重減輕10磅(6.6公斤)以上。
3 我的體重減輕15磅(10公斤)以上。

T. 0 我跟以前一樣不擔心我的健康。
1 我擔心我身體上的不舒服，諸如：頭痛及身體上的病痛、胃不舒服或便秘等。
2 我很擔心身上的不舒服，並且難以去考慮其他事情。
3 我非常擔心我身體上的不舒服，以致無法去考慮任何其他的事情。

U. 0 我並未發現我最近對於性的興趣有任何轉變。
1 我對於性比以前不感興趣。
2 我目前對於性較缺乏興趣。
3 我對於性完全失去興趣。

做每一題時，請務必把每個敘述都看過之後，再選出最適當者。做完問卷後，請將這21題的得分累加，求出總分。每題最高得分是3分，最低是0分，因此總分不會高於63分，反之，總分最低為0分。

1--10分 在此範圍內屬於正常。
11--16分 輕微情緒困擾。
17--20分 在臨床上屬於憂鬱症邊緣。
21--30分 屬於中度憂鬱症。
31--40分 嚴重憂鬱症。
40分以上 極端憂鬱症。

假若個人長期維持在17分以上，則需要專業人員的協助治療。

抓準產後瘦身黃金期

產後媽咪充分休養後，經醫師評估身體恢復狀況，於產後2-3個月再開始進行以下3階段的瑜珈練習，讓專業老師告訴各位媽咪產後如何透過運動放鬆、緊實、美化身體線條！

第1階段：放鬆肩頸手臂

1 雙手向上伸展，先做5-8個呼吸，接著彎曲手肘，左手抓住右手掌朝左側下壓，讓右側肌肉伸展。

2 亦可以左手直接將右手肘下壓，讓右側肌肉伸展得更完全。

3 左手扶住右手肘，讓右手向左側儘量伸展。以上停留5-8個呼吸結束。

重點
頭部不能過度向後仰，避免呼吸不順暢，甚至頸部受傷（下巴和頸部之間大約一個拳頭的距離）。

4 接著從手臂延伸到整個背部的運動，正坐，雙手手臂伸直撐地，胸部向上挺。

Claire老師貼心提醒！
產後媽咪需要哺乳或抱寶寶的緣故，肩頸手臂都會用力或抱寶寶的姿勢錯誤，而導致痠痛或是媽咪手，以上動作能舒緩改善。

第2階段：緊實腹部肌肉

5 半身及雙手向上伸展，身體和地面呈90度，吐氣時，身體向後傾斜大約45度。以上動作停留5-8個呼吸。

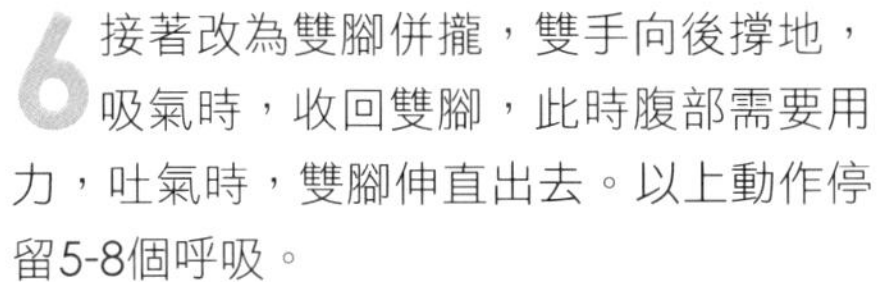

6 接著改為雙腳併攏，雙手向後撐地，吸氣時，收回雙腳，此時腹部需要用力，吐氣時，雙腳伸直出去。以上動作停留5-8個呼吸。

7 最後，雙腳打開，與骨盆同寬，雙手平舉，吐氣時，腰部扭轉向左側平移。移動時，需注視雙手中央，腳掌，需固定踩在地面。

8 向左側平移後，吸氣回正，再向右轉。以上動作停留5-8個呼吸。

Claire老師貼心提醒！

產後媽咪下腹部較鬆軟無力，以上動作能幫助媽咪鍛練上腹部、下腹部及左右側腹。

第3階段：美化臀腿線條

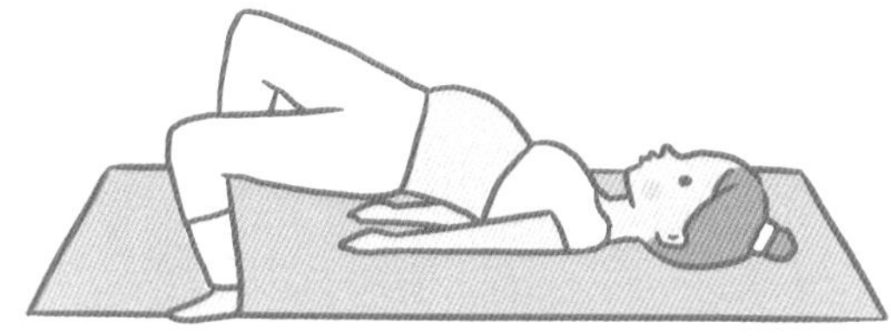

9 練習做橋式，躺在瑜珈墊上、身體向上抬高，建議雙腳打開與瑜珈墊同寬、腳掌踩地會比較穩定。吐氣時，雙腿和膝蓋併攏或靠近。吸氣時，雙腳稍微打開，再次吐氣時併攏向內。為加強鍛臀腿內外的部分，以上動作重覆5-8次呼吸。

10 以上動作結束後，吐氣時，讓身體向上抬，吸氣時，臀腿骨盆稍微向下放，下巴往喉嚨收並看著肚臍，可改善並美化大腿前後線條。以上動作也重覆來回5-8次。

Claire老師貼心提醒！

產後媽咪下半身恢復較慢，以上動作能幫助媽咪鍛練美化大腿內外側及修飾臀部線條。如果剛開始練習覺得吃力的媽咪，可視個人情況緩慢進行再逐漸增加次數。

營養師&中醫師建議！正確補養媽咪

產後篇

終於渡過辛苦的懷孕期間了，產後媽咪應該如何休養以及搭配均衡飲食呢？讓專業營養師和中醫師來告訴你，產後其實無須大補特補，應該追求更健康的補養觀念。

營養師&中醫師說！

產後媽咪飲食須知

現代人營養不像過去需大補特補。產後飲食的原則，主要是「高纖維」、「多水分」、「高蛋白」、「營養素多元」，這四點再加上體重管理，以利媽咪健康調養。

註：烹調時請依食譜份量實作，才能達到營養均衡及體重控制之效果，圖中份量僅為拍攝參考

產後健康調養勝於過度補身

產後1個月左右，是媽咪們休養生息、補足養育體力的重要時期。雖在營養充足的現今，已不用像以前人「坐月子」了，但產後補養仍不可忽視。產後1週不建議吃麻油、含酒精的料理（包含米酒、米酒水），以防傷口不易癒合。但可多吃高營養、高蛋白的料理，比方雞蛋料理、新鮮魚湯、去掉多餘油脂的肉品做烹調…等，並多加蔬菜於每一餐，並搭配一碗以上的全穀根莖類，讓熱量足夠，**切勿為了刻意減重而不吃澱粉類。此外，新鮮水果也需積極攝取，讓排便順利，每日多補充水分也很重要的。**

有些媽咪產後怕水腫，所以不太喝水，這是錯誤觀念。**反倒該少量多次、慢慢喝水，尤其有助於要餵母乳的媽咪分泌足夠的奶水量。**怕水腫的媽咪，可於傷口復原後勤做運動（伸展操、散步快走）、減少過度鹽分攝取…等，讓新陳代謝及血液循環變佳。若以中醫角度來看，杜李威中醫師建議，需先大補氣血，再佐以健脾補腎之藥物，讓脾腎功能正常、能正常代謝水分後，水腫困擾自然緩解。

若產後怕缺乳的媽咪，應注意「母乳為氣血所化生」之原則，杜李威中醫師也建議，可服用補氣血的藥物，先調理好脾胃吸收功能，就能增加乳

汁分泌，之後再配搭可暢通乳的藥材做改善。氣血調整至最佳狀態，也會良好影響頭髮的豐盈度及健康，因為「髮為血之餘」，加上飲食均衡正常，就能減緩產後掉髮情況。

若想在產後積極調養的媽咪，其實中西醫是可以合併的、並不衝突，只**要兩位醫師彼此配搭，依據媽咪的個人體質及狀況，給予確切的診療建議及開立藥方，反倒能雙管齊下、讓產後身體恢復進度更顯著**。

而在日常烹調上，黑芝麻、大豆、鱸魚、鯖魚、黃豆…等優質蛋白質都是可加進產後料理的好食材，倒不一定每餐都吃麻油或米酒料理。尤其是要哺乳的媽咪，就要特別注意（建議在哺乳後才進食為佳），以防止寶寶嗜睡或容易出汗。

營養師小叮嚀！
產後怎麼吃卵磷脂？

網路盛傳只要吃了卵磷脂，不愁沒有奶水可以餵寶寶，其實卵磷脂中的磷脂質是一種乳化劑，幫助油脂的流動性增加，能讓產後又黏又稠的初乳變成水水的液態，自然比較方便移出奶水，減少奶水阻塞的機會。

生產	前期（第一週）

前期（第一週）

產後住院期間，醫師會視情況開立子宮收縮劑幫助子宮復原。服用至惡露由黑紫轉灰白即可，不需喝到生理期來臨。

❶注意纖維質攝取

剛生產完兩三天內的媽咪應盡量補充流質、半流質食物，等生理狀態穩定後，就可以開始補充纖維質，以幫助新陳代謝、避免便秘，以及攝取蔬果中的維生素、礦物質…等。體質比較虛寒的媽咪，可選擇平性、熟性的水果，如蘋果、芭樂。其他寒涼性蔬菜，經過燒煮後，性味則可轉為中或溫性，比方加進桂圓、薑片烹調…等，可諮詢中醫師。因此，只要產後避免吃「生菜」即可，不須忌食蔬菜。

❷不宜過油

產後飲食不該過於油膩，特別是產後2週前期的時候。太油的食物會使本來就很黏稠的初乳更加黏稠，不利於寶寶吸吮，亦可能使乳腺易脹痛及阻塞。可諮詢營養師建議，適量攝取卵磷脂以幫助軟化硬塊，再加以按摩和手擠乳，能消除不適的現象。

中期（第二週）　後期（第三～四週）　30-40天

中期（第二週）

母乳是寶寶最好的食物來源，若媽咪和寶寶均無特殊疾病，建議媽咪盡量嚐試哺餵母乳。

・自然產：母乳分泌較快

・剖腹產：母乳開始分泌較晚，建議媽咪調整飲食並親餵母乳，可增加母乳分泌。

飲食以清淡、易消化、多元營養的食物為佳，例如魚類、雞湯、牛奶…等。易食用、好消化又可幫助發奶。此外，產後期間不適合食用人蔘，可能導致惡露不易排淨，並有出血風險。

可能退奶的食物：人蔘、韭菜、黑麥汁…等。

可能發奶的食物：花生、豬腳、木瓜、芝麻…等。

後期（第三～四週）

此時媽咪的精神及消化吸收能力皆慢慢恢復正常，可以開始進食一般料理，例如有添加麻油的菜餚。麻油性甘溫，具有潤腸、補血及通乳等好處，適合大多數體質虛寒的媽咪。但若體質偏熱性，則建議用茶油取代麻油，一樣能達到效果。

此外，這時飲食可漸進加入含酒的料理（需注意酒精需揮發完全，以免透過哺乳餵給寶寶）。而烹調原則以煮、蒸、燙為宜，烤、炸等燥熱或熱量較高的食物可能造成媽咪口乾及便秘，而且不利於產後體重控制。

排骨糙米粥

主食

食材⇨豬小排100公克、糙米80公克、高麗菜100公克、枸杞適量

調味料⇨鹽少許、白胡椒粉少許

作法⇨1.高麗菜洗淨切片；枸杞洗淨泡水，瀝乾水分。2.豬小排洗淨，放進滾水鍋中汆燙去血水後，撈起。3.將豬小排、糙米、高麗菜入電鍋煮（內鍋3杯水，外鍋放1杯水，可依喜好稠度調整），煮至開關跳起後，略燜10分鐘，再調味並加進枸杞燜一下。

熱量(卡)	蛋白質(公克)	脂肪(公克)	碳水化合物(公克)
407.6	22.0	3.7	69.8

營養師小叮嚀

糙米營養素完整，豐富的B群幫助產後辛苦的媽咪維持精神好活力，搭配高麗菜的高纖和豬小排的優良蛋白質，更可以提高飽足感，產後餵奶不再餓肚子喔。

熱量(卡)	蛋白質(公克)	脂肪(公克)	碳水化合物(公克)
374.9	14.3	20.7	34.3

營養師小叮嚀

剛生產的媽咪體力虛弱，苦茶油麵線加顆蛋是清淡又可補充熱量的簡單點心，麵線的澱粉容易消化，迅速提供能量。建議免疫力低下的媽咪食用時，蛋煮至全熟。

苦茶油拌麵

主食

食材 麵線50公克、雞蛋1顆、薑絲少許

調味料 苦茶油1大匙

作法 1.備一滾水鍋，放入麵線攪散，煮熟至軟，撈起備用。2.打顆蛋，倒入滾水鍋中煮成蛋包，備用。3.將蛋包淋在麵線上，並淋上苦茶油與薑絲拌勻即可。

營養分析

熱量（卡）	蛋白質（公克）	脂肪（公克）	碳水化合物（公克）
358.4	16.5	15.9	38.1

雙棗雞肉炒飯

主食

食材 帶骨雞肉100公克、紅棗3顆、黑棗3顆、糙米飯1碗

調味料 橄欖油1大匙、鹽少許、胡椒粉少許

作法 1.雞肉洗淨切塊，放入滾水鍋汆燙去血水，撈起備用。2.熱鍋，加入橄欖油，再放雞肉塊略炒一下。3.倒100ml的水入鍋，放入紅棗、黑棗煮滾收汁，加進糙米飯拌炒，最後調味即可。

營養師小叮嚀

雞肉是瘦身美容的優良蛋白質來源，加上紅棗黑棗的溫和補血功能，和橄欖油的香氣，讓簡單炒飯發揮補身的強大功能。炒雞肉時也可以加少許薑絲去腥味喔。

薑片炒紅鳳菜

快炒類

食材→紅鳳菜100公克、薑2片

調味料→苦茶油或麻油1大匙、鹽少許

作法→1.紅鳳菜洗淨，薑則切成絲，備用。2.熱鍋，倒入苦茶油，先爆香薑絲，再放入紅鳳菜快速翻炒至熟，最後加鹽調味。

營養師小叮嚀

紅鳳菜有大量的纖維，產後排宿便靠他準沒錯！其中鈣質、鉀、鎂和鐵的含量也都不少，生產完1-2週的媽咪可以加薑絲用少許苦茶油拌炒即可。

營養分析

熱量（卡）	蛋白質（公克）	脂肪（公克）	碳水化合物（公克）
154.9	2.1	15.4	3.5

麻油炒腰子

快炒類

食材→腰子1副、綠花椰菜10朵、蔥絲適量、薑絲適量

調味料→麻油1大匙、米酒2大匙、鹽少許

作法→1.腰子清洗並處理乾淨後，切花切片，備用。2.備一滾水鍋，加入蔥薑絲，再放腰子汆燙一下去腥後，撈起瀝去水分。3.青花椰菜洗淨，掰成小朵，放進滾水鍋中　燙一下，撈起瀝去水分。4.熱鍋，倒入麻油，先快炒腰花，再放進綠花椰菜拌炒，加點米酒提香，最後調味即可起鍋。

營養師小叮嚀

麻油腰子搭配綠色花椰菜，可幫助產後的媽咪補充鐵質和鈣質，豐富的纖維減少腰子中的膽固醇吸收，補身體也顧健康。建議麻油要產後1-2週後再食用。

營養分析

熱量（卡）	蛋白質（公克）	脂肪（公克）	碳水化合物（公克）
429.6	57.8	19.0	8.5

營養分析

熱量（卡）	蛋白質（公克）	脂肪（公克）	碳水化合物（公克）
383.9	33.4	21.5	16.5

營養師小叮嚀

豬腳是產後發奶聖[illegible]，[illegible]蛋白質的黃豆，[illegible]產後虛弱的媽媽[illegible]恢復體力，[illegible]會硬塊[illegible]的，請選擇油脂含量較少的[illegible]，避開肥油的部位。

黃豆豬腳湯

湯品

食材：豬腳150公克、黃豆50公克、蔥1根、薑1小塊

調味料：鹽少許

作法：1.蔥薑洗淨，蔥切成段、薑切成片；黃豆泡水3小時，備用。2.備一滾水鍋，放進蔥、薑，以及洗淨並切塊的豬腳，汆燙去血水後，撈起備用。3.把豬腳、黃豆放內鍋，加適量水蓋住食材，入電鍋煮（內鍋2杯水，外鍋2杯水）。4.開關跳起後，以筷子戳看看豬腳是否有軟透，若不夠再續煮至豬腳熟爛後，加鹽調味即可。

營養分析

熱量（卡）	蛋白質（公克）	脂肪（公克）	碳水化合物（公克）
349.3	19.8	15.3	36.5

營養師小叮嚀

烏骨雞是優良的蛋白質來源，不只提供低熱量而且是利用率高的營養素，還可以補充維生素B12，搭配紅棗的清甜香味，是媽咪加強補血的優質料理。

註：本食譜的湯包及藥材內容為一般藥膳，則建議請中醫師依個人體質需求做增減調整，以免過補。

紅棗烏骨雞湯

湯品

食材→黨參1錢、黃耆3錢、紅棗10顆、枸杞5錢、烏骨雞150公克、補血湯包1包

調味料→鹽適量

作法→1.烏骨雞洗淨切塊，放進滾水鍋中汆燙後，瀝乾備用。2.取另一鍋子，加入適量水，蓋過藥材、湯包與雞肉塊，入電鍋煮（內鍋2杯水、外鍋1杯水）。3.電鍋開關跳起後，依個人需求加點鹽調味即可。

泌乳鱸魚湯

湯品

食材➩鱸魚250公克、黃耆1錢、當歸1錢、泌乳湯藥包1包（王不留行子、蘆巴子、玉竹、杜仲各5錢）、蔥白適量

調味料➩鹽少許

作法➩1.鱸魚去內臟處理後洗淨，切塊備用。2.將黃耆、當歸、鱸魚、薑片、蔥白放入內鍋，加適量水蓋過食材，入電鍋煮（外鍋1杯水、內鍋2杯水），開關跳起後，最後調味。

營養分析

熱量（卡）	蛋白質（公克）	脂肪（公克）	碳水化合物（公克）
187.5	28.8	7.2	0

註：本食譜的湯包及藥材內容為一般基準，但建議請中醫師依個人體質需求做增減調整，以免錯補。

營養師小叮嚀

鱸魚中有豐富的ω-3脂肪酸，可以提高母乳中DHA的含量，有助於[illegible]母奶的寶寶眼睛和腦部發育，也可以幫助媽咪維護心血管健康，好處多多喔。

營養分析

熱量（卡）	蛋白質（公克）	脂肪（公克）	碳水化合物（公克）
116.2	18.3	3.6	4.6

營養師小叮嚀

菠菜和豬肝都是富含鐵質的食物，菠菜中還有維生素C幫助鐵質吸收，迅速改善產後貧血問題。而豬肝雖有鐵質，但膽固醇含量高，不宜頻繁食用喔。

菠菜豬肝湯

湯品

食材→菠菜80公克、豬肝80公克、薑絲少許

調味料→鹽少許

作法→1.豬肝處理乾淨後，切成薄片；菠菜洗淨切段，備用。2.備一滾水鍋，先放入薑絲，再放菠菜，煮滾後熄火，加進豬肝燜熟，最後調味即可起鍋。

甜酒釀蛋

甜品

食材 甜酒釀3湯匙、蛋1顆

作法 備一冷水鍋，加進甜酒釀煮滾後，打顆蛋煮成蛋包，待蛋熟即可食用。

營養分析

熱量（卡）	蛋白質（公克）	脂肪（公克）	碳水化合物（公克）
176.2	12.6	6.6	17.0

營養師小叮嚀

酒釀富含醣化酵素，是天然的荷爾蒙，有助於促進氣血循環和發奶泌乳，再加上蛋，讓營養更完全。烹調時記得打開鍋蓋，好讓酒精揮發完全；或是產後1-2周後再食用。

黑豆水

食材⇨黑豆100公克

作法⇨1.黑豆洗淨瀝乾至無水分，入鍋乾炒至皮裂，聽到嗶嗶波波的聲音為止，需炒到乾燥，再將炒好的黑豆放入乾燥無水的密封容器保存，以免變潮變質。2.平日可以黑豆加熱水泡，即成為黑豆水。

營養分析

熱量（卡）	蛋白質（公克）	脂肪（公克）	碳水化合物（公克）
380.5	37.0	13.4	34.4

營養師小叮嚀

生炒過的黑豆有濃郁香味，而且泡水後幾乎沒有熱量（若連黑豆一起吃的話，請參以上熱量），又能幫助媽咪消水腫；黑豆水中還有鈣和鎂，讓產後媽咪不再腰痠背痛。

營養分析

熱量（卡）	蛋白質（公克）	脂肪（公克）	碳水化合物（公克）
300.8	9.3	18.1	28.0

營養師小叮嚀

黑芝麻的鈣質和鐵質含量驚人，1碗芝麻牛奶就能大大補充孕期流失的鈣質，不過芝麻的脂肪含量高，建議選用低脂或是脫脂牛奶做搭配，產後瘦身更快速見效。

芝麻露

飲品

食材 黑芝麻粉20公克、牛奶200毫升

調味料 黑糖1大匙

作法 將黑芝麻粉、牛奶、黑糖放入果汁機中打勻即可食用。

Column 杜李威中醫師答問

產後正確補養&迷思破解

中醫諮詢：【國醫杜李威】

中國醫藥大學醫學士，師承國醫 朱士宗、朱樺。與西醫長期合作，處理婦科診療個案，相信科學數據，認為醫學必須與時俱進，隨著時代，持續調整方向。

Q產後應如何搭配中醫觀念進行調養？有速成的補養湯劑嗎？

A在臺灣，多數婦女有坐月子吃中藥的習慣。比較簡略的做法，大概是產後先吃幾天生化湯，過幾天再增加消除水腫、促進發奶的藥物，接著依據坊間流行的「祖傳驗方」，以八珍湯（或十全大補湯）為底做加減，大補氣血肝腎。但其實正確的產後補養，應考慮個人體質。一般來說，產後氣血俱去，誠然多屬虛證，但是依據臨床所見，產後婦女有虛者、有不虛者，甚至也有全然實證的患者。

因此產後調養，最好諮詢專業中醫師的意見，才能依據個人體質開立適當的方藥，不能一味蠻補，以免調養不成，反而引發身體的其他問題。

Q生化湯是什麼？自然產和剖腹產的媽咪，該如何運用生化湯？

A一般認為，生化湯可以增強宮縮、排惡露。事實上，生化湯之所以取名「生化」，典故來自於《黃帝內經・素問》，根據「物生謂之化」的本意，寓生新於補血之內，化瘀血，生新血，瘀去而新生。

簡言之，生化湯主要的功效在於修補子宮內膜，取名「生化」，用意就是藉由生新膜來化舊瘀，修補內膜為主，化瘀反倒是它的附加價值。

一般而言，自然生產的情況下，可以在產後立即服用生化湯5-7天。至於剖腹產，由於手術中已將子宮內部清理乾淨，並不需要服用生化湯，通常我都是將產婦當做「開過刀」的個案來處理。

Q產後前幾天仍在服用西醫開立的止痛藥和子宮收縮劑，所以不應同時服用生化湯？

A由於產科醫師會為產後婦女開立止痛藥與子宮收縮劑，部分人士擔心會重複用藥，因而要求產婦於子宮收縮劑的療程結束後，再開始服用生化湯。其實生化湯的主要作用，是藉由補血行血的方式幫助子宮復原，與西藥並不衝突，這樣的疑慮是多餘的。

一般而言，產後固然多虛多瘀，但也不能一概而論。最早，在《傅青主女科》所記載，生化湯就有21種加減法，必須根據產婦體質，辨證用藥。坊間許多產後生化湯並未針對產婦體質加減用藥，因此錯誤的服用生化湯，導致產婦異常出血的狀況時有所聞。

回歸正題，產後調養，最好還是諮詢專業中醫師的意見，隨證隨人，辨其虛實，依據個人體質開立適當的方藥，才是正途。

Q現代婦女於產後應採取什麼樣的飲食方針？要努力進補嗎？

A傳統中醫認為在女人一生當中，有三個改變體質的重要時期，分別是青春期、生產後以及更年期。好比説，許多呼吸道過敏、體弱多病的兒童，青春期轉骨後體格變得相當強健，也比較不容易生病。

個人認為，產後養身是必要的，但補養方法必須因時制宜。以往，在普遍物資匱乏及勞動密集的年代，婦女唯有在產後才能擁有「坐月子」的短暫假期，並且為了哺育嬰兒，順理成章得到營養補給。但現代人生活富裕，已鮮少見到營養不良的產婦，**產後若大肆吃補，對身體不見得是好事**。另一個今昔差異在於，過去的世代普遍早婚、多胎生育；當前社會面對的則是產婦年齡逐漸提高，以及少子化的衝擊。

有鑑於現代都會化產婦所需要的補給，與過往17、18歲營養不良、重度勞力的產婦大為不同，因此現代產後調理的方針也應隨之調整，應拋棄月子餐大魚大肉的舊思維，**改成重視產婦休息、調理情志因素（例如失眠、憂鬱）為主，並以清淡飲食，針對重點予以補充，才符合當今國人需求**。

孕前孕後皆適用！培養有益妳與寶寶的運動習慣

運動好處多多，對於懷孕中的媽咪亦是如此。懷孕前期可以做比較和緩的散步或伸展運動，安定期後則可練習孕婦瑜珈、有氧運動…等，以鍛練自己的核心肌群，每天給自己1個小時的運動時間吧，對妳和寶寶都好。

孕期不適合做的瑜珈動作

在開始運動之前，最重要的就是確實暖身，以及避免媽咪不能做的動作，以防影響到母嬰安全，需特別注意喔。媽咪於孕期時，每天最好給自己1個小時運動以利順產，亦可利用零碎時間累積運動量。比方早上散步同時調息15分鐘，做伸展操15分鐘，睡前做孕婦瑜珈半小時，累積成1個小時的運動量；又或者做孕婦瑜珈20分鐘，下班散步40分鐘，依媽咪生活模式做彈性調整。

《孕婦瑜珈進行須知》

- 孕前沒有運動習慣的媽咪，於懷孕後3-4個月，即安定期後，再開始進行孕婦瑜珈。
- 孕前已有固定運動習慣的媽咪，可持續做孕婦瑜珈於整個孕期到產前。
- 不管是暖身，或是瑜珈動作進行時，確實深呼吸是最重要的。
- 關於腹部用力的動作皆要避開。
- 進行瑜珈動作時，需準備好身心狀態，每個動作無需過度勉強自己。

《孕婦瑜珈的好處》

- 藉由練習緩慢穩定的瑜珈動作，能讓媽咪心情平穩、身體更有彈性和柔軟效果。

錯誤動作1：閉鎖式扭轉

閉鎖式扭轉會壓迫媽咪腹部，進而影響到寶寶，故此動作不適合。

錯誤動作2：弧度過大的後彎

待寶寶長大後會加劇媽咪腰部不適，故後彎動作也不適合（但擴胸動作可以）。

基礎版！媽咪孕期瑜珈

讓我們從暖身、調整呼吸開始，身心放鬆、和緩的狀態下進行。每個動作基本上停留5-8個吸吐，但媽咪仍要依自身狀況做調整，有確實伸展到肢體即可，無需過度勉強自己。

1 雙手上舉再從身體兩側放下，吸氣、吐氣共3-5次，調整呼吸約10分鐘，先充分暖身，避免受傷（冬天暖身的時間可延長，至身體溫暖為止）。

2 雙手向後伸展、手掌向後撐地，雙肩後夾、挺胸向上看。

3 身體回正，吐氣時，腰部慢慢向左轉。吸氣時，返回再換邊。

4 臀部上提，右手上抬並且打直、肚子向外挺並且挺胸；做完後，身體回正，做另一側。

重點

1.腳背先向自己的方向勾、先活動活動腳趾頭。
2吸氣勾腳背，吐氣壓腳尖，並伸展腿部。
3最後轉動腳踝，內外各轉5圈，此動作可減緩腿部水腫。

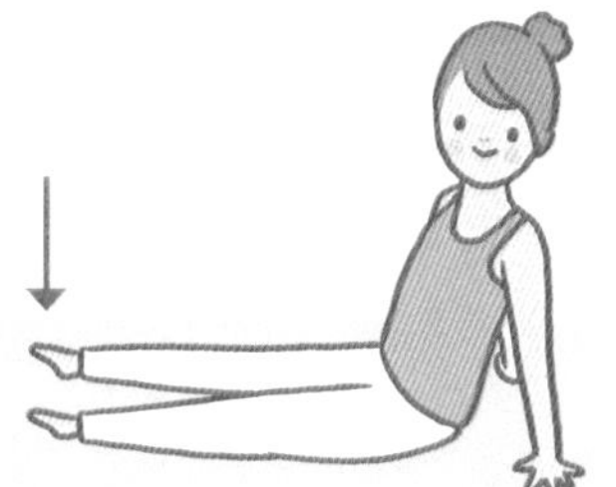

5 坐在瑜珈墊上，身體朝右側，雙手向後撐地，腰部打直坐挺，雙腳也伸直。

6 雙腿微彎，上下輕敲地面，活動膝蓋；若28週後或孕肚較大的媽咪，此動作改為雙腿左右擺動。

7 以上動作完成後，緩緩起身，雙手撐地，幫助移動雙腿，再轉為跪姿。

重點

吐氣時拱背、低頭時收下巴看腹部。

8 接著可使用瑜珈磚，膝蓋跪在毯子上、手掌貼地比肩略寬，做貓式弓背的動作。

重點

撐起身體、手臂用力、面朝天花板，並讓腰部伸展。

9 可使用瑜珈磚，讓雙膝跪在毯子上，手掌貼地比肩略寬，做貓式壓背的動作。

重點
進行時，想像用身體畫1個平面的大圓圈，手臂伸直，注視斜前面，頭頸不低垂。

重點
運動頸側及腰側。

10 肩膀及臀部朝右往後，以身體為中心，雙手撐住瑜珈磚，右轉3-5圈後回正。再換邊進行後，身體回正。

11 身體回正後，左腿向後伸直，向右移動越過右腳，放下，直到自己轉頭往右後方可看到自己的腳跟為止。

重點
腳不用伸太遠，右腿膝蓋需是垂直的，與地面呈現直角三角形（口訣：右膝右手左腳貼地，反之就是，左膝左手右腳貼地）。

重點
身體雙臂先呈一直線，打開胸部肌肉，再慢慢回來。

12 頭先回正、向前看，以安定頭部，左腳腳掌由後方慢慢移動到身體左側，盡量伸直。

13 胸口、腹部微微向上扭轉，手向上抬伸直，呈開放式扭轉，讓身體雙臂呈直線（有運動習慣的媽咪可適度再伸展，讓胸部肌肉完全拉開，再慢慢放下）。

重點

為預留空間給腹部，必要時，媽咪可把瑜珈磚直放，讓腹部空間更有餘裕。

14 做完開放式扭轉後，右手放下，慢慢收回左腳。以此方式，再換邊。

15 收回左腳後，左腳掌慢慢移動到左手旁邊，呈弓箭步。右腳尖向後踩，左腳腳尖向外。

16 讓右腳慢慢向前踩，屈膝深蹲，身體重心往前傾，右腳收回後，變成站姿。

17 變成站姿後，身體深蹲、臀部往後坐，深呼吸並雙手劃半圈上抬和下放，強化兩側大腿肌肉。

重點

拉開胸部側邊肌肉、腿部伸直，鍛練大腿內側肌群。

18 接著移動瑜珈磚，讓左腳腳尖朝外，右手臂向上伸展，向左側旁邊頃。

19 伸展完左側後，身體得慢慢回正，先讓膝蓋呈90度、左手肘可以撐在膝蓋上。

重點

吐氣時往後蹲，吸氣時站直，記得雙手要比肩膀略寬，雙腳則比骨盆略寬。

20 接著做另一側，左手臂伸上伸直，右手撐住大腿，拉開側腹肌肉。

21 做完右側後，身體回正，然後移動瑜珈磚變成平行，此時身體前傾、臀部向後，接著後蹲再站直，強化大腿前側肌肉，如此整套動作完成。

舒緩背部、伸展腿部肌肉的動作

22 以上動作結束後，改移到牆壁附近，雙手伸直撐住牆壁，注視地面、頭頂朝正前方，軀幹、臀部、雙腿約呈90度。

23 接著右腳向前屈膝，雙臂交叉趴在牆壁上，膝蓋向前但不用碰到牆壁，左腿打直、伸展小腿肌肉。

24 最後起身時，雙手推牆，重心放在手臂上，不會用到腹部力量，慢慢起身，最後身體往前，收回在外的那隻腳，之後再換腳伸展。

國家圖書館出版品預行編目(CIP)資料

安心懷孕育兒百科：從孕前準備到安產、哺育寶寶的幸福養成書. 上集. 懷孕篇 / 蘇怡寧, 吳芃彧, 李婉萍合著. -- 初版. -- 臺北市：麥浩斯出版：家庭傳媒城邦分公司發行, 2016.03
面； 公分
ISBN 978-986-408-137-0(平裝)
1.懷孕 2.分娩 3.婦女健康
429.12 105002328

上集・懷孕篇

安心懷孕育兒百科

孕前調養到養胎安產
哺育健康寶寶的 幸福養成書

作者 蘇怡寧、吳芃彧、李婉萍
責任編輯 蕭歆儀
採訪撰文 李美麗、蕭歆儀
採訪協力 吳淑華
美術設計 瑞比特設計
插畫 日光路
攝影 王正毅
料理示範 黃俊雄
行銷企劃 曾于珊

發行人 何飛鵬
PCH生活事業總經理 李淑霞
社長 張淑貞
副總編輯 許貝羚
出版 城邦文化事業股份有限公司 麥浩斯出版
E-mail cs@myhomelife.com.tw
地址 104台北市中山區民生東路二段141號8樓
電話 02-2500-7578

發行 英屬蓋曼群島商家庭傳媒股份有限公司城邦分公司
地址 104台北市中山區民生東路二段141號2樓
讀者服務專線 0800-020-299 (09:30AM~12:00 AM;01:30PM~05:00PM)
讀者服務傳真 02-2517-0999
讀者服務信箱 E-mail：csc@cite.com.tw

劃撥帳號 1983-3516
戶名 英屬蓋曼群島商家庭傳媒股份有限公司城邦分公司 香港發行 城邦(香港)出版集團有限公司
地址 香港灣仔駱克道193號東超商業中心1樓
電話 852-2508-6231
傳真 852-2578-9337
馬新發行 城邦(馬新)出版集團 Cite (M) Sdn. Bhd. (458372U)
地址 11, Jalan 30D/146, Desa Tasik,Sungai Besi, 57000 Kuala Lumpur, Malaysia.
電話 603-90563833
傳真 603-90562833

製版印刷 凱林彩印股份有限公司
總經銷 高見文化行銷股份有限公司
電話 02-26689005
傳真 02-26686220
版次 初版15刷 2024年2月
定價 NT499元 港幣HK$166元